Der Baierwein

Widmung

Meiner Frau Inge und unseren Kindern Andreas, Michael und Eva
Meinen Winzerkollegen vom Regensburger Landwein

Theodor Häußler

DER BAIERWEIN

Weinbau und Weinkultur in Altbaiern

BUCH & KUNSTVERLAG OBERPFALZ

Die Deutsche Bibliothek – CIP-Einheitsaufnahme
Ein Titeldatensatz für diese Publikation ist bei
Der Deutschen Bibliothek erhältlich.

© 2001 Buch & Kunstverlag Oberpfalz
Wernher-von-Braun-Straße 1 · 92224 Amberg
www.buch-und-kunstverlag.de
Buchgestaltung: Günter Moser
Lektorat: Herbert Wittl
Herstellung: Druckhaus Oberpfalz
ISBN: 3-924350-97-3

Inhalt

Der Baierwein

Der Rebensaft im heutigen Altbayern

Der aufmerksame Leser wird sich fragen, warum hier „Baierwein" und nicht „Bayerwein" geschrieben steht. Mit „Bayern" bezeichnet man allgemein den bayerischen Staat in seinem heutigen Umfang, d.h. die altbayerischen Gebiete einschließlich der fränkischen und schwäbischen Landesteile, die 1803 eingegliedert wurden. Schreibt man hingegen „Baiern", so sind damit der Stamm der Baiern, der Bajuwaren, und die bairischen Kernlande, die heutigen Regierungsbezirke Ober- und Niederbayern sowie die Oberpfalz gemeint. Zum Stammesherzogtum Baiern gehörten aber auch weite Teile Österreichs einschließlich Südtirol. Die Weine dieser Gegenden hatten allerdings schon früh mit „Osterwein" (östlicher Wein, *vinum orientale*) und „Welschwein" (aus Oberitalien, *vinum Latinum*) eigene Bezeichnungen. Auch der am Bodensee bei Lindau in Bayern wachsende Wein hatte mit „Seewein" seinen eigenen Namen. So steht der Begriff „Baierwein" für den Rebensaft, der im heutigen Altbayern, an der Donau und ihren Nebenflüssen gewachsen ist. Damit ist auch die Abgrenzung zum „Frankenwein" klar, der ja ebenfalls im Freistaat Bayern wächst. Erstmals erscheint der Begriff „Baierwein" in einer Urkunde des Klosters Prüfening vom Jahre 1271. Über Jahrhunderte war diese Bezeichnung gebräuchlich und dabei soll es bleiben.

Das kleinste Weinbaugebiet Deutschlands!

Heute ist das Weinbaugebiet an der bayerischen Donau das kleinste innerhalb Deutschlands. In keinem Weinführer ist es zu finden, weder im *Großen Johnson* noch in *Knauers kleinem Weinführer,* nicht in der *Deutschen Weinreise,* auch nicht im *Wein Guide Deutschland* und schon gar nicht bei den *Weinmachern,* wenn es so etwas Schreckliches überhaupt gibt. Bei den großen Weinen und berühmten Lagen ist es also nicht zu finden. Und doch hat es einen Namen. Innerhalb Bayerns, dessen Hauptweinbaugebiet in Unterfranken liegt, trägt es die Bezeichnung „Untergebiet Donau". In der offiziellen Weinbaukartei ist es mit ca. 4 Hektar Anbaufläche vertreten. Ein Weinbaugebiet ohne große Traditionsweingüter und Winzergenossenschaften, ohne Traubenvollernter, Stahltanklager und automatische Abfüllanlagen, ohne Flurbereinigung und Absatzprobleme, aber – mit einer großen Vergangenheit. Lassen Sie sich einladen zu einem Spaziergang in dieses kleine Weinbaugebiet und durch die 1800-jährige Geschichte des Baierweins.

Da der Wein im Leben der Baiern lange Zeit ein täglicher Begleiter war, fehlt es nicht an kulturgeschichtlichen Zeugnissen. Allenthalben begegnet man dem Winzerheiligen St. Urban, einer Traubenmadonna oder einer Darstellung des Christus in der Kelter, eben wie in einem richtigen Weinbaugebiet. In Bach an der Donau ist dem Baierwein inzwischen ein eigenes Museum gewidmet. Dessen zentraler Bestandteil, eine Baumpresse aus dem beginnenden 17. Jahrhundert, ist ein Kulturgut ersten Ranges.

Regensburg ist das Zentrum des Baierweins. Die Landschaft ist abwechslungsreich, wo die Donau ihren nördlichsten Punkt erreicht und Jura, Oberpfälzer Wald, Vorderer Bayerischer Wald und Dungau (Gäuboden) zusammentreffen. Wie die Landschaft ist auch die Bodennutzung vielgestaltig. Auf dem Hochplateau des Südlichen Jura wächst seit alters her eine vorzügliche Braugerste, im Norden schließt sich die Oberpfalz an, wegen der kargen Böden und des rauen Klimas auch „Erdäpfelpfalz" genannt. Im Südosten liegt das fruchtbare Regensburger Gäu, wo den Bauern früher ein gutes Auskommen sicher war, es sei denn sie hätten im Herbst oder Frühjahr das Säen vergessen. Zu dieser Vielfalt kommt, quasi als Dreingabe, die Sonderkultur des Weinbaues. Die warmen Südhänge am nördlichen Donauufer sind durchaus geeignet, die Wärmeansprüche der Weinrebe zu erfüllen. Hier gibt es auch berühmte Weinbergslagen wie *Herzogwänder, Güldenseel, Pfaffenstein, Bräuberg, Scheuchenberg, Sauberg* oder *Vogelherd.*

Dieses eigenständige kleine Weinbaugebiet an der bayerischen Donau liegt völlig isoliert und hat keinen

Allegorie des Weinbaues,
Peter Candid, München um 1613,
Leinwand 243 x 154 cm.
Aus der Sammlung des Kurfürsten
Maximilian. Residenzmuseum München

Anschluss an andere Weinbauregionen. Die heutige Landschaft an der Donau bei Regensburg ist nicht mehr durch den Weinbau geprägt, zu sehr geschrumpft ist dafür die Anbaufläche.

Aber der Baierwein lebt.
Bei genauerem Hinsehen findet man die wenigen Weinberge in den Ortschaften Winzer, Bach und Kruckenberg. Die Baierwein-Liebhaber kennen die dortigen Weinstuben.

Man findet auch die kleinen Weingärten der Hobbywinzer, welche ihr Glück in einem selbsterzeugten Tropfen finden. Winzern und Hobbywinzern gemeinsam ist die Freude an der Urproduktion und das Bewusstsein, hier eine uralte Tradition fortzusetzen. Wer die Nase rümpft ob des sprichwörtlichen Säurereichtums des Baierweins mag skeptisch bleiben. Die hier erzeugte Menge kann die Nachfrage schon jetzt nicht decken. Wer aber einen trockenen Müller-Thurgau oder Bacchus liebt, wird überrascht sein über das feine Spiel dieser gebietstypischen Weine, wie sie eben nur eine Grenzlage des Weinbaues hervorzubringen vermag. Der Baierwein ist eine Spezialität, bewusster Weingenuss also. Wer aber an den Baierwein die Messlatte von „Prälatenweinen" aus Franken, Baden, der Pfalz oder Rheinhessen anlegt, sollte sich vielleicht des kleinen Unterschiedes zwischen „Wein-Trinken" und „Wein-Anbau" bewusst werden. Über Wein zu reden ist allemal leichter als in der Auseinandersetzung mit der Natur und den Kellergeistern einen trinkbaren Tropfen zu erzeugen.

Römischer Weinbau an der Donau

Vinum tolle – Weingötter Bacchus und Liber

Die meisten Berichte zum Weinbau an der bayerischen Donau gehen davon aus, dass es wohl die Römer waren, die den Weinbau in dieser Gegend begründet haben. Häufig wird dabei Kaiser Probus genannt, der während seiner Regentschaft von 276 – 282 n.Chr. den Weinbau in den Provinzen des römischen Weltreiches tatkräftig förderte. Um es jedoch gleich vorwegzunehmen: Es gibt keine direkten Funde oder Beweise, die Weinbau durch die Römer im Raum Regensburg sicher belegen. Allerdings gibt es eine ganze Reihe von Indizien und Argumenten, die in ihrer Summe diese Annahme rechtfertigen. An Mosel und Rhein ist römischer Weinbau sicher nachgewiesen. Zahlreiche archäologische Zeugnisse wie Kelterbecken, Rebmesser, Steinreliefs, Inschriften und Prunkbecher beweisen dies. Der römische Zeitgenosse Ausonius schreibt über das Moseltal: „Bacchus' Gaben ergötzen die ringsum schweifenden Blicke."

Bekannt ist auch, dass die römischen Provinzen untereinander regen Kontakt pflegten. Das Straßennetz war gut ausgebaut. Keramikfunde in Regensburg sind z.B. häufig der „terra sigillata" aus einer Manufaktur bei Speyer am Rhein zuzuordnen. Es ist deshalb zu vermuten, dass Informationen über positive Erfahrungen mit dem Weinbau nördlich der Alpen auch im römischen Regensburg vorlagen. Die warmen Südhänge am linken Donauufer, beim heutigen Ortsteil Winzer, boten sich für einen ersten Versuch geradezu an. Plinius (23 – 79 n.Chr.) berichtet, dass zum Weinanbau in den römischen Provinzen, speziell für das rauere Klima im Alpen- und Nordalpenraum (frühreifere) Neuzüchtungen entwickelt wurden. Man kann davon ausgehen, dass das Klima zur Römerzeit in etwa dem heutigen entsprach.

Römische Siedlungstätigkeit nördlich der Donau ist im Raum Regensburg nicht belegt. Der heutige Ortsteil Winzer der Stadt Regensburg gehörte also nicht zum römischen Lagerbezirk. Aber warum sollten die römischen Winzer nicht täglich in ihre Wohnsiedlungen südlich der Donau zurückgekehrt sein? Die Römer waren mit Flößen und Kähnen auf der Donau zu Hause. Die Quadersteine des Legionslagers stammen nachweislich aus Steinbrüchen bei Kapfelberg am nördlichen Donauufer sowie aus dem Naabtal, einige Kilometer flussaufwärts gelegen.

Außerdem war das nördliche Donauufer kein Feindesland.
Der Grenzwall Limes wie auch die Donau stellten keine starre Grenze dar. In regelmäßigen Streifzügen wurde das Umfeld beobachtet.
Die Römer unterhielten zu ihren Nachbarn, den „Barbaren", in der Regel freundschaftliche Beziehungen, wobei der Raum nördlich der Donau hier äußert dünn besiedelt war. Die römischen Winzer dürften also bei ihrer Tagesarbeit am nördlichen Donauufer völlig ungefährdet gewesen sein.

Auch der Ortsname „Winzer" ist römischen Ursprungs und keine baierische Prägung. Der Beruf des Weinbauern wird im Baierischen stets mit Weinzierl angegeben. Das Wort Winzer ist aus „ad vinitores", das heißt „bei den Winzern" entstanden.

Weihestein des Weingottes Liber Pater, ca. 1,30 m. Historisches Museum Regensburg

Weingott Bacchus, um 250 n.Chr. Gegossene Bronceplastik, ca. 7 cm groß, gefunden in Sittling, in der Nähe des Römerkastells Eining bei Kelheim (Privatbesitz).
Das ovale Gesicht des Bacchus zeigt feminin anmutende Gesichtszüge, Augen, Nase, Mund und Kinn sind sehr sorgfältig ausgeführt. Bei der Frisur mit Mittelscheitel sind in das geraffte Haar vier Weintrauben eingeflochten.

„Die Schläfen mit grünem Rebenlaub geschmückt, führt Bacchus die Wünsche der Menschen guter Erfüllung zu". Horaz, römischer Dichter

Der Ortsname „Uuinzara" (Winzer bei Regensburg) erscheint in dieser Form erstmals um 680/700.
In diesem Zusammenhang muss auf die Siedlungskontinuität in Regensburg hingewiesen werden. Während des Überganges von der Römerzeit zum frühen Mittelalter war Regensburg stets besiedelt, sodass u.a. auch die Begriffe und Techniken des Weinbaues nahtlos in die Zeit des frühen Herzogtums überliefert werden konnten. Der gesamte Wortschatz zur Weinkultur besteht übrigens aus Lehn- oder Reliktwörtern der lateinischen Sprache: vinum = Wein, vinitor = Winzer, mustum = Most, torculum = Torkel, calcatura = Kelter, cellarium = Keller, calix = Kelch, cupa = Kufe (Fass, Eimer), lagena = Lägel. Alle mit der Bierbereitung zusammenhängenden Begriffe haben dagegen germanische Namen.

Mit der Errichtung des Legionslagers Castra Regina (Festung am Regen) unter Kaiser Marc Aurel am nördlichsten Punkt der Donau (Fertigstellung 179 n.Chr.) setzte hier eine Blütezeit römischer Zivilisation ein. Zirca 6000 Mann Besatzung, ihre Versorgung und Ausstattung sowie die dazugehörige Zivilbevölkerung brachten für die Region eine enorme wirtschaftliche Entwicklung. In den Legionen, den Elitetruppen, dienten nur römische Bürger. Da mit ihnen eine in voller Blüte stehende römische Zivilisation an die bayerische Donau kam, kann von einem „Romanisierungsschub" gesprochen werden.

Die Römer waren an den Wein als Volksgetränk gewöhnt. Die hier stationierte 3. italische Legion wurde in Oberitalien rekrutiert. Es ist deshalb anzunehmen, dass auch an der neuen Wirkungsstätte eine rege Nachfrage nach dem gewohnten Haustrunk entstand. Für römische Weintransporte aus Oberitalien nach Augsburg und an die Donau gibt es sichere Nachweise. Die Schwierigkeiten, mit denen der Transport größerer Mengen Weines über die Alpen verbunden war, dürften jedoch die Anbauversuche begünstigt haben. Auch in anderen römischen Provinzen wurde die Grundversorgung mit Landwein aus der jeweiligen Region gedeckt. Nur kleinere Mengen qualitativ hochwertigen Weines wurden für die Führungsschicht aus der italischen Heimat beschafft. Wo See- oder Fluss-Schifffahrt möglich waren, ergaben sich für größere Weintransporte günstigere Möglichkeiten.
Zur Versorgung mit Lebensmitteln wurden in der näheren Umgebung des Legionslagers zahlreiche Gutshöfe (villae rusticae) eingerichtet. Zwei Gutshöfe sind westlich des Lagers zwischen der heutigen Altstadt Regensburgs und dem Ortsteil Prüfening nahe der Naabmündung nachgewiesen, einer davon am heutigen Weinweg. Von dort aus erscheint die Bewirtschaftung der Weinberge am gegenüberliegenden Donauufer gut möglich.

Einschlägige Funde
Aber auch Grabungsfunde geben wichtige Hinweise. Am Regensburger Weinweg, in Sichtweite der Winzerer Weinberge, wurde 1950 ein Weihestein als Teil einer kleinen Tempelanlage ausgegraben, der dem Weingott Liber Pater, dem Gott des Natursegens, gewidmet ist. Der Weihestein wurde nicht verschleppt, die Tempelanlage stand also an diesem Ort nahe den Weinbergen. Sie wurde im Auftrag eines „Optio" (Stellvertreter des Lagerleiters) namens Salutaris errichtet. Derartige Götterweihungen waren Ausdruck des Wohlstandes führender Militärs. Der Weihestein dürfte in der ersten Hälfte des 3. Jahrhunderts errichtet worden sein. Die Inschrift lautet:

„Zu Ehren des göttlichen Hauses! Dem Gott Liber Pater Publius La(...)tius Salutaris, Stellvertreter eines Zenturios der Legio 3 Italica, der auch die Säulenhalle (machte); sein Gelübde löste er gern und freudig für erwiesene Wohltat ein."

Wurde mit dem kleinen Heiligtum „Liber Pater" die Hilfe der Götter bei den Anbauversuchen am gegenüberliegenden Weinberg erbeten? Die Widmung derartiger Weihesteine, Altäre und Tempel hatte immer viel persönlichen und regionalen Bezug. Die Götter sollten schließlich dem Ort wohlgesonnen sein. Unmittelbar neben dem Weihestein „Liber Pater" fand man ein Relief des Bauerngottes Silvanus mit einem Rebmesser.

Daneben wurde auch der Weingott „Bacchus" an der Donau verehrt, was einige Funde belegen. Ein Bacchus-Steinrelief fand man in Nassenfels, nahe der Donau bei Neuburg, in Sittling, in unmittelbarer Nähe des Römerkastells Eining bei Kelheim / Donau eine kleine Bronzeplastik des Weingottes Bacchus.

Eine römische Bacchusstatue, ca. 40 cm groß, wurde 1869 in Kelheimwinzer (nördlich der Donau gelegen) ausgegraben. Leider ist sie nicht greifbar, da sie vor vielen Jahren ein englisches Museum ankaufte. Zwischenzeitlich gilt sie als verschollen. Aus Irgertsheim an der Donau zwischen Neuburg und Ingolstadt und unweit der Römersiedlung Nassenfels gibt es einen römischen Weihestein mit Traubenornamenten.

Nassenfels, Sittling / Eining, Kelheimwinzer und Regensburg, diese vier Bacchus / Liber-Fundorte liegen auf einer Linie. An allen Fundorten ist der Weinbau auf den warmen Jura-Südhängen zur Donau hin gut denkbar. Sind das Zufälle oder war Bacchus, was nahe liegt, doch bei den römischen Winzern zu Hause? Der einzige weitere Bacchus-Fund in Bayern, ein stehender Bacchus unter einer Weinrebe, wurde im Ebersberger Forst östlich von München gefunden. Es handelt sich hierbei um einen bronzenen Zierbeschlag eines Reisewagens, also ohne einen Bezug zum Fundort.

Bacchus, dem griechischen Weingott Dionysos / Bakchos entsprechend, ist dem altitalischen Fruchtbarkeitsgott Liber Pater gleichzusetzen. Columella (1. Jh. n.Chr.) rät den Winzern vor der Weinlese: „Nun muss man noch dem Liber und der Libera für die Weinberge und die Keltergefäße mit größter Frömmigkeit und Keuschheit Opfer darbringen." Man wollte die Götter verehren und versöhnen. Liber und Bacchus gehörten zu den Winzern. Bacchus wurde später, wie bei den Griechen Dionysos, auch zum Gott der frohen Feste und Gelage.

In der Nähe der Tempelanlage des Weingottes Liber in Regensburg fanden sich auch Rebmesser (falx vinitoria oder sicilis = Sesel) aus der Römerzeit. Die typische sichelartige Klinge aus Eisen wird als römisches Rebmesser bezeichnet. Drei römische Rebmesser entdeckte man beim Römerkastell Eining, ein weiteres beim Donauübergang nahe Stepperg westlich von Neuburg / Donau (in der Nähe der Römersiedlung Nassenfels).

Auch ein römisches Wirtschaftsgebäude gehört in diesen Zusammenhang. Im Einzugsbereich des Kleinkastells Großprüfening (heute Stadtgebiet Regensburg), konnte 1978 innerhalb des Lagerdorfes (vicus) ein Mehrzweckgebäude ausgegraben werden. Den 8 x 13 Meter großen Steinbau, am heutigen Kornweg gelegen, deutete man zunächst als „römische Brauerei". Die Anlage wurde konserviert, rekonstruiert und mit einem Schutzbau versehen. Das römische Wirtschaftsgebäude hatte wohl mehrere Funktionen. Es enthält eine Darre mit Befeuerungsanlage, einen Brunnen, eine Herdstelle und ein 2,4 x 2,8 Meter großes Becken mit wasserdichtem Estrich. Denkbar ist, dass das Becken nicht (nur) zum Einweichen des Braugetreides diente, sondern (auch) ein Tretkelter- oder Maischebecken darstellt. Jedenfalls sieht es den an der Mosel in den letzten Jahren ausgegrabenen Maischebecken römischer Kelteranlagen

Römische Rebmesser. Historisches Museum Regensburg

sehr ähnlich. Die zu dieser (denkbaren) Kelteranlage gehörigen Weinberge sind bei Kneiting und an den Winzerer Südhängen am anderen Donauufer gut vorstellbar. Außerdem wurde im Lagerdorf ein Keller ausgegraben. Vielleicht liegt in diesem Mehrzweckgebäude der Schlüssel zum sicheren Nachweis römischer Weinkultur im Raum Regensburg.

Ein wichtiges Indiz ist auch die Lage aller bereits im 8. Jahrhundert sicher belegten Weinberge in Altbayern in der Nähe von Römersiedlungen.

Römische Herkunft naheliegend

Woher, wenn nicht von den Römern, hätte der Weinbau im Raum Regensburg sonst kommen sollen? Nach ihrem friedlichen Abzug um das Jahr 450 n.Chr. wanderten germanische Stämme aus Südwestböhmen und Elbgermanien hier ein. Von Norden kommend dürften sie kaum die Weinkultur mitgebracht haben. Jedenfalls gibt es hierfür nirgendwo einen Anhaltspunkt. Das Legionslager Castra Regina blieb beim Abzug der Römer unversehrt. Es gilt als sicher, dass darin eine römische Restbevölkerung vermischt mit eingewanderten germanischen Stämmen für eine ununterbrochene Besiedelung von der Römerzeit bis ins Frühmittelalter sorgte. Dabei dürfte auch die Weinkultur erhalten geblieben sein. Für die Zeit um 660/700 ist der Weinanbau dann sicher nachgewiesen.

Als Fazit der dargelegten Argumente lässt sich daher feststellen, dass der Weinbau an der bayerischen Donau im Raum Regensburg mit sehr großer Wahrscheinlichkeit von den Römern begründet wurde. Zugegeben, für den Historiker ist das zu wenig. Für ihn zählen nur Beweise. Auch viele Indizien und Vermutungen ergeben keinen sicheren Beleg. Es wird deshalb um Nachsicht gebeten, wenn hier die römischen Wurzeln des Baierweins vielleicht zu leichtfertig postuliert sind. Für weitere Forschungen gibt es jedenfalls gute Anhaltspunkte.

Wenn man von römischem Weinbau an der Donau bei Regensburg ausgeht, erhebt sich die Frage nach der Zeitstellung. Es wurde schon erwähnt, dass Kaiser Probus (276 – 282) den Weinanbau in den römischen Provinzen tatkräftig förderte. Im Raum Regensburg dürfte mit dem Weinanbau allerdings schon vor der Regierungszeit des Kaisers Probus begonnen worden sein. Die Blütezeit römischen Lebens im Raum Regensburg begann mit der Errichtung des Legionslagers Castra Regina im Jahre 179 n.Chr. und endete mit den Alamanneneinfällen der Jahre 250 und 280 n.Chr. Wahrscheinlich begann in dieser Zeit auch der Weinbau am nördlichen Donauufer und nahm eine gedeihliche Entwicklung. Weinkultur erfordert friedliche Zeiten. Probus konnte sich erst gegen Ende seiner ohnehin kurzen Regentschaft der Förderung des Acker- und Weinbaues widmen. Zu dieser Zeit erfolgte aber der Alamanneneinfall des Jahres 280. Danach gab es um das Legionslager Castra Regina zur Römerzeit keinen wirtschaftlichen Aufschwung mehr. Die Besatzung des Lagers wurde auf 1000 Mann reduziert. Dadurch war Platz geworden, sodass auch die ebenfalls dezimierte Zivilbevölkerung hinter den dicken Mauern einziehen konnte. Viele Gutshöfe wurden in dieser Zeit verlassen, denn die Zeiten waren weiterhin unruhig. Alamannen und Juthungen, ein alamannischer Teilstamm, sorgten im 4. Jahrhundert für eine ständige Bedrohung. Bald sollte die Zeit der Römer an der Donau zu Ende gehen. Auch die einschlägigen Funde, der Weihestein des Weingottes Liber Pater, die Bacchus-Funde, Rebmesser, Wirtschaftsgebäude und Sonstiges mit Bezug zur Weinkultur sind der Zeit zwischen 180 und 280 zuzuordnen.

Statuette des Weingottes Bacchus, 2./3. Jh. n.Chr., gefunden im Ebersberger Forst östlich München, Bronce, 22 cm hoch. Der jugendliche Gott steht unter einem Weinstock, der ihn wie eine Laube umgibt. Die Statuette gehörte zum Schmuck eines prunkvollen römischen Reisewagens. Archäologische Staatssammlung München

Wenn man auf den wissenschaftlich gesicherten Beweis verzichtet, kann man also davon ausgehen, dass der Weinbau im Raum Regensburg in der Blütezeit römischen Lebens um das Legionslager Castra Regina in der Zeit von 180 – 250 n.Chr. entstanden ist. Dieser Weinbau ist mit hoher Wahrscheinlichkeit auch in der Folgezeit fortgeführt worden und bis in die Neuzeit nie ganz zum Erliegen gekommen. Dies bedeutet schlechthin 1800 Jahre Weinbau an der bayerischen Donau!

Dass der Wein im Leben der Römer in Regensburg eine große Rolle spielte, steht außer Zweifel. Es fällt allerdings auf, dass man in Regensburg keine römischen Amphoren fand. Im Lagerdorf des Kastells Regensburg-Kumpfmühl wurde ein Weinfass aus Tannenholz ausgegraben. Ein Spruchbecher aus schwarzem Ton (1. Hälfte 3. Jh.) aus dem großen Gräberfeld an der Kumpfmühler Straße dürfte aus dem Trierer Raum stammen. Die Aufschrift lautet „Vinum tolle" = Trinke Wein! Der Becher ist mit Traubenornamenten verziert. Auch ein Steinrelief mit einer lockeren Wirtshausszene und mit drei großen Glasflaschen auf dem Tisch stammt aus dem großen Gräberfeld.

Erste urkundliche Nachweise

Das junge Herzogtum Baiern

Nahtlos vollzog sich der Übergang von der Antike zum frühen Mittelalter im Raum Regensburg. Wenn auch die Bevölkerung stark dezimiert war, die innerhalb des gut befestigten Legionslagers Castra Regina überdauerte, so gibt es doch sichere Lebenszeichen. In der Nordostecke des Lagers ist Feldbau betrieben worden, das große Gräberfeld und andere Friedhöfe wurden weiterhin belegt, das Fortbestehen römischer Töpferkultur ist sicher, die christliche Religion lebte weiter, aber auch die Benutzung römischer und keltischer Fluss- und Ortsnamen sind Belege für eine fortgesetzte Besiedelung. Neben der Bezeichnung Castra Regina und dem lateinischen Ratisbona lebte auch der keltische Name Radaspona wieder auf, aus dem sich dann Reganesburg und schließlich Regensburg entwickelte. Dies war nur durch Siedlungskontinuität möglich.

Frühes Herzogtum Baiern

Die römische Besatzung dürfte in der 2. Hälfte des 5. Jahrhunderts abberufen worden sein. Es verblieb wohl eine Restbevölkerung aus Romanen, Kelten und Germanen, die friedlich ihrem Tagewerk nachging. Handwerker und Landleute sorgten für eine Überlieferung nötiger Fertigkeiten des täglichen Lebens. Auch die Kenntnisse über den Weinbau dürften so erhalten geblieben sein. Grabbeigaben aus dem 5. Jahrhundert lassen sogar einen bescheidenen Wohlstand erkennen.

Die Landnahme und Stammesbildung der Bajuwaren vollzog sich über einen längeren Zeitraum. Die Herkunft und Abstammung dieses geheimnisvollen Volkes ist im Detail nicht sicher geklärt. Man geht heute allerdings nicht mehr von der Einwanderung eines geschlossenen größeren Stammes aus. Vielmehr könnten über einen längeren Zeitraum kleinere und größere germanische Stämme, darunter auch die legendären Bajuwaren, die „Männer aus Böhmen", in das Gebiet zwischen Donau, Lech und Alpen eingewandert sein. Sie waren anscheinend stark genug, um bei der Verschmelzung mit der ansässigen Bevölkerung den Traditionskern zu bilden. Um 550 scheint die Stammesbildung der Baiern abgeschlossen. Unter der Führung des Geschlechts der Agilolfinger entwickelte sich ein kleines Herzogtum mit Sitz in Regensburg, zunächst mit weitgehender Selbständigkeit gegenüber dem Frankenreich. Die herrschaftliche Stellung des Herzogs hat sich dabei wohl an vorhandene römische Strukturen angelehnt.

Der hl. Severin

Schon in der Lebensbeschreibung des hl. Severin (entstanden 511), welcher im Ufernoricum, also an der Donau in Nieder- und Oberösterreich bis herauf nach Passau und Künzing als Missionar wirkte, ist von einem Ort „ad vineas – Winzer", sowie vom Weinbau bei Mautern/Krems die Rede. „Severin ließ sich dort an einem Platz nieder, der *Zu den Weinbergen* hieß". Der hl. Severin starb 482.

Der Freisinger Bischof Aribo bezeichnete im Jahre 649 das Land der Baiern als weinreich mit dem Ausspruch: „Regio Baiovariorum viniferax". Das bayerische Stammesherzogtum umfasste damals neben den heutigen Regierungsbezirken Oberbayern, Niederbayern und der südlichen Oberpfalz weite Teile des heutigen Oberösterreich, das Salzburger Land sowie Tirol. Leider ist dabei nicht näher ausgeführt, wo dieser baierische Wein wuchs.

Die Brautschau des Authari

Am Regensburger Herzogshof war um diese Zeit Weingenuss durchaus üblich, wie uns die Geschichte von der Brautschau des Langobardenkönigs Flavius Authari aus dem Jahr 588 beweist: Theodolinde, die Tochter des ersten namentlich bekannten Bayernherzogs Garibald, war dem König Flavius Authari versprochen. Dieser ließ es sich nicht nehmen, inkognito nach Regensburg auf Brautschau zu gehen, was wie folgt geschildert wird: „Als die Boten zum König der Lombarden gen Pavia zurück kamen, die Holdseligkeit der Braut rühmend, entbrannte er, sie vor den Feierlichkeiten der Vermählung zu sehen. Und er ritt unerkannt mit seinen Vertrauten über das Gebirge zum Herzog. Da sie nun vor Garibalds Stuhl getreten, und der

Deus incrementum dedit = Gott gab das Gedeihen (Bestätigung der christlichen Lehre). Kirche St. Rupert in Regensburg. Allegorische Szene in Graumalerei an den Hochwänden des Kirchenschiffes, 1765. Ein Benediktiner übergibt dem Papst eine Schale mit reifen Trauben (Hinweis auf den Besuch des Bayernherzogs Theodo bei Papst Gregor II. im Jahre 716 mit der Bitte um Organisation der bayerischen Kirche). Im Hintergrund rechts die beiden Kundschafter mit der Riesentraube aus dem gelobten Land.

Älteste geredet hatte, sprach der goldlockige Flavius Authar: ‚Der König, mein Herr, hat mir geboten, eure Tochter zu schauen, dass ich ihm ihre Schönheit preise.' Herzog Garibald gewährte. Unbewusst welcher Prüfung erschien Theodolinde im Glanze jugendlichen Liebreizes vor den Fremdlingen. Der Beherrscher Italiens grüßte mit Entzücken. Dann bat er sie, den Boten ihres Verlobten einen Ehrentrunk zu bringen. Dem Wink des Vaters gehorsam, bot sie einen Becher Weins, erst dem Ältesten, nach ihm dem männlichschönen Unbekannten. Dieser, den Kelch zurückgebend, drückte verstohlen mit dem Finger die Hand der Geliebten, und strich der Beschämten, niemand bemerkte es, über die errötenden Wangen." Wo mag der Wein des Herzogs wohl gewachsen sein?

Zum knapp geschilderten Übergang von der Antike zum frühen Mittelalter muss noch angemerkt werden, dass das neugebildete Herzogtum sowohl von der frühmittelalterlichen Stadt Regensburg wie auch von den umliegenden Siedlungen und Ländereien Besitz ergriffen hat. Die Herzöge verfügten über das Land und konnten damit strukturpolitisch Einfluss auf das neue Staatswesen nehmen. Das Christentum im Herzogtum war wohl etwas zu sehr mit heidnischen Elementen durchsetzt, sodass eine verstärkte Missionstätigkeit geboten erschien. Frühe Klostergründungen, vom Herzog mit Grund und Boden ausgestattet, sowie die Aktivitäten von Wanderbischöfen liefern uns erste Beweise über den Weinbau in dieser Zeit.

REGENSBURG UND DER HL. EMMERAM

Um das Jahr 681/82 kommt der Wanderbischof Emmeram aus Poitiers im heutigen Frankreich auf dem Weg nach Osten, wo er die Awaren zum christlichen Glauben bekehren möchte, nach Regensburg. Herzog Theodo, mit den Awaren im Streit, überzeugt Emmeram von der Undurchführbarkeit seines Planes. Er überredet Emmeram, zu bleiben und in Regensburg missionarisch tätig zu werden. Emmeram bleibt drei Jahre. Sein Plan, nach Rom zu reisen, misslingt, da er unterwegs grausam ermordet wird. Am Grab des hl. Emmeram in Regensburg entsteht eine Wallfahrtskapelle. Einige Jahrzehnte später, um 765, verfasst der Freisinger Bischof Arbeo eine Lebensbeschreibung des hl. Emmeram. An zwei Stellen ist dabei vom Weinbau die Rede. Gleich eingangs schildert Arbeo den Schauplatz Emmeramschen Wirkens: „Er schaute das Land an: es war sehr gut, lieblich anzusehn, reich an Hainen, wohlversehen mit Wein. Es besaß Eisen in Fülle und Gold, Silber und Purpur im Überfluss; seine Männer waren hochgewachsen und stark, auf Nächstenliebe und Sitte gegründet. Das Erdreich war fruchtbar und brachte üppige Saaten hervor ...". Die Nennung des Weines vor Eisen, Silber und Gold zeigt dabei seinen hohen Stellenwert an. Eine genaue Ortsbeschreibung folgt: „Die Stadt Regensburg war uneinnehmbar, aus Quadern erbaut, mit hochragenden Türmen, und mit Brunnen reichlich versehen; im Norden bespült sie die Donau, die in geradem Lauf gen Osten strömt." Diese Beschreibung lässt keine Zweifel offen, dass es sich bei der „mit Wein wohlversehenen" Gegend um Regensburg handelt.

Im letzten Teil dieser „Vita Haimhrammi" schildert Arbeo einen Pilger, der aus Böhmen flüchtend das Grabmal des hl. Emmeram in Regensburg aufsuchen will. In der dritten Stunde des fünfzehnten Tages seiner Flucht stand der Pilger „mit müden Gliedern auf dem Berge, dort wo die

Weinberge liegen, zwischen Donau und Regen, wo sie zusammenfließen". Der Pilger stand also auf dem Regensburger Dreifaltigkeitsberg. Die Weinberge werden hier eher beiläufig erwähnt, als wären sie üblich und normal. Der Tod Emmerams dürfte dem Jahr 685 zuzuordnen sein.

WEINBERGE IN WINZER, BACH UND KRUCKENBERG

Bald nach der Zeit Emmerams, im Jahre 696, wird Rupert als Missionar in das bayerische Herzogtum gerufen. Er gründet zusammen mit Herzog Theodo in Salzburg das Kloster St. Peter, das unter Rupert erster bayerischer Bischofssitz wird. Das Kloster wird um das Jahr 700 von Herzog Theodo reichlich mit Ländereien ausgestattet. Im Donaugau erhält es „zwei Juchert (Tagwerk) Weinberge nahe bei der Stadt Reganesburch, am nördlichen Donauufer". Die Schenkungen in und um Regensburg an das Salzburger Kloster bestätigt König Heinrich IV. im Jahre 1062, wobei „die Überfuhr zu Winzer mit den auf den Bergen gelegenen Weinbergen" genannt wird. Die Flurbezeichnung *Salzburger Weinberg* in Niederwinzer hielt sich bis in die Neuzeit. Ebenfalls um 700 erhält das Salzburger Kloster als Schenkung des Herzogs Theodo in Kruckenberg „zwei Weinberge mit ihren Winzern". Offenbar wurde dort der Weinbau erst kurze Zeit vorher aufgenommen, denn es heißt in der Urkunde: „an einem Ort, der Kruckenberg (Chruchunperck) heißt, wo jetzt Weinpflanzungen angelegt sind." Eine weitere Urkunde beschreibt eine Schenkung des Herzogs Tassilo III. (748 – 788) an das Kloster Salzburg mit den Worten „ein Gut, genannt Bach (Poh) mit 39 Häusern und den Einwohnern mit allem was dazugehört an dem Ort, der Krukenberg heißt, der entlang dem Donaustrom liegt".

RUND UM DEN BOGENBERG

Im Jahre 741 stiftete Herzog Odilo (737 – 748) das Kloster Niederaltaich und stattete es mit Weinbergen aus seinem Besitz am Bogenberg bei Straubing und bei Welchenberg (Wilicho) aus. Welchenberg ist einige Kilometer donauabwärts vom Bogenberg gelegen. Der Ortsname deutet darauf hin, dass die dortigen Weinbauern Walchen, also Romanen waren (ähnlich den Orten Winzer bei Regensburg und bei Deggendorf). Auch für den Hutterhof (Hugipertingahofa) am Fuße des Bogenberges ist um diese Zeit Weinbau belegt. Ein Weingarten bei Schwarzach ist eine Klosterkultur, unter Umständen die erste Weinbergspflanzung eines altbayerischen Klosters, „angelegt und gehegt vielleicht durch die Wenden in Wimpassing". Auch in Hof- und Breitenweinzier und in Pfelling (Pholo) bei Bogen sowie in Pleinting (Plitmuntiga) oberhalb von Vilshofen besaß das Kloster Niederaltaich um diese Zeit Weingärten. Es ist anzunehmen, dass sich die Weingärten von Pleinting auch an den Hängen links der Donau befanden. Für das Jahr 790 ist Weinbau in Irlbach bei Straubing belegt, wobei auch diese Weinberge nördlich der Donau vermutet werden dürfen. So ist es nicht verwunderlich, wenn das Güterverzeichnis des Niederaltaicher Abtes Urolf (Breviarium Urolfi) aus der Zeit um 790 schon einen stattlichen Weinbergsbesitz ausweist. Nach diesem Breviarium schenkte ein gewisser Paldo mit Erlaubnis des Herzogs Odilo dem Kloster Niederaltaich u.a. auch 3 Tagwerk vom Weinberg in Bogen (in villa pogana). Paldo, auch „der Edle Paldo" genannt, war also kein abhängiger Weinzierl, sondern ein freier Bauer und Winzer. Nur so konnte er über seinen Grund und Boden frei verfügen. Paldo saß auf seinem großen Urhof an der Mündung des Bogenbaches in die Donau. Die Weinberge, die er an das Kloster Niederaltaich gab, lagen vermutlich am heutigen Schlossberg in Bogen.

KERHELM, DER ERSTE NAMENTLICH BEKANNTE BAIERISCHE WINZER

Als Herzog Odilo das Kloster Mondsee gründet, wird auch diese Stiftung mit Grundbesitz ausgestattet. Dabei wird dem Kloster im Jahre 748 u.a. ein Weinberg mit dem dazugehörigen Weinzierl namens Kerhelm in Beutelsbach (Putilespah), südlich von Aidenbach im Lkr. Passau übergeben. Kerhelm, ein mit dem Weinberg übergebener Leibeigener des Herzogs, ist damit der erste namentlich genannte bayerische Winzer oder Weinzierl.

Wenn bei diesen ersten Schenkungen im Kernbereich des Baierweins von „vinitores", also von Winzern die Rede ist, die jeweils eine „vinea", einen Weinberg bearbeiten, so wird deutlich, dass es sich hierbei um spezialisierte Weinbauern handelt.

DER BAIERWEIN GEWINNT AN BEDEUTUNG

Neben den Klöstern Salzburg, Mondsee und Niederaltaich verfügte vor allem das Regensburger Kloster St. Emmeram über frühen Weinbergsbesitz. Belegt sind St. Emmeramer Weinberge in Aschach an der Donau (776), in Struming (abgegangener Ort bei Linz), Rennersdorf bei Haibach an der Donau, Rosdorf (853, abgegangener Ort bei Aschach) und in Winzer bei Regensburg (863 – 885). Weitere Weinbergserwerbungen durch St. Emmeram erfolgten im Jahre 882 in (Ober-) Bubach bei Roßbach, Lkr. Rottal-Inn und 889 in Obersanding im Lkr. Regensburg. 901 erwirbt St. Emmeram einen Weinberg in Matting bei Regensburg. Im 10. Jahrhundert ist St. Emmeramer Weinbergsbesitz belegt in Luftenberg bei Linz, auf dem Hartberg

Tassilokelch, vor 777, Benediktinerstift Kremsmünster Oberösterreich Kupferkelch, innen und außen vergoldet, z.T. silbertauschiert, Höhe 26,6 cm. Inschrift: + TASSILO DUX FORTIS + LIUTPIRC VIRGA REGALIS + Tassilo, erlauchter Herzog, Liutpirc aus königlichem Geschlecht. Einer der ältesten erhaltenen Kelche. Herzog Tassilo schenkte ihn dem Stift Kremsmünster (gegründet 777).

bei Buchkirchen im Traungau, bei Aiterhofen (Niederbayern, vermutlich am Bogenberg liegend), in Oberisling und Egglfing bei Regensburg, in Alburg (nahe Straubing), in Perg und in Aschawinkel, die beiden letzteren Orte im heutigen Oberösterreich gelegen. Die Bischofskirche St. Stephan in Passau erhält ersten Weinbergsbesitz um 774 – 788 bei St. Georg. Kloster Kremsmünster in Oberösterreich, eine Gründung des Herzogs Tassilo II. im Jahre 777, wurde ebenfalls mit drei Weinbergen bei Aschach an der Donau ausgestattet.

Erster Weinbergsbesitz des Klosters Weltenburg an der Donau bei Kelheim ist für das Jahr 919 bei Stausacker belegt. Weitere Weltenburger Weinberge sind im Jahre 1030 in Sandharlanden nachgewiesen.

Der Baierwein ist älter als die Klöster

Die Weinbergsschenkungen an neu gegründete Klöster sollten deren wirtschaftliche Grundlage sichern. Man kann davon ausgehen, dass die Weinberge nicht erst angelegt wurden, sondern bereits in Ertrag standen und Einkünfte abwarfen. Sie wurden als sichere Einnahmequelle betrachtet, Weinbau und Weinkonsum waren allgemein üblich.

Zu diesen ersten sicheren Belegen frühmittelalterlichen Weinbaues ist deshalb Folgendes festzuhalten: Wenn die Agilolfingerherzöge die neu gegründeten Klöster, darunter die ältesten Klöster des damaligen Bayern, zu ihrer Existenzsicherung mit Weinbergen ausgestattet haben, dann müssen die Weinberge vor den Klöstern da gewesen sein. Die Mönche brachten den Weinbau also nicht nach Bayern, sie haben ihn hier bereits vorgefunden. Dies deckt sich auch mit den Lebensbeschreibungen der Heiligen Severin und Emmeram bzw. mit der Annahme des Fortbestandes der römischen Weinkultur an der bayerischen Donau. Damit soll die Bedeutung der Klöster bei der Ausbreitung und Kultur des Weinstockes in späterer Zeit in keiner Weise geschmälert werden. Wie noch darzustellen sein wird, hat sich hierbei vor allem das Kloster St. Emmeram hervorgetan. Hier geht es nur um die Frage, wer zuerst da war, denn häufig wird den Klöstern zugeschrieben, die Weinkultur begründet zu haben.

Neben den bisher genannten Orten mit frühmittelalterlichem Weinbau ist im damaligen Baiern bis zum Jahr 1000 noch für eine Reihe von Orten Weinbau bezeugt. Dies gilt für Obertraubenbach und Windischbergerdorf bei Cham, für Mendorf bei Vohburg an der Donau und für Hohengebraching bei Regensburg. In Ober- und Niederbayern zählen zu den frühen Weinbauorten Großen- und Kleinviecht bei Freising, Bergen bei Inkofen im Ampertal, der Weiler Holzen bei Zolling, Holzen an der Attel im Landkreis Ebersberg, Schönbrunn bei Dachau, Erding an der Sempt und Thulbach nördlich von Moosburg. Um Landshut gab es Weingärten in Beutelhausen, südlich von Regensburg bei Schierling, Oberlindhart und Rogging, ferner in Ottmaring bei Osterhofen, in Biberbach bei Wertingen und beim Kloster Herrenchiemsee. Im benachbarten Oberösterreich sind für das 8. Jahrhundert mehrere Weinberge erwähnt.

Hier wird sicher das Bemühen der Klöster deutlich, den zum Messopfer nötigen Wein zweckmäßigerweise selbst zu erzeugen. Nun haben die Klöster dazu beigetragen, die Weinkultur zu verbreiten. Dabei fällt auf, dass der Weinanbau im Herzogtum Baiern in dieser Frühzeit breit gestreut war. Viele dieser ersten Ortsnamen mit Weinbau erscheinen später nicht mehr, sodass es sich vielfach nur um zeitlich begrenzte Anbauversuche handelte. Die Konzentration auf die klimatisch günstigeren Standorte setzte also schon relativ früh ein. Der mehrfach erwähnte Weinbau im heutigen Oberösterreich, insbesondere an der Donau um Aschach und im Traungau, kann dabei dem Baierwein zugeordnet werden. Der Osterwein wuchs in der Wachau und weiter donauabwärts in Niederösterreich, in dem bis heute bestehenden Weinbaugebiet.

KARL DER GROSSE

Natürlich darf in diesem Zusammenhang ein Wort zu Karl dem Großen nicht fehlen, der nach der Absetzung Tassilo III. im Jahre 788 auch wiederholt in Regensburg residierte. Bekannt ist, dass Karl der Große zur Bewirtschaftung seiner Landgüter mit seinen „Kapitularien" genaueste Vorschriften erließ und viele Neuerungen einführte. Zum Weinbau heißt es dort: „Unsere Aufseher sollen sich der Weinberge, die in ihrem Bezirk sich befinden, annehmen und sie gut pflegen, den Wein selbst in gute Fässer legen und fleißig nachsehen lassen, damit er nicht umschlage." Die Aufseher sollten die Weingärten in guten Stand setzen und auch „Weinfechser (von guten Sorten) aus unseren Weinbergen für unseren Bedarf abgeben. Beim Keltern soll auf größte Reinlichkeit geachtet werden, die Keltern sollen auf unseren Villen (Gütern) gut in Stand sein. Auch darauf sollen die Verwalter sehen, dass sich keiner unterstehe, unsere Trauben mit den Füßen auszutreten".

Karl der Große scheint also um die Reinlichkeit seiner Untertanen gewusst zu haben. Überliefert ist ferner, dass er sich auch um den Weinabsatz kümmerte und den Verwaltern „die eifrige Ausübung des Weinschankrechtes" ans Herz legte. Auf jedem seiner Weingüter sollten wenigstens drei Schankstätten betrieben und durch ausgehängte Sträuße oder Kränze der Ausschank eigener Weine angezeigt werden. Damit ist Karl der Große der Erfinder der Straußenwirtschaften.

Allerdings verlief die Verbreitung der Weinkultur nicht ungestört. Die Zeiten vor der ersten Jahrtausendwende waren unruhig. Wiederholte Einfälle der Ungarn (Magyaren) ließen keine gedeihliche Entwicklung des Weinbaues zu. Aus dieser turbulenten Zeit fließen die Informationsquellen recht spärlich. Nach Beendigung der Ungarneinfälle haben sich die altbayerischen Klöster stärker die Weinbaugebiete im österreichischen Donauraum erschlossen.

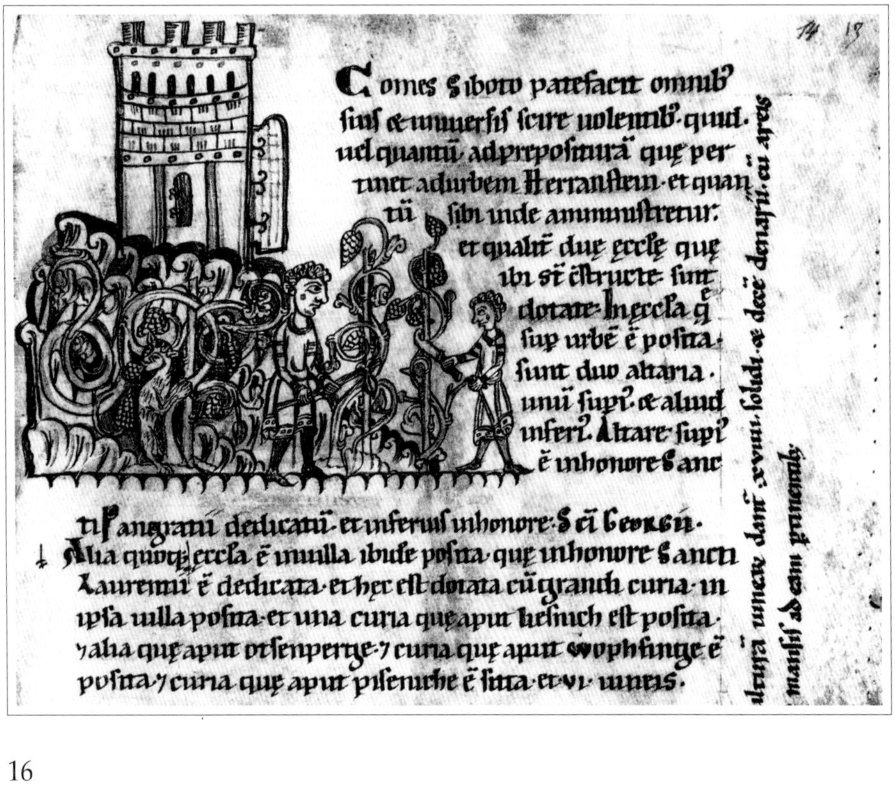

Federzeichnung aus dem Codex Falkensteinensis, den Rechtsaufzeichnungen der gräflichen Familie Neuburg-Falkenstein, entstanden im Stift Herrenchiemsee, zwischen 1166/1196. Älteste Abbildung eines Weingartens in Altbayern. Bayer. Hauptstaatsarchiv. Graf Siboto IV. von Neuburg-Falkenstein (Stammsitz Falkenstein bei Flintsbach am Inn) ließ ein Verzeichnis seiner Besitzungen anlegen. Die Pergamenthandschrift ist mit Federzeichnungen ausgeschmückt, wobei eine Zeichnung dem Weinbau gewidmet ist. Deutlich wird die Pfahlerziehung sowie die Weinbergsarbeit mit Rebmesser und Hacke (Karst). In der näheren Umgebung der Burg Falkenstein, zwischen Chiemsee und Inn, ist um das Jahr 1000 Weinbau nachgewiesen in Vogtareuth, beim Kloster Herrenchiemsee, bei Aschau, Roßessing und Troibach.

Der Baierwein im Mittelalter

Wein, das Hauptgetränk der Baiern

Seine Blütezeit erlebte der Baierwein im späten Mittelalter. Die Anbauflächen erfuhren ab dem 13. Jahrhundert eine deutliche Ausdehnung, so dass sich, wie ein Chronist vermerkte, „die Bevölkerung vom 14. bis zum 16. Jahrhundert mit sichtlichem Interesse dem Weinbau zuwenden konnte". Zahllose Urkunden aus Abgaberegistern und zu Grundstücksgeschäften belegen dies. In den Flusstälern der Donau, der Altmühl, der Isar, der Rott und des Inn war der Weinbau in großen Abschnitten landschaftsbestimmend. Auf vielen warmen Südhängen in ganz Altbayern standen Reben. Alte Stiche aus dem späten Mittelalter vermitteln insbesondere am linken Donauufer bei Regensburg das Bild einer weitgehend geschlossenen Weinlandschaft. Versucht man auf der Grundlage überlieferter Erntemengen, Flächenerträge und sonstiger Hinweise eine vorsichtige Flächenschätzung, so mag der Baierwein in seiner Blütezeit zirka 2000 Hektar Rebfläche umfasst haben, zwei Drittel davon wohl im Kerngebiet um Regensburg. Anschaulich zeigen die Landtafeln des Philipp Apian von 1568 Rebflächen an der Donau um Neuburg, Kelheim, Regensburg und Bogen, an der Isar bei Landshut, ferner bei Pöttmes und bei Rott am Inn.

Die ausgedehnten Rebflächen lieferten genügend Wein zum täglichen Gebrauch. Der Wein war das Hauptgetränk der niederen wie der oberen Bevölkerungsschicht. Die Brunnenpflege war oft miserabel, die Trinkwasserqualität entsprechend. Wenn man Durst hatte, trank man eben Wein. So konnten es sich die Herzöge Ludwig und Otto von Niederbayern im Jahre 1292 noch leisten, das Bierbrauen auf die Dauer eines ganzen Jahres zu verbieten: „daz nieman über al unser lant ze Baiern dhein Pier briwen sol hiuer ditz iar". Ein gleiches Verbot erließ 1317 König Ludwig der Bayer. In beiden Fällen waren Missernten mit nachfolgender „ungewöhnlicher Getreidetheuerung" der Anlass. Brotgetreide war eben wichtiger als Braugetreide und den Durst konnte man ja mit Wein stillen.

Der bayerische Geschichtsschreiber Johannes Turmair, genannt Aventinus (geb. 1477 in Abensberg, gest. 1534 in Regensburg), sagt 1530 in seinen Bayerischen Annalen: „Das Bayrisch Volk ist geistlich, schlecht (schlicht) und gerecht ... hat auch viel Kirchfahrt, legt sich mehr auf den Ackerbau und das Vieh denn auf den Krieg ... bleibt gern daheim ... trinkt sehr, macht viel Kinder ... der gemeine man sitzt Tag und Nacht bey dem Wein, schreit, singt, tanzt, kart spilt ... !" Als Sohn eines Weinwirtes in Abensberg musste er es wissen. Vom Bier ist hier nicht die Rede. Auch der Historiker Lorenz Westenrieder stellt in seinen „Beiträgen zur vaterländischen Geschichte" fest: „In älteren Zeiten holte Alles seine Stärke und Kraft von dem Baierwein her." Und im „Buch von den Früchten und Bäumen" steht: „In Bayern meint fast jeder gemeine Taglöhner, er müsse jeden Tag zweimal Wein trinken, so wie er zweimal Fleisch esse." Um bei der Kost der Tagelöhner etwas zu sparen, gab es in Niederbayern auch Tagelöhnerwein, der wohl etwas dünner gewesen sein mag.

Der Weinbau genoss schon zu Beginn des Mittelalters eine besondere Rechtsstellung. Ähnlich den Gebäuden erfuhren Weingärten in der Rechtsprechung eine „das Nationalvermögen schonende Rücksicht". Wurde bei der Anlage eines Weinbergs aus Versehen die Grenze zum Nachbargrundstück nicht eingehalten, musste die Grenzüberschreitung nicht gerodet, sondern nur eine Ersatzfläche gestellt werden. Auch beim Verbot von Wuchergeschäften war der Wein ausdrücklich erwähnt.

DER WEINBAU IN DER FEUDALWIRTSCHAFT

Die Landesherren gaben den Grund und Boden meist in Form von Schenkungen an Kirchen und Klöster sowie an den örtlichen Landadel mit der Maßgabe, ihn zu bewirtschaften. Adelige, Kirchen und Klöster waren somit Obereigentümer des Grundbesitzes, sie übten die Grundherrschaft aus. Bei den Kirchen und Klöstern war dies meist mit dem Auftrag zu weiterer Missionstätigkeit verbunden. So befand sich gegen Ende der Karolingerzeit zirka die Hälfte des Grundbesitzes in geistlicher Hand.

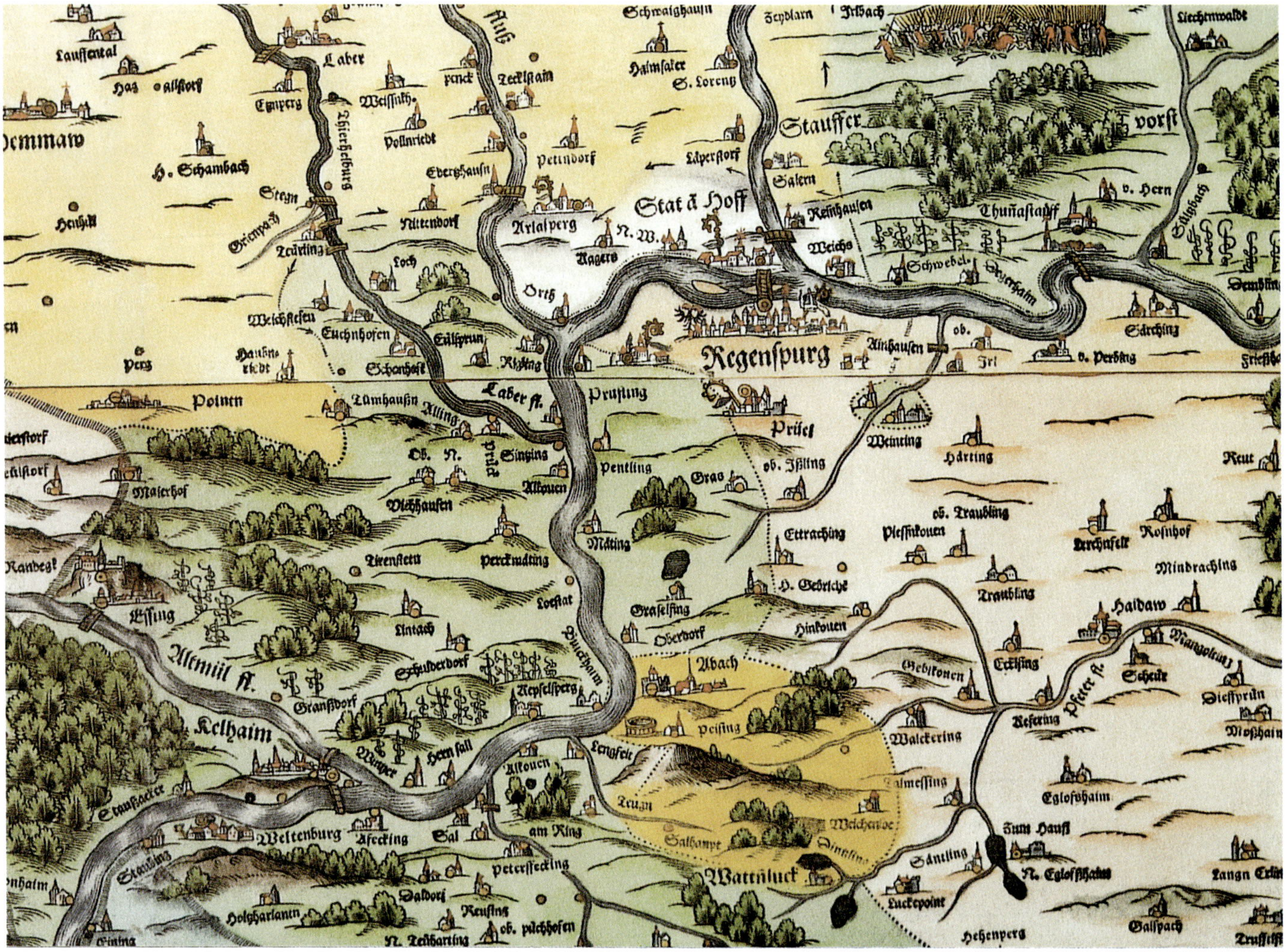

Bayerische Landtafeln von Philipp Apian 1568 (Ausschnitt), mit Weingärten bei Essing, Kelheim, Kapfelberg, Regensburg-Schwabelweis, Tegernheim, Donaustauf und Demling.
Bayer. Landesvermessungsamt München

Symbol für Rebflächen auf Stichen und Landkarten

Das Lehen: Freistift, Leibrecht, Erbrecht
Aber auch die Kirchen, Klöster und Adeligen bewirtschafteten das Land meist nicht selbst. Als Grundherrn gaben sie es wiederum in der Form des Lehens, eine Art Pacht oder Besitz auf Zeit, an Bauern und Weinzierln weiter. Diese hatten für die Nutzung entsprechende Abgaben zu leisten. Die Lehen waren zeitlich befristet. Manche wurden nur für ein oder wenige Jahre als „Freistift" vergeben, das „Leibrecht" galt auf Lebenszeit, das „Erbrecht" war, wie der Name sagt, vererbbar. Neu gerodetes Land wurde in ähnlicher Weise als Lehen vergeben. Rodeten die Bauern selbst, waren die Abgaben entsprechend niedriger.

Abzuführen waren „die Stift" als Geldabgabe, „die Gilt" als Naturalabgabe sowie das „Laudemium", eine Besitzwechselabgabe. Daneben erhielt die örtliche Pfarrkirche den Zehent. Im Laufe der Zeit wurden die Zehentrechte handelbar und verblieben nicht immer im Besitz der Kirche.

Nutzungsrechte als Handelsware
Waren die Lehen im Leibrecht oder Erbrecht vergeben, konnten sie auch unterverpachtet werden, was als Afterlehen bezeichnet wurde. Insbesondere im frühen Mittelalter war Weinbergsbesitz sehr begehrt. Derartige Nutzungsrechte an Weingärten brachten oft gute Gewinne. So legten viele Regensburger Bürger ihr Geld in Weinberg-Nutzungsrechten an. „Kaufte" also jemand nach einer Urkunde einen Weingarten, war

damit häufig nur der Erwerb des Nutzungsrechtes und nicht des Eigentums gemeint. Diese Nutzungsrechte wechselten auch oft den Besitzer.

Damit gab es beim Grundbesitz drei Rechtsebenen, nämlich den Grundherrn als Obereigentümer, den Lehensnehmer oder Lehensherrn als Inhaber des Nutzungsrechtes (Untereigentümer) und den Lehensträger, den eigentlichen „Baumann", der den Grund und Boden bewirtschaftete.

Der Weinzierl

Für die Weinbauern oder Winzer war in Altbayern die Berufsbezeichnung „Weinzierl" (Mehrzahl: Weinzierln) gebräuchlich. Im Rahmen der Grundherrschaft waren sie Pächter und Bewirtschafter der Weinberge und Weingärten. Häufig wurde diese Berufsbezeichnung zum Familiennamen. Im Telefonbuch der Stadt Regensburg steht der Name Weinzierl zur Zeit 46 mal.

Klare Rechtsverhältnisse im Teilbau

Um möglichen Streit zu vermeiden, waren die Rechtsverhältnisse, wenn auch unterschiedlich, doch klar geregelt. Die Weinbergslehen im Bereich des Baierweins wurden dabei meist im sogenannten Teilbau vergeben.

Am gebräuchlichsten waren die Dreiteiler- oder Drittteiler-Weingärten, auch Drittelpacht genannt. Dabei waren zwei Drittel des Wein- bzw. Mostertrages an den Grundherrn abzutreten, ein Drittel verblieb dem Weinzierl. Wein war in Altbayern im Gegensatz zu anderen Weinbaugebieten knapp und gefragt, weswegen die Grundherrn hier an hohen Mostlieferquoten interessiert waren. Als Ausgleich waren die sonstigen Lehensbestandteile entsprechend günstig gestaltet, um den Weinzierln ein Auskommen zu ermöglichen. So gehörten zu einem Weinbergslehen meist auch einige Äcker und Wiesen zum Anbau von Getreide und zur

Weinbauer im Mittelalter, Papierzeichnung (Der Bauer als Schachfigur) 1456. Der Weinbauer hält in der Rechten eine Hacke (Karst), in der Linken eine Gerte zum Viehtrieb oder Vertreiben wilder Tiere, am Gürtel trägt er zwei Rebmesser. Bayer. Staatsbibliothek

Haltung von etwas Vieh. Bei hoher Mostabgabequote ($^{3}/_{4}$, $^{2}/_{3}$ oder $^{1}/_{2}$ - Anteil) bekam der Weinzierl auch direkt Getreide zugewiesen oder konnte sich durch gewährte Pfennigzinse solches kaufen.

Daneben verpflichtete sich der Grundherr häufig, Rebstecken und Zaunholz aus dem Wald zu liefern oder die Beschaffung aus seinen Wäldern zu gestatten. Mist oder gute Erde zur Düngung der Weingärten wurden bereitgestellt und die Transportkosten hierfür erstattet. Auch der Leselohn wurde oft anteilig von der Grundherrschaft getragen.

Die Lehensvergabe im Teilbau gewährte dem Pächter / Weinzierl eine gewisse Selbständigkeit. Wählte die Grundherrschaft tüchtige Weinzierln aus, hatte auch sie den Vorteil größerer Erträgnisse. Andererseits hatte die Grundherrschaft erheblichen Einfluss auf die Pflege der Weingärten, die Auswahl der Reben und ihre Behandlung. Die zur Kontrolle aufgestellten Beamten, der Weinpropst (oberster Verwalter) und die Wein- oder Bergmeister, hatten für eine reibungslose Abwicklung der Lehen zu sorgen. Es gab aber auch Vierteiler- und Fünfteiler-Weingärten. Jeder vierte bzw. fünfte Eimer Most oder Wein musste hier an den Grundherrn geliefert werden. Die niedrige Abgabepflicht war meist bei Neurodungen durch die Weinzierln üblich und betraf oft nur Teilflächen eines Lehens. Die Weinzierln konnten ihren Weinanteil frei verkaufen oder ausschenken, wobei in guten Jahren meist die Herrschaft daran interessiert war, den Wein aufzukaufen.

Der Begriff Weingarten oder Weinberg war meist mit einer gewissen Größenordnung verbunden. Ein Weingarten war die Weinbergsfläche, von der eine Weinzierlfamilie leben konnte. Manchmal wird die Fläche auch in Juchert (Tagwerk) oder auch als Riebel, Rieb oder Reb (von arrepennis, $^{1}/_{2}$ Juchert) angegeben. Als „Setz" bezeichnete man einen neu gepflanzten Weinberg.

Lehensvergabe an einen Runtinger-Weinzierl

Die Urkunde einer Lehensvergabe des Handelshauses Runtinger in Regensburg vom 19. Januar 1390 hat folgenden Wortlaut:

„Ulrich der Hirmann, gesessen zu Tömling (Demling) beurkundet, daß ihm sein lieber Herr, Herr Mathäus Runtinger, Bürger zu Regensburg, ihren Weingarten dortselbst an dem Scheuchenberg, recht Lehen von dem Bischof zu Regensburg, auf 3 Jahr ab kommende Lichtmeß, zur Bebauung überlassen haben, also daß ich denselben Weingarten und was dazugehört, wohl und treulich verwesen, bauen, arbeiten und befrieden soll Sommer wie Winter mit aller Arbeit die dazu gehört, nach des egenannten Weingarten Notdurft; ich soll auch alle Jahr drei Stund oder vier hauen zur rechten Zeit, also daß er allezeit baulich und

wesentlich liegt, und wann mich mein egenannte Herrschaft in den Weingarten Erde tragen heißt, das soll ich unverzüglich tun, und was das kost, das soll mein Herrschaft drei Pfennig geben und ich den vierten Pfennig. Ich soll und will auch allen vorgeschriebenen Bau und Arbeit selber tun, die Herrschaft weder Pfründ noch Geld nicht dazu geben sollen; denn allein Mist und Stecken sollen sie mir lassen, haben Wismat (Wiese) und Acker, die zu dem egenannten Weingarten gehört, daß ich sie jährlich nützen soll. Was in dem egenannten Weingarten Weins wird jährlich, dessen nimmt mein vorgenannte Herrschaft jährlich zu dem Lesen drei Teile und gibt mir den vierten Teil."

Hierbei handelte es sich also um einen Weinberg aus der Grundherrschaft des Hochstifts Regensburg, den die Familie Runtinger zu Lehen hatte und ihn als Afterlehen für drei Jahre an den Weinzierl Ulrich Hirmann vergab. Die Abgabequote betrug hier $^{3}/_{4}$ des Mostertrages, die sonstigen Lehensbedingungen müssen also günstig gewesen sein.

RECHTE UND PFLICHTEN EINES WEINZIERLS

Die Weingärten an der Donau bei Regensburg, in Winzer, Tegernheim, Donaustauf, Bach, Kruckenberg und Wörth waren im Besitz des Hochstifts Regensburg, der bayerischen Herzöge, des Klosters St. Emmeram und anderer kirchlicher Einrichtungen. Betrachten wir also das Leben eines herzoglichen Weinzierls im Raum Regensburg im späten Mittelalter etwas näher, wobei wir uns gut auf das von Oberarchivrat Rudolf Freytag im Jahre 1935 zusammengetragene Material stützen können:

Lehensvergabe/-erneuerung

Jährlich am Stifttag hatte jeder Weinzierl sein Lehen beim Weinpropst in Donaustauf zu erneuern. Die Weinmeister wurden dann gefragt, ob durch die Weinzierln die Weingärten richtig in Stand gehalten worden seien und ob Baufälle, Gebrechen oder Mängel sich herausgestellt hätten. War ein Weinzierl altershalber oder aus sonstigen Gründen nicht mehr in der Lage richtige Arbeit zu leisten, so hatten die Weinpröpste die Pflicht, anderweitig für geeigneten Ersatz zu sorgen. Ein Verkauf von Hoflehen konnte nur mit Wissen und Willen der Weinpröpste und Weinmeister geschehen. Abgehende Weinzierln, deren Lehen nicht verlängert wurde, mussten zum Teil eine Axt, ein Weinmesser, eine Haue und eine Saam (Tragebutte) zurücklassen.

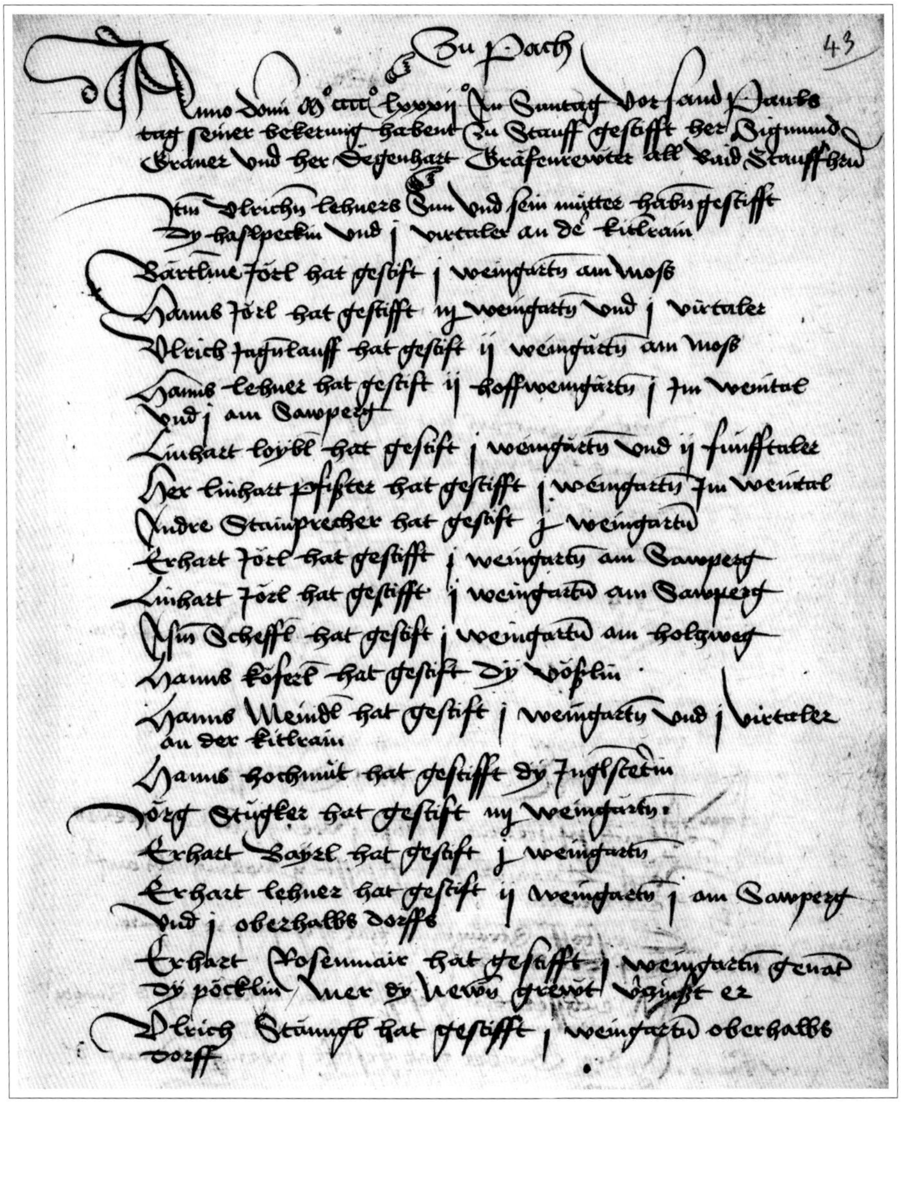

Stiftsbuch von Bach 1485 – Vergabe und Bestätigung der Weinbergslehen „Zu Pach – Anno Domi MCCCLXXXV am Sonntag vor san(k)d Paulstag seiner bekerung habent zu Stauff gestifft Her Sigmund Graner und Her Degenhart Grafenreuter all baid Staufflhern …" Gut erkennbar sind die Weinbergsnamen Haselbeck, Kühtrain (Kittenrain), Viertaler, Moß, Weintal, Sauberg, Holzweg, Inglstetter, Oberhalb Dorfs, Pörklin und Neugereuth.
Bayer. Hauptstaatsarchiv

Der Weinpropst
Er war vom Grundherrn aufgestellt und hatte die Oberaufsicht über die Lehen. Zusammen mit dem Gegenschreiber (Zweitbeamter, Kontrolleur) verwaltete er die Erträgnisse. Sein Dienstsitz war der Amtshof mit dem Hofkeller, der Sammelstelle für die Erträge der Lehensweinberge.

Dem Weinpropst waren jeweils Weinmeister, Weinmesser und Bietleute unterstellt. Zur Übernahme dieser ehrenvollen Ämter wurden tüchtige und ehrliche Personen ausgewählt. Für ihre verantwortungsvolle Aufgabe mussten sie jeweils einen Eid ablegen. Für alle drei Ämter sind Vereidigungsformeln überliefert. Am Hofkeller war ein Küfer für die Herstellung und den Unterhalt der Weinfässer verantwortlich.

Der Weinmeister
Ihm oblag die fachliche Aufsicht über die Weinzierln. Er hatte darauf zu achten, dass die Lehensweinberge ordnungsgemäß bewirtschaftet wurden. Weinmeister konnte nur sein, wer „die Weingartten mit der handt kan arbeitn und sich auff guten paw derselben versteet, wie die Weinreben beschnitten, der grund umgehauet soll werden. Auch wohin not ist erdt und mist in Weingartten zu tragen". Der Weinmeister leistete dem Weinpropst Eid und Gelübde und hatte ihm Ungebührlichkeiten der Weinzierln zu melden. Letztere hatten wiederum dem Weinmeister den schuldigen Gehorsam zu leisten und ihm jederzeit Zutritt zu den Weingärten zu gewähren.

Diensteid eines Weinmeisters
Am 17. März 1696 legte der Spital-Weinmeister Michael Höfling, Weinzierl zu Donaustauf, folgenden Amtseid ab:

„Ich, Michael Höfling, Weinzierl zu Donaustauf, schwöre zu Gott einen Eid, daß ich die mir anvertraute Weinmeisteraufsicht über alle des Spitals (St. Katharinenspital Regensburg) zu Donaustauf, Sulzbach und Bach gelegenen Weinberge getreu und fleißig nicht allein beobachten, sondern auch die in denselben von den daselbstigen Weinzierln zu verrichtenden Arbeiten genau und so oft es die Notdurft erfordert, besehen und nach dem Befund alles mit Wahrheit anzeigen und hierin keinen, weder Freund- noch Feindschaft oder um des eigenen Nutzens willen, verschonen werde.
So wahr mir Gott helfe. Amen."

War das Dienstgebiet eines Weinmeisters zu groß, bekam er einen Weinmesser als Gehilfen. Auch dieser wurde für seine Tätigkeit vereidigt.

DIE ARBEIT IM WEINBERG

Die Düngung der Weingärten bildete eine wichtige Grundlage für den Ertrag. Mistabgabe und Mistanfuhr mussten deshalb genau geregelt sein. Das Düngen geschah im Winter. Für jede Fuhre Mist war je nach der Lage des Weinbergs ein besonderer Fuhrlohn festgesetzt. Die Weinmeister waren verpflichtet, die Mistlieferungen zu überwachen. Durch Regengüsse wurde in den Hanglagen das Erdreich oft weggeschwemmt, sodass die Rebstöcke verkümmerten. Es musste also wieder neue Erde zugeführt werden. Aber auch zur Düngung sollte im Abstand von einigen Jahren neue, unverbrauchte Erde in den Weinberg kommen. Auch für diese Arbeiten waren eingehende Bestimmungen getroffen. Das sogenannte Wasenschlagen bedeutete, dass man auf benachbarten Wiesen den Wiesenumbruch einige Zeit kompostierte, um dann diese humus- und nährstoffreiche Erde in die Weinberge zu bringen.

Wenn der Mist aufgebracht war, erfolgte ab dem Lichtmesstag (2. Februar) der Rebschnitt. Die Weinmeister achteten darauf, dass diese Arbeit sachgemäß verrichtet wurde. An Stelle erfrorener oder sonst eingegangener Stöcke mussten die Weinzierln neue pflanzen. War der Rebschnitt beendet, musste der Weingarten umgegraben oder umgehauen, das heißt tief gehackt werden. Anschließend wurden die Rebstecken zum Anbinden der Stöcke eingeschlagen. Da die Rebstöcke im Winter zum Schutz vor starken Frösten meist umgelegt und mit Erde abgedeckt wurden, zog man die Stecken im Herbst heraus und schlichtete sie zu Steckenhaufen. Lagerten Söldner in der Gegend, wie z.B. 1388 im Städtekrieg, mussten die Steckenhaufen häufig für das Lagerfeuer herhalten. Aber auch aus Böswilligkeit wurde mancher Haufen angezündet.

Das Biet-, Wind- oder Presshaus
Für den Begriff „Kelter" oder „Torkel" war in Altbayern das althochdeutsche „Biet" gebräuchlich, wobei das Biet (von Butte, Bütte, Pütt oder Bett) im engeren Sinne den Boden oder Presstisch der Weinpresse meint. Auch im Taubertal kannte man „Bietkuffen" und im Badischen sowie in Heilbronn ist das Biet als Torkelbett oder Kelterboden geläufig. Im weiteren Sinne steht das Biet hier jedoch für die ganze Presse, die im „Biethaus" untergebracht ist. Da der Pressbaum einer Baumpresse mittels Spindel oder Winde in der Höhe bewegt wird, war auch die Bezeichnung „Windhaus" üblich.

Bei den Hofweingärten um Donaustauf waren 8 Wind- oder Biethäuser eingerichtet, in Bach gab es 5. Die Herrschaft hatte die Pflicht, alle Mängel an diesen 13 Windhäusern richten zu lassen, sei es am Pressbaum, am Gsuedl(?), am Karholz oder am Knöppel. Auch für Holz, Steine, Schindeln, Zimmerleut-, Maurer- und Fuhrlohn war die Herrschaft zuständig. Die Weinzierln waren verpflichtet, ihre Trauben im Biethaus der Grundherrschaft zu pressen. Dieser Kelterzwang, auch Kelterbann genannt, schuf die Gewähr dafür, dass die Grundherrschaft unter Mitwirkung der eigenen Beamten sicher ihren Anteil an der Weinernte erhielt.

Die Weinlese

Waren die Trauben reif geworden, bestimmte der Weinpropst den Lesebeginn. Zeitweise war es auch üblich, dass der Weinpropst zunächst eine Ernteschätzung vornahm und eine Trage mit Weinbeeren zur Begutachtung der Obrigkeit überstellte. Nach entsprechender Rückmeldung konnte der Weinpropst dann den Lesebeginn verkünden. In den Jahren von 1584 bis 1599 lag dieser zwischen dem 18. September und dem 25. Oktober. Sagte der Weinpropst eine qualitativ gute Ernte voraus, bekam er häufig den Auftrag, von den Weinzierln zusätzliche Weinmengen für die Herrschaft anzukaufen.

Im Biethaus mussten alle Bietschäffel, Trag- oder Hebschäffel, Kuefkörbe, Schaufeln, Schöpfen und Seiher hergerichtet sein. Weidenseile (geflochtene Weidenruten zum Zusammenhalten der Maische bzw. des Tresters im Biet) mussten die Weinzierln mitbringen. Ebenso hatten sie das Windhaus aufzuräumen, die Bottiche einzuwässern, das Biet in den Ritzen mit Tegel (Lehm) zu verstreichen und mit Wasser zu dechteln (abzudichten).

Der Weinpropst bestimmte für jedes Biethaus einen Bietmann, der es verstehen musste, die Trauben gut auszupressen und Geschirr und Spindel zu handhaben; auch durfte er „nit sonder offen Schaden" am Leib haben. Bei der Arbeit mit der Baumpresse gingen dem Bietmann zwei „Aufheber" als Hilfskräfte zur Hand. Dem Bietmann war das Eigentum der Herrschaft und der Weinzierln anvertraut. Er musste für seine Arbeit einen Diensteid leisten. Nur so war sicherzustellen, dass die Mosternte nach Menge und Qualität gerecht geteilt wurde. Zu groß war für die Weinzierln die Versuchung, dem Herzog oder Bischof den schwächeren Wein zu schicken, um den guten für sich zu behalten. Die Vereidigung nahm der Weinpropst vor. Hierzu liegt ein Text aus der Zeit um 1700 vor:

„Diensteid (Pflicht) so die Bietleut vor dem Weinlösen abzulegen schuldig:

Ihr sollet an Eides statt bei Ehren … angeloben und versprechen, daß Ihr Ihre Churfürstliche Durchlaucht … sowohl als auch der Weinzierln, die ihr Gut und Weinbeer in das Piethaus bringen, mit demselben getreulich umgehen und fleißig ausarbeiten, nichts davon heimlich enttragen lassen, den Nutzen befördern und Schaden wenden, das Geschirr nit mutwillig zerbrechen, dem, was ihm durch das Weinpropstamt, Gegenschreiber und Weinmeister und Weinmesser geboten und verboten wird, fleißig nachkommen, auch sobald Weinpör (Weinbeeren) in das Windhaus kommen oder aufs Char (Preßboden) geschüttet werden, weder bei Tag noch bei Nacht nit aus dem Biethaus kommen, … keine Gesellschaft zu sich erfordern, mit denselben spielen oder andere Sachen anfahen, wodurch den Weinbeeren oder Most Minderung beschehen möchte, noch weniger sein Weib und Kind dahinkommen lassen, desgleichen soll er ohne Wissen des Weinpropstamtes keinen fremden Bettler weder Most noch Pörr (Beeren) aus unverteiltem oder verteiltem Gute geben, ausgenommen dem H.H. Geistlichen, dem Schmied oder Bader mit seinem gebrannten Fäßl und dem Mesner mit dem Krug einstoßen lassen; er soll auch auf das Ausmessen fleißig aufsehen und da er einigerlei Vortl oder Gefahr merkte, solches alsbald dem Weinpropstamt anzeigen und in Summa alles tun, wie er ihms vor Gott und gnädigsten Herrschaft zu verantworten getraut, getreulich ohne Gefährde."

Das Recht des Mesners auf einen Krug Most beruhte auf seiner Verpflichtung zum „Wetterleuten" und auch der Pfarrer, der Schmied und der Bader hatten dafür manchen Dienst für die Dorfgemeinschaft zu leisten. Bei Nacht hatte jeder Bietmann einen Nachtknecht (Nachtwache) bei sich, dem vom Weinzierl das Abendessen zu reichen war. Schmeer zum Schmieren der Spindel des Pressbaumes lieferte der Weinpropst, ebenso versah er die Biethäuser und Keller mit Inschlichtkerzen (Talgkerzen).

Die Herrschaft entlohnte die Leser, Buttenträger, Bietleute und Nachtknechte. Die Weinzierln gaben den Buttenträgern die Morgensuppe und halfen selbst im Biethaus mit.

Der Amtmann zu Sulzbach war verpflichtet, den Most von sämtlichen Biethäusern zum Hofkeller nach Donaustauf zu bringen. Dort nahm der Weinmeister den Most des Herzogs in Empfang und hielt mit dem Weinpropst Abrechnung. Soweit die ausführliche Schilderung Freytags.

Monatsbilder mit Darstellung des bäuerlichen Jahreszyklus, Salzburger Handschrift um 818. Der Oktober ist der Weinmonat. Bayer. Staatsbibliothek

Herzogliche Weinernte 1630

Überliefert sind auch aus vielen Jahren die Weinerträge der Wittelsbacher Herzöge aus der „Herrschaft Stauf". Als Beispiel sei hier das Jahr 1630 angeführt, das zu den besseren Weinjahren zählt. Die saubere Buchführung weist alle Weinbergslagen mit den dazugehörigen Weinzierln und den jeweiligen Erntemengen aus.

Die Weinernte betrug für

Donaustauf	704	Eimer
Bach	534	Eimer
Riegling, Pfaffenstein und Tegernheim	223	Eimer
insgesamt	1461	Eimer
		(= ca. 78000 Liter)

Es folgt der Nachsatz „Davon Abgezogen der Weinzierln gebührender Dritter thaill bleibt Ihr. Churfürstl. Durchlaucht noch 974 Eimer", also ca. 52000 Liter.

WEINFUHREN ZUR HERZOGLICHEN RESIDENZ IN MÜNCHEN

Der bei Kelheim und Regensburg in herzoglichen Lehensweinbergen wachsende Baierwein war von den Wittelsbacher Herzögen so hoch geschätzt, dass sie ihn nicht vor Ort verkaufen, sondern an ihren Hofkeller nach München liefern ließen. Die Weinfuhren waren als Fronlast Pfarreien und Klöstern der Umgebung auferlegt, worüber es auch wiederholt zu Streitigkeiten kam.

Die betroffenen Pfarreien, Klöster und Stifte hatten jeweils kostenlos eine Fuhre, also einen „Dreiling" Wein (24 Eimer = ca. 1280 Liter) nach München zu transportieren. In Normaljahren waren im Herbst 32 Fuhren, also ca. 40000 Liter Most oder Wein an den Münchner Hofkeller zu bringen, davon 20 Fuhren von Donaustauf und 12 von Kelheim. Aus den Liefernachweisen von 1588 ist ersichtlich, dass knapp 90% Weißwein und gut 10% Rotwein geliefert wurden. Der Baierwein aus Kelheim und Donaustauf muss gut gewesen sein, denn wer läßt sich schon solche Mengen schlechten Weines in den Hofkeller legen? Neben den Weinfuhren nach München gingen auch wiederholt größere Mengen Baierweins auf Schiffen in die Festung Ingolstadt oder auf dem Landweg zum Herzogssitz nach Landshut. Auch die Burglengenfelder Herzöge bezogen ihren Wein aus Donaustauf.

WEINAUFSCHLAGSÄMTER

Einen wichtigen Punkt des altbayerischen Weinbaues markiert das Jahr 1544. Die „Instruktionen über Einbringung des Aufschlages vom Baierwein" vom 22. September dieses Jahres enthält die Vorschrift, dass je Eimer Wein 15 Pfennig Aufschlag bezahlt werden müssen. Damit wurde der Baierwein landesweit in die „Tranksteuer" einbezogen, wenn auch mit deutlich niedrigeren Sätzen als Fremdweine. Die Oberaufsicht hatte das Hofkelleramt München. Mit der Verordnung wurden sieben Wein-Aufschlagsämter errichtet, nämlich in Landshut, Straubing, Deggendorf, Dingolfing, Kelheim, Stadt am Hof und Donaustauf. Mit den Weinaufschlagsämtern sind die Zentren des damaligen Weinbaues benannt, in deren Umgebung um diese Zeit in größerem Umfang Weinbau betrieben wurde.

Der Wein trug mit Zöllen, Ungeld und sonstigen Abgaben wesentlich zum Staatshaushalt bei. Außerdem erlösten die Wittelsbacher Herzöge aus dem Weinverkauf ihrer Besitzungen beträchtliche Summen, sodass sie ihren Haushalt weitgehend mit den Einnahmen aus dem Weinbau bestreiten konnten. Für das Teilherzogtum Niederbayern wird z.B. berichtet, dass zwischen 1450 und 1500 der Herzog 90% seiner Einnahmen aus dem Weinbau bezog, während nur ca. 2% auf das Bier entfallen. Das sollte sich später allerdings ändern, als das Haus Wittelsbach insbesondere unter Kurfürst Maximilian einen wahren „Braukonzern" aufbaute. So hoch die Steuereinnahmen auch waren, der Großteil davon wurde doch in Küche und Keller verbraucht, sodass der Küchenmeister am Hofe zu Recht auch der höchste Finanzbeamte war. Abgeschafft wurde der „Weinaufschlag" in Bayern erst 1831. König Ludwig I. verkündete dies im Rahmen seiner Thronrede.

DIE KLÖSTER UND DER BAIERWEIN

Besondere Bedeutung kam dem klösterlichen Weinbau im Zentrum des Baierweins, an der Donau zwischen Weltenburg und Passau zu. Während viele südbayerische Klöster Weinbergsbesitz in Südtirol und in der Wachau erwarben, hatten die entlang der Donau gelegenen oft schon aus frühester Zeit Weinbergsbesitz in der näheren Umgebung.

Am Beispiel einiger Klöster und kirchlicher Stiftungen im Donauraum soll hier die Bedeutung des Baierweins im Alltagsleben dieser Einrichtungen dargestellt werden.

Das Reichsstift St. Emmeram in Regensburg

Unter den altbayerischen Klöstern nimmt das Benediktinerkloster St. Emmeram in Regensburg im Zusammenhang mit dem Weinbau eine herausragende Stellung ein.

Hier sei eingangs erwähnt, dass in den Benediktiner-Regeln viel vom Wein die Rede ist. Der Klosterfamilie ist dabei unter anderem aufgetragen, dass „sie auch die Weinberge anlegen, karsten (hacken), durch Fechser vermehren, beschneiden und herbsten". Wein war als Getränk ausdrücklich freigegeben. Dagegen findet das Bier keine Erwähnung, auch

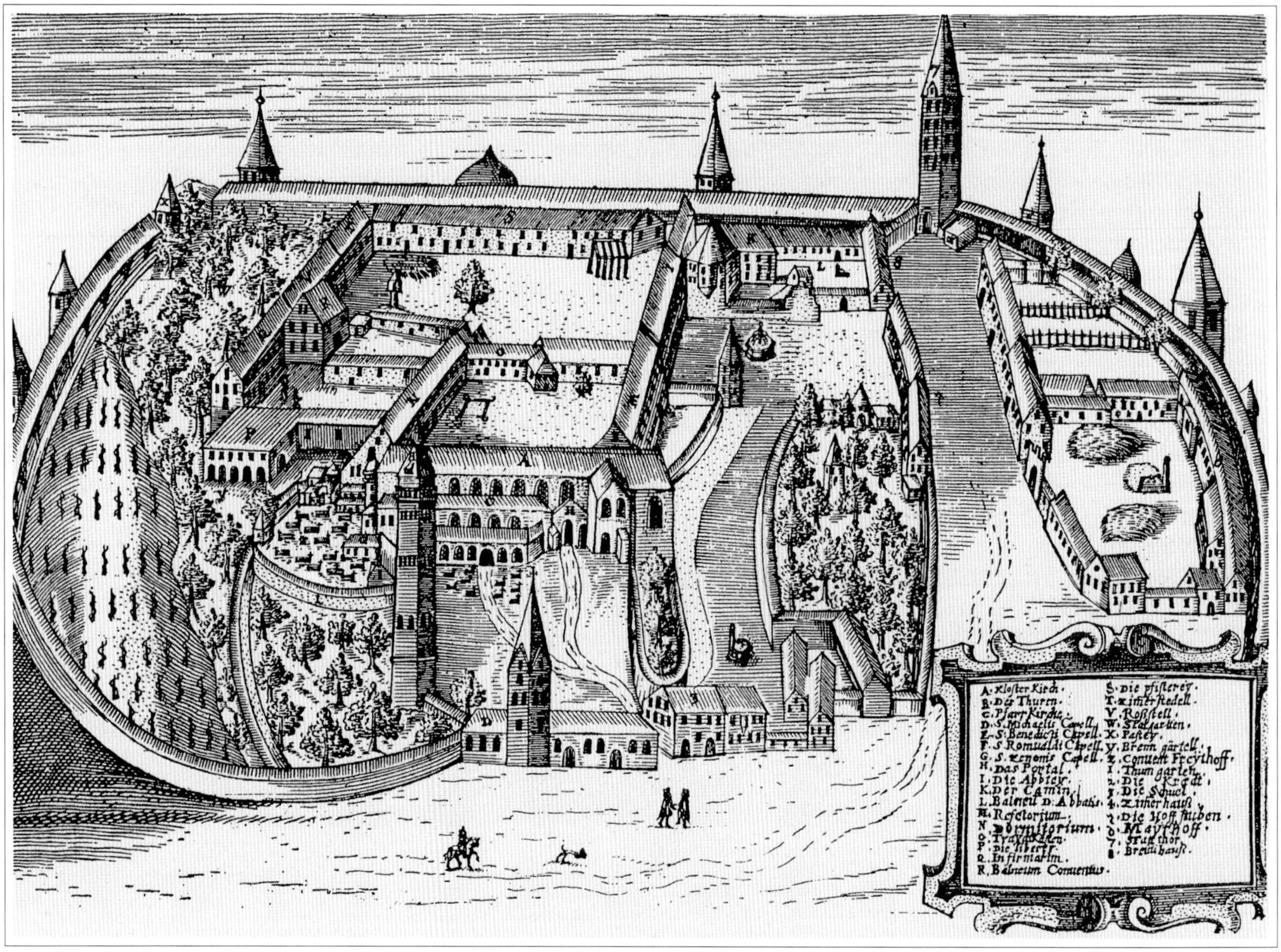

Ansicht des Klosters St. Emmeram von Norden, Karl Stengel 1619, mit einem Weingarten im Osten der Klosteranlage

wenn es später manches Benediktinerkloster beim Bierbrauen zu großer Meisterschaft brachte. Auch der ewig Bier trinkende Mönch ist ein Klischee neuerer Zeit.

Die Schenkungen des Herzogshauses an die Klöster sollten deren wirtschaftliche Basis stärken, damit diese ihrem Missions- und Seelsorgeauftrag möglichst weitgehend und unabhängig nachkommen konnten. Gleichzeitig war damit die Bewirtschaftung des Landes gesichert. Dazu kamen Schenkungen von Privatpersonen, vor allem in der Absicht, dadurch das Seelenheil zu erlangen oder Kinder und sonstige Angehörigen durch Aufnahme in das Kloster zu versorgen. Auch waren Schenkungen zur Sicherung eines Begräbnisplatzes innerhalb des Klosters üblich, zumal St. Emmeram als Wirkungsstätte des hl. Wolfgang besondere Wertschätzung erfuhr.

Erster Weinbergsbesitz ist für das 8. und 9. Jahrhundert in Aschach/Oberösterreich, in Winzer bei Regensburg und im Rottal belegt. Weitere Schenkungen folgten, sodass das Kloster um das Jahr 1000 schon einen stattlichen Besitz an Weingärten hatte. In der Umgebung von Regensburg sind hier die Weinbauorte Winzer, Pfaffenstein, Oberisling, Hohengebraching, Matting und Donaustauf zu nennen. Dazu kamen Weingärten bei Mallersdorf, in Könbarn und Vogtareuth bei Rosenheim, in Roth bei Bogen und in Haindlingberg bei Geiselhöring.

Nach einer Urkunde schenkt Kaiser Arnulf dem Kloster im Jahre 896 40 Weinberge in der Nähe des Ortes Winzer. Diese Urkunde stellt jedoch eine Fälschung dar. Die Schenkung erfolgte in Wirklichkeit erst im 11. Jahrhundert. Zu dieser Zeit besaß St. Emmeram 47 Weinberge jenseits der Donau, darunter auch den Weinberg *Herzogwander*, was auf einen ursprünglich herzoglichen Besitz hinweist. Weitere St. Emmeramer Weinbergserwerbungen im 11. und 12. Jahrhundert sind in Klosternähe für Dengling, Sarching, Riegling, Schwabelweis und in Pigendorf bei Mallersdorf belegt. Durch weitere

Erwerbungen, Zukäufe und Grundstückstausch hatte sich der Weinbergsbesitz des Klosters im Laufe der Zeit recht verändert, wobei Arrondierungsbemühungen deutlich werden. Dabei bildete sich das Winzerdorf Schwabelweis als Schwerpunkt des St. Emmeramer Weinbaues heraus. Im Urbar (Abgabenbuch) des Klosters von 1336 sind dort 29 Weingärten und 9 Setzen (Neugereute), also insgesamt 38 Weingärten aufgeführt.

Neben den Rebflächen in Schwabelweis und Winzer besaß St. Emmeram in dieser Zeit im Umkreis der Stadt außerdem 13 Weingärten in Pfaffenstein, 12 in Pentling, 6 beim Schwalbennest nördlich von Pentling zur Donau hin, 2 Weingärten in Sinzing, 5 in Kleinprüfening sowie einige in Riegling und Mariaort. In einem Zins- und Gültregister des Klosters von 1506 sind insgesamt 43 Weinberge aufgeführt. Sie lagen in dieser Zeit schwerpunktmäßig in Schwabelweis, Winzer, Lohstadt und Lappersdorf, ferner in Gundelshausen, Mariaort, Kneiting, Reinhausen, in Demling und Wörth. Um eine Größenvorstellung vom Gesamtbesitz des Klosters St. Emmeram zu geben sei angeführt, dass dieser gegen Ende des 18. Jahrhunderts ca. 1000 Bauernhöfe umfasste.

Die Klöster haben sich in besonderem Maße um einen ordnungsgemäßen Landbau verdient gemacht, nicht zuletzt auch im eigenen Interesse. So gehörte das Kloster St. Emmeram zu den besonderen Förderern des Baierweines. Durch die Reisetätigkeit der Äbte, den Kontakt zu Klöstern in anderen Gebieten, konnte ein reger Erfahrungsaustausch stattfinden und neue Ideen aufgegriffen werden. Wurden dadurch Fortschritte bei der Bewirtschaftung erzielt, kam dies dem Kloster und den Weinzierln zugute. Vom Kloster St. Emmeram ist bekannt, dass es sich um die „Herbeischaffung köstlicher Rebsorten, sorgfältige Bearbeitung des Bodens sowie um eine sachgemäße Behandlung des Mostes" bemüht hat. Außerdem geschahen „große Auslagen für die Beschaffung reichlichen Düngers". Zu Wagen und zu Schiff wurde damals „alle fette Erde" aus Regensburg in die Weinberge bei Schwabelweis und Donaustauf verbracht, anstatt sie unnütz in die Donau zu werfen.

Reben- und Traubenornamente am Grabmal der Aurelia in der Kirche St. Emmeram in Regensburg, um 1330

Das Engagement des Klosters scheint sich aber auch gelohnt zu haben. Im Jahr 1328 hatte St. Emmeram aus seinen Besitzungen immerhin eine Ernte von 1385 Eimern Wein (ca. 75000 Liter). Angegeben ist die Erntemenge mit 42 Fuder, 11 Eimer und 7 Kannen. Hiervon wurden 830 Eimer verkauft (ca. 45000 Liter). Dafür wurden 112 Gulden, 3 Schilling und 3 Denare erlöst. Im Kloster selbst wurden 555 Eimer Wein, also ca. 30000 Liter verbraucht, wohl mit Unterstützung aller Bediensteten, Reisenden und Bettler. Man muss dabei allerdings auch bedenken, dass die Klöster eine Beherbergungspflicht für alle Reisenden hatten, welche anderweitig kein Unterkommen fanden. Im Jahre 1335 ist auch von einer Weinschänke im Hospital des Klosters die Rede.

Trotz der beachtlichen Weinmengen, über die das Kloster verfügte, ist über eine „Versendung" des Baierweins in angrenzende Gebiete ohne Weinanbau nichts bekannt. Der Absatz konnte also ganz durch den örtlichen Verkauf erfolgen.

Die Einnahmen aus dem Weinbau waren für das Kloster bedeutend. Um 1500 bezog St. Emmeram je nach Jahrgang ca. 20 – 30% seiner Einnahmen aus dem Weinverkauf. Für das Kloster Prüfening betrug dieser Anteil zeitweise ca. 60%. Bei St. Emmeram waren jedoch die Erntemengen deutlich größer.

Kloster Prüfening bei Regensburg

Im Zusammenhang mit dem Weinbau kommt zweifellos auch dem Benediktinerkloster Prüfening eine besondere Bedeutung zu. Dieses 1109 von Bischof Otto I. von Bamberg vor den Toren der Stadt Regensburg gegründete Kloster hatte im frühen Mittelalter seine wirtschaftliche Basis in starkem Maße auf den Weinbau ausgerichtet. Diese Tatsache unterstreicht auf besondere Weise die große Bedeutung des altbayerischen Weinbaues in dieser Zeit. Reich mit Grundbesitz des Bistums Bamberg ausgestattet, hatte das Kloster eine

Weinertrag des Klosters St. Emmeram im 14. Jahrhundert nach Klosterrechnungen

Jahr	Fuder	Eimer	Kannen	= Liter insges.
1325/26	35	2	5	60500
1327/28	43	9	–	74800
1328/29	42	11	7	73200
1329/30	55	3	2	95200
1330/31	30	22	0,5	53000
1332/33	70	27	10	122400
1333/34	61	29	10	107000
1335/36	30	14	12	52600
1338/39	4	20	–	8000
1345/46	49	25	0,25	86000
1352/53	33	12	15,5	57600
1354/55	47	21,5	7	82300
1357/58	19	4	10	33000

Zu den Maßeinheiten ist vermerkt: „Es wurden 32 Eimer zu einem Fuder (Karrada), und 17 Kannen (crateres) zu einem Eimer angenommen." (1 Fuder = ca. 1700 l, 1 Eimer = ca. 54 l, 1 Kanne = ca. 2 l).

gute wirtschaftliche Basis. Für den Weinbau waren insbesondere die donauaufwärts gelegenen Orte Matting und Oberndorf bedeutungsvoll.

Erster Prüfeninger Weinbergsbesitz in Oberndorf ist für die Zeit 1130/39 belegt. Zwischen 1130 und 1186 erwirbt Bischof Otto von Bamberg für die Prüfeninger Neugründung für 13, 50 und 175 Talente weitere Weinberge in Oberndorf. Auch unter Abt Erbo II. (1168 – 87) wurden vom Kloster Prüfening umfangreiche Weinberge in Oberndorf erworben. Nach 1180/85 besaß Prüfening auch den gesamten Weinzehent in Oberndorf.

Ursprünglicher Weinbergsbesitz in Oberösterreich, in der Wachau und bei Krems wurde verkauft und dafür Matting und Oberndorf zu echten Weinbauschwerpunkten ausgebaut. Im Urbar des Klosters von 1380 sind für Matting 51 Abgabepflichtige aufgeführt. Die große wirtschaftliche Bedeutung des Weinbaues für das Kloster Prüfening wird in erhaltenen Weinregistern und Klosterrechnungen deutlich. So bezog das Kloster im späten Mittelalter jährlich zwischen 500 und 1000 Eimer Zins- und Zehentwein (ca. 27000 – 55000 Liter). In guten Weinjahren wurden über 1000 Eimer eingefahren. Bei einer Inventuraufnahme im Jahre 1575 lagerten im Klosterkeller 1500 Eimer Wein.

Nach der Klosterrechnung von 1570, einem eher unterdurchschnittlichen Weinjahr, hatte das Kloster Einnahmen aus dem Weinverkauf in Höhe von 714 Pfund (1 Pfund = 240 Pfennige), 6 Schilling und 4 Pfennig. Die Einnahmen aus dem Weinverkauf betrugen damit 60% der Gesamteinnahmen des Wirtschaftsbetriebes. Prüfening wird damit vergleichbar mit dem Zisterzienserkloster Eberbach im Rheingau, das im Jahre 1566 aus dem Weinbau 76% seiner Einnahmen bezog.

An zweiter Stelle bei den Einnahmen stand der Verkauf von Getreide, insbesondere Weizen mit 406 Pfund und 23 Pfennig. Als weitere Einnahme ist nur noch der Verkauf eines Pferdes mit 41 Pfund verbucht. Der höchste Ausgabenposten war die herzogliche Steuer in Höhe von 449 Pfund. Hoch sind auch die Ausgaben für Gewürze (44 Pfund, ein Pferd kostete 41 Pfund). Es darf deshalb vermutet werden, dass im Klosterkeller auch Würzweine zubereitet wurden. Gut versorgt wurden auch die Klosterangestellten, die als Naturalentlohnung täglich zwischen 2 und 6 Maß Wein zugeteilt bekamen, wovon je nach Familiengröße sicher ein Teil weiterverkauft wurde.

Die Mattinger Lehen: Das Kloster Prüfening hatte die Mattinger Weingärten anscheinend schon früh im Erbrecht vergeben. Nach der aus dem Jahr 1344 erhaltenen Mattinger Dorfordnung hat das Kloster Prüfening ursprünglich Drittteiler-Weinlehen vergeben, wobei nur 1/3 des Weinertrages abzuliefern war. Als im Jahre 1347 eine Pestwelle den süddeutschen Raum heimsuchte, wurde auch in Matting die Bevölkerung stark dezimiert. In dieser Situation sah sich das Kloster Prüfening veranlasst, die Abgabepflicht seiner Weinzierln deutlich herabzusetzen, um so neue Weinbauern als Lehensnehmer anzulocken. Um 1380 betrug die Abgabepflicht der Mattinger Weinzierln meist 1/4 des Ertrages, in manchen Fällen nur 1/6.

1344 erhielt das Kloster Prüfening von Kaiser Ludwig dem Bayern das Hofmarksrecht (Niedergerichtsherrschaft) über Matting. Mit einer Dorfordnung regelte das Kloster die Besitzverhältnisse, die Abgaben etc. Dabei befassen sich 11 von 21 Artikeln mit dem Weinbau. Unter anderem ist darin die Aufsicht über die Weinbergslehen, die Abgabepflicht, die Lesezeit, das Schankrecht der Weinzierln und ähnliches geregelt.

Allerdings währte die Prüfeninger Weinherrlichkeit nicht ewig. Einen starken Einbruch brachte der Dreißigjährige Krieg, an dessen Ende die Rebflächen in Oberndorf und Matting verwüstet waren. 1640 erhält das Kloster aus Oberndorf und Matting ganze 28 Eimer Zinswein, weil dort „der meiste Teil öd liegt". Erst Abt Roman II. (1730 – 1756) erlaubt den Oberndorfern offiziell, ihre Weinberge zu roden und in Felder umzuwandeln.

Bei der Aufhebung des Klosters im Zuge der Säkularisation ist vom Weinbergsbesitz keine Rede mehr.

Bei der Schilderung des Weinbaues in Oberndorf und Matting wird noch näher auf die Prüfeninger Weinbergsbesitzungen eingegangen.

Das Regensburger Schottenkloster St. Jakob

Auch St. Jakob hatte bereits zu Beginn des 12. Jahrhunderts umfangreichen Grund- und Weinbergsbesitz. Um diese Zeit erfolgten häufig Schenkungen, um die Kreuzzüge nach Jerusalem besser ausstatten zu können. In der näheren Umgebung hatte das Kloster ansehnliche Besitzungen in den Ortschaften des Donaubogens oberhalb Regensburg, in Sinzing, Mariaort, Kneiting, Winzer und Tremmelhausen. Neben Ackerland konnte St. Jakob dort auch Weinberge sein Eigen nennen. Als König Friedrich II. im Jahre 1212 das Schottenkloster unter seinen Schutz stellt, wird dabei auch der dazugehörige Ort Kneiting genannt, „mit seinen Weinbergen und seiner Kapelle". Nach dem Heberegister von 1390 gehörten dem Kloster in Kneiting sowie in Ober- und Niederwinzer 78 Äcker, 11 Weinberge, 4 Hofstätten, 9 Hofsach, 3 Baumgärten und 7 Wiesen. In Mariaort und Sinzing hatte das Kloster 18 Weinberge. Der Besitz war an 46 Untertanen vergeben. Für das Jahr 1226 sind neben Häusern und Hofstätten auch 5 Weingärten innerhalb der Stadt Regensburg belegt.

Das ursprünglich reich mit Grundbesitz ausgestattete Schottenkloster wurde allerdings vom Ende des 13. bis zu Beginn des 16. Jahrhunderts in wirtschaftlicher Hinsicht nicht gut geführt, sodass der Grundbesitz mehr und mehr zerrann. Einzelne letzte Weingärten sind im Güterverzeichnis von 1720 aufgeführt.

Das Regensburger Kollegiatstift St. Johann

Etlichen Weinbergsbesitz hatte auch das ehemalige Augustinerchorherrnstift und spätere Kollegiatstift St. Johann. Es besaß Weingärten in Sinzing, Kneiting, Kager, Winzer, Pfaffenstein, Kareth, Lappersdorf, Reinhausen, Schwabelweis, Weichs und Wörth. Das Kollegiatstift unterhielt keinen Wirtschaftsbetrieb. Beim Stift befand sich lediglich ein Weinkeller, der in einer Urkunde von 1270 erwähnt ist. Dekan Konrad und das Kapitel geben damit der Bäckerin Adelheid als Leibrecht ein Haus nahe dem Eingang der Stiftskirche samt dem zur Heuport schauenden Keller gegen einen jährlichen Zins von 120 Pfennig mit der Auflage, den Keller in der Weinlese für das Stift zur Weinlagerung freizuhalten und sich anteilig an der Latrinenreinigung zu beteiligen.

Das St. Katharinenspital in Regensburg

Wahrscheinlich bereits im Jahre 1101 gegründet, gilt dieses Spital als eines der ältesten in Bayern. Es hatte viel Grundbesitz, darunter auch Weingärten im Donautal von Kelheim bis Wiesent, insbesondere in Kager und Winzer (Spitlweingärten). Der Getreidebau und die Erträgnisse der Spitalweingärten waren die wichtigsten Wirtschaftsfaktoren. Wie in vielen mittelalterlichen Einrichtungen dieser Art diente der Wein den Heimbewohnern als Heilmittel zur Erquickung und Kräftigung.

Bereits im Jahre 1145 gelangte das Spital in den Besitz eines Weingartens bei Pfaffenstein. Deutlich verbessert wurde die finanzielle Ausstattung der Stiftung insbesondere durch die Schenkungen von Bischof Konrad IV. 1217 schenkte dieser dem Spital sein Eigengut Höhenberg bei Hagelstadt mit Kirche, Leuten, Weinbergen, Wiesen und Äckern und allem, was dazu gehört. Das älteste Urbar des Spitals (1333/34) weist bereits einen stattlichen Weinbergsbesitz aus mit Rebflächen in Kareth, Kneiting, Winzer, Pfaffenstein, Reinhausen und Wiesent. 18 Weingärten und zwei „setzlein" (Neuanlagen) werden darin als abgabenpflichtig genannt. Dazu kommen vier Weingärten im heutigen Niederbayern. Auch von Wind- oder Biethäusern ist dabei die Rede. Im Jahre 1412 sind es bereits 34 Weingärten, aus denen das Katharinenspital Einkünfte bezieht. Die Umwandlung der Weinabgaben in Geldzins erfolgte äußerst selten. Zu den Einnahmen aus den eigenen Weingärten kamen Einkünfte aus Weinzehenten.

Zur Aufsicht über die Weinzierln des Spitals war ähnlich den herzoglichen Lehen ein Weinmeister aufgestellt. Der Amtseid, wie ihn Michael Höfling zu Donaustauf als Spitalweinmeister 1696 abgelegt hat, wurde weiter oben schon wiedergegeben.

Während die Pfründner im Mittelalter regelmäßig Wein zugeteilt bekamen, blieb davon im 18. Jahrhundert nicht mehr viel übrig. 1722 empfanden es die beiden Spitalmeister selbst als lästig, den Wein entbehren und Bier trinken zu müssen. 1753 äußerten sämtlich Pfründner auf Befragen durch den Spitalmeister, dass sie lieber Wein als Bier hätten. Für das Jahr 1766 belegen Briefdokumente, dass nur an den Marien- und Aposteltagen zur doppelten Ration Bier noch ein Köpfl (0,83 l) Baierwein gereicht wurde. Am Jahrtag der Anstaltsheiligen St. Katharina (25. November) gab es 2 Köpfl Baierwein. Die letzten Rebflächen des Spitals wurden 1809 aufgegeben.

Die anderen Klöster und Spitäler in Regensburg

Auch die Regensburger Klöster Heilig Kreuz, Obermünster, St. Paul (Mittelmünster), Niedermünster, Prüll, Hochstift und Domkapitel, der Deutschherrenorden sowie weitere kirchliche Stiftungen hatten Weinbergsbesitz in der näheren Umgebung. Von den Wohltätigkeitsstiftungen der Stadt sind hier das Almosenamt, die Neue Stift, das Spital St. Lazarus und die evangelische Bruderhausstiftung zu nennen. Die Weingärten lagen rund um die Stadt in Kapfelberg, Kneiting, Winzer, am Geiersberg (Dreifaltigkeitsberg), in Reinhausen, Tegernheim und Donaustauf. Das ehemalige Benediktinerkloster Reichenbach hatte umfangreichen Weinbergsbesitz in Niederwinzer, Reinhausen, Tegernheim, am Scheuchenberg bei Demling, in Bach, Frengkofen und Kruckenberg.

Kloster Niederaltaich

Einleitend ist hier zu sagen, dass das Kloster die Schreibweise Niederaltaich, von Altach = Altwasser, behalten hat, während sich der gleichnamige Ort Niederalteich nennt. Die Hauptaufgabe des Klosters Niederaltaich war die Kolonisation des Nordwaldes und der bayerischen Ostmark. Dazu bekam es eine gute Ausstattung an Grundbesitz. Bereits um 800 besaß Niederaltaich ca. 7000 ha Land, darunter auch viele Weinberge.

Das Kloster verfügte bereits gegen Ende des 1. Jahrtausends über einen stattlichen Weinbergsbesitz. In der näheren Umgebung gehörten dazu die Agilolfinger Schenkungen in Hofweinzier, Breitenweinzier (bei Bogen) und Pleinting. Weitere Weinberge lagen in (Nieder-) Winkling, Pfelling und Bogen. Dazu sind ab dem Jahre 750 Rebflächen in der Wachau zu nennen, die dem Kloster bis zur Säkularisation erhalten blieben.

Im Jahre 997 gründet der Abt Gotthard von Niederaltaich die Ortschaft Hengersberg, wobei er auf der Südseite des Frauenberges einen Weinberg pflanzen ließ. Kaiser Ludwig der Bayer (1283 – 1347) schenkte dem Kloster in der näheren Umgebung 10 Weinberge. Später kamen weitere Weingärten in Hengersberg, an der Donau in Flintsbach und Neßlbach sowie bei Otterskirchen dazu. Aber auch südlich der Donau hatte das Kloster Weingärten, so am Natternberg, bei Osterhofen und Mühlham bei Vilshofen. Um 1040 entwickelte das Kloster Niederaltaich im heutigen Landkreis Regen eine intensive Rodungstätigkeit und auch in dieser rauen Lage im Bayerischen Wald wurden Weingärten angelegt, was die Flurbezeichnungen *Weinbergstraße, Weinberg* und *Weinleite* bei Rinchnach und Schönberg belegen.

Das Kloster hatte jedenfalls Wein im Überfluss. Bei der Inventur anlässlich des Todes von Abt Paul Gmeiner im Jahre 1585 lagerten 1106 Eimer Osterwein und 457 Eimer Baierwein im Klosterkeller. Das sind zusammen immerhin ca. 85000 Liter.

St. Anna mit Jesuskind, in der Rechten eine Weintraube haltend. Holzplastik, Höhe 65 cm, Spätzeit des 15. Jahrhunderts. Kirche des Kollegiatstiftes St. Johann in Regensburg

Angesichts der Weinerträge des Klosters aus der Umgebung und aus Österreich legte man im Konvent schon Wert auf einen guten Hausschoppen. Nachdem vom letzten Abt offenbar Speis und Trank vernachlässigt worden waren, wollte der Konvent bei der Abtwahl im Jahre 1433 diesbezüglich kein Risiko eingehen. Im „Wahlmanifest" wurde deshalb festgelegt, dass „ihnen früher herkömmliche Nahrung und Trank gegeben werde, damit sie ihre Aufgaben erfüllen könnten. Nach den Worten des Apostels, dass man dem dreschenden Ochsen nicht das Maul verbinden sollte, müsse auch ihnen nicht zum Überflusse, aber das Notwendige gereicht werden, da sie geistliche Dinge säen und dreschen müssten". Vom Bier ist in diesem Konventsvertrag nicht die Rede.

Der Abt Tobias Gmeiner von Niederaltaich gehörte zu den Lobrednern des Baierweins. Er setzte sich 1651 zur Ruhe, wobei er im Pfarrhof von Hengersberg-Schwarzach Wohnung nahm. Als Austrag verlangte er vom Kloster zur Versüßung seines Lebensabends jährlich 12 Eimer Wein aus Klostergewächs, 3 Eimer baierischen Wermutwein, 20 Eimer Bier und 12 Köpfl Branntwein. Der Abt scheint schon vorwiegend „nass eingefüttert" zu haben. Zu der häufig anzutreffenden engen Beziehung der hohen Geistlichkeit zum Wein hat sich schon Arnoldus de Villanova, einer der bedeutendsten Ärzte des Mittelalters, geäußert und eine plausible Erklärung geliefert: „Da der Wein den Denkspiritus verfeinert und die Gedanken schneller laufen lässt, ist es richtig und einfach zu erklären, dass die Theologen so gerne einen guten Wein trinken; denn sie müssen über die höchsten und schwierigsten Dinge nachdenken."

Bei der Aufhebung des Klosters 1803 werden in Flintsbach noch 12 Weinbauern erwähnt, die bisher die 18 Weingärten im oberen, mittleren und unteren Weinberg des Klosters bewirtschafteten und diese nun ersteigern konnten. Meist waren mit den Weingärten „Holz und Wiesgrund" verbunden. In Flintsbach gab es auch ein hölzernes Presshaus mit Presse, das Dionys Glashauser für sich und im Namen der übrigen 11 Winzer inklusive der Fahrnisse (Gerätschaften) für 131 Gulden ersteigerte.

Heute kann man im Klosterladen wieder einen Altaicher Abteiwein kaufen, einen trockenen Grünen Veltliner aus dem alten Klosterweingarten in den Wieden bei Krems-Stein an der Donau im Kremstal.

Bei dieser Beschreibung einiger Weinbau treibender Klöster im Gebiet des Baierweins wird der Kenner der altbayerischen Klosterlandschaft manchen vertrauten Namen vermissen. Die Schilderung beschränkt sich jedoch bewusst auf die wichtigsten Klöster mit Weinbau im Kernbereich des Baierweins. Viele bayerische Klöster hatten vorwiegend auswärtigen Weinbergsbesitz in Österreich oder Südtirol, der hier nicht im Vordergrund steht.

Romanische Figur mit Traubenornamenten am Portal des ehemaligen Klosters Münchsmünster. Bayer. Nationalmuseum

Das Kerngebiet des Baierweins

An den Hängen der Donau

Die Donaulandschaft von Kelheim bis Wörth mit dem Mittelpunkt Regensburg kann als das Kerngebiet des Baierweins angesehen werden. Die Wanderung durch die Winzerorte entlang der bayerischen Donau beginnt beim Kloster Weltenburg.

KLOSTER WELTENBURG UND KELHEIM

Für das Kloster Weltenburg, am Donaudurchbruch oberhalb Kelheim gelegen, ist erster Weinbergsbesitz für das Jahr 919 nachgewiesen. In Stausacker, am linken Donauufer, befanden sich drei klostereigene Weinberge. 990 besitzt das Kloster zwei Rebflächen in Poikam und 1030 erhält es ein Gut in (Sand-)Harlanden mit einem Weinberg. Bis zum Jahr 1300 erhöht sich der Weinbergsbesitz in Stausacker auf 10 Weinberge. Eine bedeutende Lage in Stausacker war der *Sutten*. Das hinderte Abt Maurus Bächl nicht daran, beim Kloster- und Kirchenbau 1714 dort Steine brechen zu lassen. Wörtlich heißt es dazu: „Abt Maurus nahm seine Eingeweide zum Klosterbau." Etwas donauaufwärts in Irnsing bei Neustadt an der Donau besaß das Kloster ab 1123 Rebflächen, um 1128 waren es bereits 9 Weingärten. Auch in der Weltenburger Flur rechts der Donau, auf dem Frauenberg und dem Arzberg, besaß das Kloster Weinberge. 1418 erfolgte die Aufteilung des am Fuße des Arzberges gelegenen Klosterhofes, der bis dahin selbst bewirtschaftet wurde. In der entsprechenden Urkunde wird ausgesagt, dass das Kloster den Hof in acht Hoflehen zum größeren Nutzen seiner Hintersassen im Dorf aufteile, „dorumb das si ir narung desto leichter gehaben vnd gewinen muegen, domit si vnser weinwachs pawen vnd arbaiten suellen".

Abt Konrad V. (1441 – 1450) hatte sich besonders um den Weinbau verdient gemacht. Unter ihm wurden auch links der Donau neue Weingärten angelegt. In einem Güterverzeichnis des Klosters um 1450 sind alle Lehen im Dorf aufgeführt, die dem Kloster zinspflichtig waren. Bei 12 von insgesamt 35 Anwesen sind Weingärten erwähnt. Um diese Zeit erhielt das Kloster aus 100 „Rieben" Weinlieferungen.

Die Weinzierln waren zur Abgabe des halben Weinertrages verpflichtet. Zur Überwachung der klösterlichen Rebflächen waren Bergmeister aufgestellt. Ertragsangaben liegen für das Jahr 1512 vor. Demnach betrug der Weinertrag in Weltenburg 53 $^1/_2$, in Stausacker 20 $^1/_2$ und in Straubing 9 Eimer (hier „Emmer" genannt). Zu den Preisen ist für das Jahr 1516 überliefert, dass der Eimer Wein 5 Schilling 10 Hälblinge kostete, ebenso viel wie das Bier. Im Jahr 1567 erhielt das Kloster Weltenburg an Zins- und Zehentwein von Weltenburg und Stausacker je 100 Eimer, also insgesamt ca. 10000 Liter.

Mit Beginn des 16. Jahrhunderts scheint der Weinbau bereits deutlich eingeschränkt worden zu sein. Im Register des Abtes Johannes von 1517 – 1518 sind nur noch 17 Weingärten enthalten, davon 8 in Weltenburg und 9 in Stausacker. In der Weltenburger Flur *Ochsenleiten* hat sich der Weinbau am längsten erhalten, was auf eine gute Weinbergslage hinweist.

Um 1570 scheint es einige ungünstige Weinjahre in Folge gegeben zu haben, sodass die Erträge erheblich zurückgingen und den Weinzierln „fast nichts zu ihrer Nahrung übrig blieb". Die Weinzierln aus Stausacker wandten sich deshalb 1572 an die Regierung in Straubing mit der Bitte, „die Weingärten ausreiten und forthin Getreid daran bauen zu dürfen". Sie erklärten sich bereit, anstelle des Zinsweins Getreide zu entrichten. Abt Andreas Placidus stimmte dieser Regelung ebenfalls zu, allerdings ohne seinen Konvent vorher zu befragen. Dieser war nämlich, um seinen Haustrunk besorgt, mit der Aufgabe der Weinberge nicht einverstanden. Es wurde behauptet, die Weinzierln hätten die Weingärten nur „unfleißig gearbeitet und nur abprodigt (ungepflegt liegen gelassen), weshalb wohl ungerathene Jahre haben kommen müssen".

In der Folgezeit hinterließ auch der Dreißigjährige Krieg seine Spuren. Zunächst hatte das Kloster 1632 unter den schwedischen Truppen zu leiden. Sie plünderten Weltenburg und nahmen neben 15 Rindern,

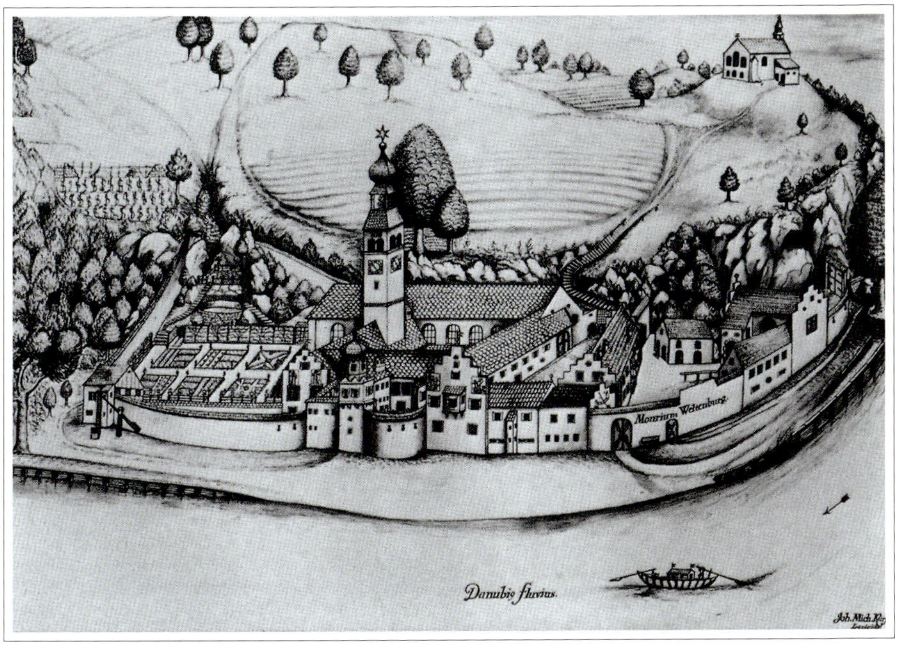

Ansicht des Klosters Weltenburg, 17. Jahrhundert, Nachzeichnung von Joh. Mich. Kürschner. Links oben findet sich außerhalb der Klostermauer ein Weingarten. Bayer. Staatsbibliothek

15 Schafen, 20 Schweinen und 80 Schäffel Getreide auch 30 Eimer Wein mit. 1633 zogen die kaiserlichen Truppen durch und plünderten Dorf und Kloster, wobei sie auch Wein im Wert von 15 Gulden raubten. Ein zweiter Durchzug der Schweden unter Herzog Bernhard von Weimar folgte 1634, als wiederum Rinder, Pferde, Schweine, Getreide und ein Fässl Baierwein geopfert werden mußten.

Zum Ende des Weinbaues ist überliefert: „So kam es, dass um das Jahr 1660 unter dem Abte Christoph Stöckl in Weltenburg nahezu kein Wein mehr angebaut wurde. Als Abt Johannes 1667 von der Abtei Besitz nahm, lag der Weinbau schon in den letzten Zügen, denn es wurden nur noch jährlich 5 bis 6 Emmer gewonnen. Johann hat den Weinbau ganz eingehen lassen, weil das Erzeugnis die Auslagen nicht deckte. Es blieb nur ein Weingarten übrig, auf dessen Grund 1709 ein Haus gebaut wurde."

In einem Güterverzeichnis von 1752 sind in Dorf und Hofmark Weltenburg 41 Anwesen aufgeführt, wobei nur bei einem „2 Rieb Weingarten" vermerkt sind. Im Urkataster (Grundstücksverzeichnis) von 1836 sind keine Weingärten mehr genannt.

Kelheim

Der Kelheimer Wein erfreute sich teilweise keines besonderen Rufes. Er wurde vorwiegend dem Gesinde verabreicht. In Kelheim nennt das Testament des Pfalzgrafen Friedrich aus dem Jahre 1172 erstmals Weinberge, die zum Regensburger Reichsstift Niedermünster gehören. Weitere Weinbergsbesitzungen von Niedermünster sind für die Jahre 1253 und 1306 bei der Stadt und auf dem

Früheres Stadtwappen von Kelheim an der Südseite des Altmühltores. Das Stadtwappen mit bayerischem Rautenmuster, Weinrebe und Trauben führte die Stadt Kelheim von 1410 bis 1809.

Das frühere Stadtwappen von Kelheim zierte auch das ehemalige Städtische Braune Brauhaus (heute Brauerei Ehrnthaller). Das Wappenschild von 1737 trägt die Inschrift „Gemainer Statt Kelhaimb Brauneß Preuhauß, Johann Sigismund Reger, Statt Cammer (gemeint ist der Stadtkämmerer, heute der Bürgermeister).

nahen Ostenberg (Osterberg) belegt. Später besaß das Stift Niedermünster die ganze Ortschaft Kelheimwinzer mit den besten Weinlagen zwischen Kelheim und Kelheimwinzer. Das Stift hatte zur Verwaltung dieses Besitzes einen eigenen „obrist forstner, perkhmeister (Bergmeister) und weinpropst" eingesetzt.

Das Kelheimer Weinbaugebiet erstreckte sich über die Südhänge der Jurahöhen im Donau-und Altmühltal. Im Donaudurchbruch begannen die Weinberge am Ostende der Langen Wand und erstreckten sich bis zum Michelsberg, auf dem heute die Befreiungshalle steht.
Am Michelsberg waren nur einige sehr steile Hangabschnitte zwischen den Felsen weinbaufähig. Am Ausgang des Donaudurchbruchs oberhalb von Kelheim befindet sich das Klösterl, eine vom Eremiten Antonius von Siegenburg im Jahre 1450 gegründete Einsiedelei, die den Kelheimer Franziskanern gehörte. Wegen der kargen Wohnverhältnisse wurde sie auch „Bruderloch" genannt. In der dortigen Felsenkirche befindet sich ein Fresko des Christus in der Kelter. Eine besonders gute Weinbaulage scheint die *Wipfelsfurt* gewesen zu sein, ein windgeschützter, nach Süden offener Talkessel oberhalb des Klösterls.

Im unteren Altmühltal wird von Weinbergen bei der Burg Randeck über dem Ort Essing berichtet. Im Randecker Salbuch (Grundstücksverzeichnis) von 1610 ist der Weingarten aufgeführt mit einem jährlichen Weinertrag von 20 – 24 Eimern.

Die besten Lagen im Stadtbereich Kelheim stellten die Rebflächen in Gronsdorf und am Herzberg (Herzogsberg) dar. Die *Mitterleiten* war eine begehrte Weinbergslage am Herzberg.

Die Stadt Kelheim selbst hatte drei große Weingärten, den *Schenkelberg, zur Osten* und *das Stadtgeländer* in der Stadt selbst. An der südlichen Stadtmauer, am sogenannten *Weingeländer*, wurden an Lattengerüsten Reben gezogen. Das Weingeländer betreute die Stadt Kelheim selbst. 1628 erzielte sie laut Kammerrechnung einen Ertrag von 23 Eimern zu je 75 Maß (80,5 Liter), also ca. 1850 Liter.

Ansonsten war der Weinbergsbesitz in herzoglichen, bürgerlichen und kirchlichen Händen. Der herzogliche Besitz bestand aus 7 Weinbergslehen. Die Inhaber dieser Weinberge waren verpflichtet, den halben Weinertrag an den Kastner (Verwalter des Amtshofes) abzuliefern. Genauer gesagt wurde der Most abgeliefert, der dann in den Kellern des Kastenamtes (heute Anwesen Schreibwaren Bauer in der Donaustraße) vergoren wurde.

Zu kleinen Einheiten zusammengefasst waren die Weinbergslehen einem Bietstadel (Biet- oder Presshaus) zugeordnet, von denen es im Stadtbereich vier gab. Über die Herzogsweinlehen wachte ein Oberbergmeister. Die Weinlese erfolgte im Oktober. Während der Weinlese war schulfrei, um den Kindern die Mithilfe in den Weinbergen zu ermöglichen. Außerdem wurde das Mittagsläuten in dieser Zeit eingestellt, um keine Gelegenheit zur Arbeitsunterbrechung zu bieten. Frauen, Mädchen und Buben schnitten die Trauben mit dem Wimmesser (wimmen = lesen) ab, Burschen und Männer trugen die gefüllten Butten zum Bietstadel, wo die Trauben gekeltert wurden. Da „Rebentreter" mehrfach erwähnt sind, ist anzunehmen, dass die Trauben vor dem Pressen ausgetreten wurden.

Weinbergsbesitz hatten in Kelheim auch die Klöster St. Peter in Salzburg, Weihenstephan, Rohr, Biburg, Münchsmünster, Indersdorf, Schamhaupten und Altmühlmünster. Dazu kamen private Besitzungen von Bürgern aus Kelheim, Riedenburg, Neustadt und Abensberg.

Eine in Kelheim bestehende Weinzierlbruderschaft, den Heiligen Erasmus und Urban gewidmet, war eine geistliche Bruderschaft. Ihr kirchliches Zentrum war die St. Erasmus- und St. Urbanikirche in der Kammergasse. Bei der Säkularisation wurde die Kirche entweiht und samt den Altären und Gerätschaften verkauft. Die Straße „Gstaigkircherl" in Ihrlerstein führt von der Stadt nordwärts in die ehemaligen Weinberge hinauf. Dort befand sich früher das Gstaigkircherl, eine dem hl. Urban geweihte Kapelle, zu der die Weinzierlbruderschaft am Urbanitag, dem 25. Mai, einen Umzug veranstaltete. Am Pfingstdienstag wurde das alljährliche Bruderschaftsfest mit einer kirchlichen Feier, einem Festmahl und einer Wallfahrt nach Kelheimwinzer begangen. Beim Begräbnis eines Weinzierls war der Sarg mit dem Bruderschaftstuch bedeckt. Bei der Fronleichnamsprozession und bei Beerdigungen trugen die Kerzen- und Fahnenträger in schwarzen Kutten die Zunftstangen der Bruderschaft, obenauf eine Kerze oder ein Heiliger, ein „ Stangerlheiliger". Bei der jährlichen Generalversammlung gab es eine kleine Zehrung. Nach dem Niedergang des Weinbaues wurde 1773 nicht mehr Wein und Brot, sondern Bier und Brot gereicht. Zur Bruderschaft gehörte auch ein Hof in Großmuß, der regelmäßige Einkünfte erbrachte.

Der Stadtpfarrei stand der Zehent aus 15 Weingärten zu. Allerdings gehörte dem Stadtpfarrer davon nur ein Drittel. Die anderen zwei Drittel teilten sich das Bistum Regensburg und das Domkapitel. Aus diesem Drittelzehent erhielt der Stadtpfarrer Dr. Mayr um das Jahr 1620 je nach Jahrgang zwischen zwanzig und hundert Eimer Wein, im Jahre 1630 waren es sogar 141 Eimer. Die Kelheimer Gesamternte muss also 4200 Eimer betragen haben. Da der

Kelheimer Eimer ca. 80 Liter maß, waren dies ca. 330000 Liter. Legt man für dieses besonders gute Weinjahr einen Ertrag von ca. 20 hl je Hektar zugrunde, ergibt sich für Kelheim eine Rebfläche von ca. 165 Hektar.

Der Pfarrer war gehalten, den Zehent selbst einzubringen. In manchen Jahren war die Ernte mager oder sie fiel ganz aus wie z.B. 1628, als „gar kein Wein geriet". Dann musste die Pfarrei auf die Einnahmen aus dem Weinverkauf verzichten, die in Normaljahren 30 bis 100 Gulden (fl) betrugen. Stadtpfarrer Dr. Mayr musste deshalb aber nicht durstig zu Bett gehen. Er trank sowieso keinen einheimischen Wein, „weillen mir der bairisch Wein gar nit taugt", sagte er. Er bevorzugte den besseren Oberländischen (Heilbronner). Im Jahr 1619 besorgte er sich in Ulm ein Fass für 50 fl. Das Fass maß sechs bis sieben Eimer (480 bis 560 Liter). Ob das wohl der Jahresbedarf war? Wir wollen ihm die paar Schoppen pro Tag gönnen, denn Stadtpfarrer Dr. Mayr war eminent fleißig. Er fertigte eine sehr ausführliche Kirchenchronik und ein Grundbuch über sämtliche Besitzungen der Pfarrei.

Wie gut die Marktwirtschaft dazumal funktionierte, beweisen häufig die Weinpreise in Jahren mit geringen Weinerträgen. Stadtpfarrer Dr. Mayr kannte die Gesetze des Marktes und gab in der Kirchenchronik seinen Nachfolgern entsprechende Ratschläge: „Ein Pfarrer soll sein Wein (gemeint ist der Zehentwein) niemals von der Preß hero verkaufen, sondern im Fall der Not viel lieber Geld auf Interesse entlehnen, als den Wein, darauf das meiste Einkommen der Pfarr Kelhamb liegt, also spöttlich versudlen und umb halbs hinschenken. Experto crede (glaubt dem Erfahrenen, der es selbst erprobt hat), denn also hat Joannes Ferdinandus Mayr, Pfarrer zu Kelhamb sein de anno 1627 gewaxenen Bayrischen Wein dem Simoni Dubaschgi, wälschem Handelsherrn zu Lanquaidt, und burgermaistern daselbst den 17. November 1628 den Emmer (Eimer) um 4 fl paar Gelt verkauft, welcher doch von der preß hero mehr nit als 2 fl golten. Hat ihn ja um dies Interesse ein solche Zeit fuettern kinden. Dieser Wein hat hernach um Ostern 1629 7 und 8 fl golten. Also dann je wölfer (wohlfeiler) der Baierwein ist, je besser, und auch je länger (sonst ist's nichts) soll man ihn aufheben." 1626 und 1627 waren die Weinerträge sehr gering. 1628, wir hörten schon davon, ist in Kelheim „gar kein Wein geraten", die Preissteigerungen waren erklärlich.

Eine rege Nachfrage nach Wein ging manchmal von Kriegstruppen aus, welche in der Regel auch gut bezahlten. Die Kelheimer Kirchenchronik weiß hiervon zu berichten: „Den 7. September 1621 ist Adam Auer, Cooperater zu Kelhamb, samt Johann Adam Poigeisen, Pfarrorganisten und Johann Guetler, Buchbinder zu Kelhamb mit Bayrischem, de anno 1620 gewaxnen wein von Kelhamb auf der Thonau nach Straubing gefahrn, und von dannen auf der Aext (Achse) gehn Eschlkham (bei Cham) in das Bayerische Feldläger wegen der rebellischen Behamben (Böhmen); daselbst hat er, Adam Auer, 28 Emmer seines, und 28 Emmer des Pfarrers Johann Ferdinand Mayrs, wein verkauft, also daß über abzug aller Zörung, fuehrlohn und Unkostens der Emmer auf 9 fl 5 $^{1}/_{2}$ kr kommen". Eine ähnliche Lieferung bayrischen Weins zur Armee nach Donauwörth scheint 1622 auch durch die beiden Geistlichen ausgeführt worden zu sein. Ein am 30. Juni dieses Jahres ausgefertigter Mauthzettel bestätigt die „Bezahlung des Aufschlags zu Kelhamb wegen abgefiehrten Bayrischen Weins nach Thonauwerth". Die Sendung betrug diesmal „112 Emmer nach Münchener Visier in 26 groß und klein lagl (Fass)".

Der Dreißigjährige Krieg brachte auch hier einen herben Einschnitt. Vor dem Krieg wohnten in der Stadt Kelheim 72 Weinzierln; jeder 5. Einwohner zählte zu dieser Berufsgruppe. Nach dem Dreißigjährigen Krieg kam der Weinbau hier nicht mehr so richtig in Schwung. Zu groß waren die Verwüstungen des Krieges und die Konkurrenz des dort 1607 errichteten Weißen Brauhauses. Von Stadtpfarrer Dr. Rauch

Altar der katholischen Stadtpfarrkirche Maria Himmelfahrt in Kelheim.

Der neugotische Altar, reich mit Traubenornamenten verziert, entstand bei der Neugestaltung des Kirchenraumes um 1880.

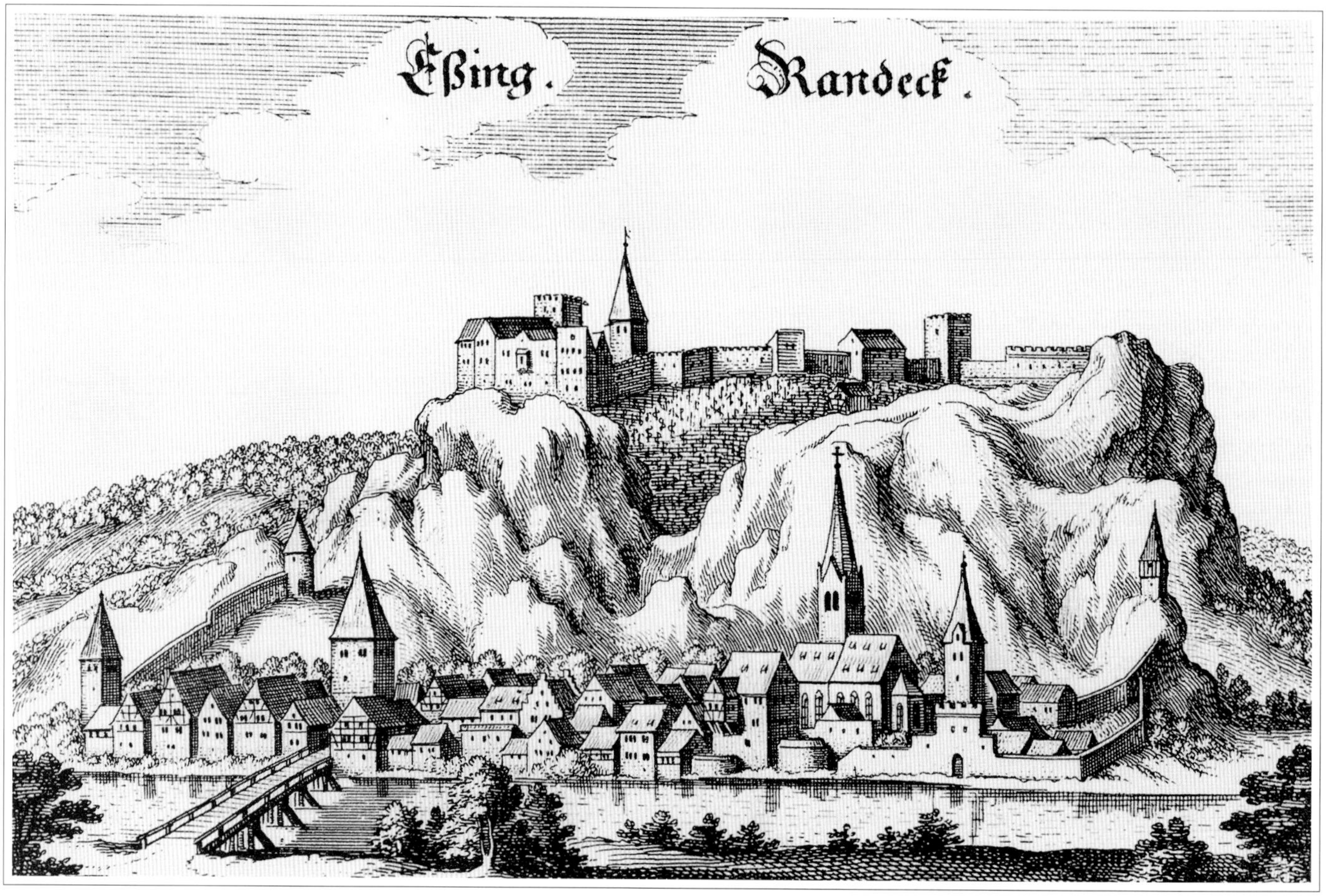

Burg Randeck bei Essing im Altmühltal, Stich von Matthäus Merian 1644. Im Südosten der Burg findet sich eine Weinbergsanlage. Bayer. Staatsbibliothek

wird berichtet, dass er sich bemühte, wenigstens die Stiftsweinberge in Gronsdorf wieder herzurichten. Gehalten hat sich am Herzberg die Lage *Mitterleiten*, die um 1760 noch als stattlicher Weinberg abgebildet ist, sowie einige Rebflächen in Kelheimwinzer. Über 500 Jahre war der Wein ein wichtiger Wirtschaftsfaktor gewesen. Als 1829 mit dem Bau der Befreiungshalle begonnen wurde, war immer noch eine nennenswerte Anzahl an Weingärten in Bewirtschaftung. Ein Hausbesitzerverzeichnis von Ihrlerstein aus dem Jahre 1843 weist noch einen Weinzierl aus, nämlich den Gütler Karl Gutteneder. 1861 gab es in Kelheimwinzer noch zwei bebaute Weingärten, wobei der Winzer den Wein in seinem Haus ausschenkte, den Schoppen zu sechs Kreuzern.

VON KELHEIMWINZER BIS KNEITING

Der Weinbau auf den Höhen vom Goldberg bis hinter Kelheimwinzer war so bedeutend, dass er sich im Ortsnamen niederschlug. Hat auch hier römischer Weinbau im frühen Mittelalter seine Fortsetzung gefunden?

Der Ortsname Kelheimwinzer erscheint erstmals im Jahre 1095. Weinbau ist hier für 1138 belegt, als der Domherr Heinrich von Regensburg aus den Besitzungen des Hochstifts dem 1133 gegründeten Kloster Rohr zur finanziellen Ausstattung der dortigen Krankenstation ein Anwesen mit Äckern und Weinbergen schenkt. 1145 erhält das Stift Rohr auch den dem Hochstift zustehenden Wein- und Getreidezehent des Ortes. In der Hauptsache war Kelheimwinzer aber im Besitz des Regensburger Damenstiftes Niedermünster. 1306 hatte das Kloster Weihenstephan hier Weinbergsbesitz.

Ein wichtiges Datum der örtlichen Weingeschichte markiert das Jahr 1444. Im Salbuch dieses Jahres ist nämlich das Schankrecht der Niedermünsterer Weinzierln festgeschrieben, wobei auf altes Recht aus dem Jahre 1311 verwiesen wird. Danach durften die Weinzierln aus Kelheimwinzer und Herrnsaal, soweit sie Untertanen des Stifts Niedermünster waren, vom Beginn der Weinlese im September an bis zum 6. Dezember ihr eigenes Gewächs auf ihrem Grund ausschenken. Was sie in dieser Zeit nicht verkaufen konnten, sollte der Straßentaferne zu Untersaal (heute Gaststätte „Alte Post") bei gleichem Preis zum Kauf angeboten werden. Kaufte der Wirt den Wein nicht, konnten die Weinzierln weiter ausschenken, „was sie im Fass hatten". Weinzierln, die nicht zum Stift gehörten, besaßen dieses Schankrecht nicht.

Auch in Kelheimwinzer waren viele Anwesen mit ihren Weingärten nach den Kriegswirren des Dreißigjährigen Krieges verwaist und wurden erst im Laufe der Zeit wieder besiedelt. Dabei kam es da und dort auch wieder zur Anlage von Weingärten. Viele ehemalige Weingärten wurden am Hangfuß ackermäßig genutzt, steilere Hänge aufgelassen.

Einige wenige Weingärten blieben länger erhalten. Im Liquidationsprotokoll von 1835 sind zwei Grundstücke von Johann Schwindl und Ernst Hohmann als *Weingarten* bezeichnet. Die Südhänge am Goldberg östlich des Kelheimer Krankenhauses lassen heute noch die terrassenartige Anlage der einstigen Weinberge erkennen.

Erhalten haben sich die Flurbezeichnungen. Im Kataster von Kelheimwinzer finden sich 36 *Weinbergsäcker*, 35 mal die Bezeichnung *Weinberg* und viele Grundstücke liegen am *Weinbergweg*.

Unterhalb Kelheim zählte auch Herrnsaal zu den Weinbauorten. Während in Kelheimwinzer vorwiegend Kleingütler ums Überleben kämpften, waren in Herrensaal eher größere Anwesen mit wohlhabenden Familien ansässig. Die Weingärten lagen mit großer Wahrscheinlichkeit an dem steil zur Donau abfallenden Hang im westlichen Dorfbereich. In den Zinsbüchern des Stiftes Niedermünster ist dabei von „Thunau-Leithen-Weingärten" die Rede.

In der Nähe von Saal, rechts der Donau gelegen, gab es Weinbau in Haunersdorf, wo drei Anwesen als Weinlehen dem herzoglichen Kastenamt Kelheim abgabepflichtig waren. Bei Herrnwahlthann gibt es den Weiler „Weinberg".

Kapfelberg, Lohstadt, Gundelshausen
1296 ist in Kapfelberg erstmals vom Weinbau die Rede, als Bischof Heinrich von Regensburg dem Domkapitel zusichert: „Zum fortwährenden Gebrauch zwei Teile des Neubruchzehents an Wein, wie wir diesen jetzt und in der Zukunft von den Pfarreien Kelheim und Kapfelberg haben." Im Einnahmeregister der Herrschaft Laaber von 1477 ist vermerkt: „Der Wein zu Laaber und Kneutting ist heuer verdorben und nichts geworden. Dann zu Chappelberg ist worden 12 Emer, davon 5 verkauft um 7 Groschen macht 1 Pfund 12 Reg. Pf."

1633 fiel die Weinernte aus, da der Wein „diß Jars gefrörrt worden" und 1634 gedieh kein Wein „wegen der Khriegsleuff, da nichts an Wein gepaut war" und die Untertanen „durch allerhandt ausgestandtne Khriegsqualen übel ruiniert waren". 1639 machte der Pfarrer selbst den Vorschlag, die ödliegenden Weingärten in Ackernutzung zu nehmen und anstelle eines Eimers Zinswein einen Gulden zu geben.

In Gundelshausen ist vom Weinbau erstmals 1321 die Rede, als ein Regensburger seinen Hof in „Gondelzavsen" dem Kloster Pielenhofen vermacht mit der Auflage, dass gewisse Abgaben an Geld, Getreide, „pairisch Weins", Käse, Gänse, Hühner und Eier seinen beiden im Kloster lebenden Schwestern zugute kommen sollen.

Für Poikam sind bereits im Jahre 990 zwei Weinberge im Besitz des Klosters Weltenburg belegt. Auch der Zehent stand diesem Kloster zu. Die Wittelsbacher Herzöge besaßen im 12. Jahrhundert hier einen Hof, den die Herren zu Poikam als Lehen innehatten. Um 1280 zinsten mehrere Höfe auch jährlich einen Eimer Wein. Als Poikam 1407 eine eigene Pfarrei wurde, stiftete Werner Peuckhaimer, der letzte Spross des örtlichen Geschlechts, der neuen Pfarrei einen Weingarten, der mit einem Eimer Wein dem Herzog von Niederbayern zinspflichtig war.

Im Urbar des Kastenamtes Kelheim von 1580 ist für Poikam bereits von ackermäßig gemachten Weingärten die Rede: „Die vier Weinlehen daselbst seindt mit genediger Bewilligung unseres genedigen Fürsten und Herrn zu veldtpau gemacht."

Bad Abbach und Oberndorf
Erste Meldungen zum Weinbau in Bad Abbach stammen aus dem Jahre 1271: „In diesem Jahre brachte der herzogliche Richter Gebolf in Verbindung mit Ritter Herrmann von Mannstorf von dem Bischofe Leo zu Regensburg den Weinzehent der Pfarre Ahbach für 60 Pfund Regensburger Pfennige käuflich an sich, wovon die Hälfte an das Kloster Heilig Kreuz daselbst pfandweise überlassen wurde." 1484 wird in der Stiftsurkunde der Christophoruskirche von Abbach ein Weingarten erwähnt, den Herzog Albrecht der Kirche vermacht hat. Zu dieser Zeit waren die Südhänge des *Kühberges* ostwärts bis in das *Goldtal* mit Reben bestockt, ebenso der Hang *hinter der Vest* sowie die Lage *Kubelsbrunn*. Eine Aussage zum Weinbau um Bad Abbach ist von Agostino Patrizzi, dem Privatsekretär des Kardinallegaten Francesco Piccolomini (des späteren Papstes Pius II.), überliefert. Auf einer Reise zum Reichstag in Regensburg im Jahre 1471 vermerkte er: „Am jenseitigen Flussufer liegen Weingärten auf einem niedrigen, nach Süden gewandten Bergrücken. Sie sind allerdings sehr dürftig und die Reben, die der Boden trotzdem hervorbringt, werden beim Nahen des Winters mit Erde bedeckt."

Exakt geregelt waren auch in Bad Abbach das Schankrecht und der Zoll. Im Jahre 1335 erließ Kaiser

Weinberge bei Bad Abbach, Kupferradierung von Jeremias Wolff, um 1730

Ludwig der Bayer ein neues Landrecht, wobei auch der Markt Abbach ein neues Statut, das Abbacher Freiheitslibell (Büchlein) erhält. Darin ist zweimal vom Wein die Rede. Unter dem Absatz „Payrisch wein" ist ausgeführt: „Wann ain Außwendiger, sey es wer er well, alhie zu Abach von ainer burgers Person ainen bayrischen wein kaufft, und hinauß fürt, der ist kain mauth davon ze geben schuldig." Unter dem Kapitel „Panwein" ist geregelt, dass die Bürger von Michaeli (29. September) bis Georgi (23. April) „kainen gueten wein nit schenken". Ausgenommen davon ist das Schankrecht des Rates auf dem Rathaus. Zum Schutz der einheimischen Winzer sollte also von Michaeli bis Georgi Baierwein ausgeschenkt werden. Unter „Panwein" ist wohl ein Bannwein, ein gefreiter Wein zu verstehen, der nur von einem bestimmten Personenkreis oder nur zu bestimmten Zeiten ausgeschenkt werden durfte. Hier hatte der Rat des Marktes ein Schankprivileg. Mit dem „gueten wein" ist wohl Heilbronner Wein gemeint.

In Bad Abbach war früher eine Zollstation. Der donauabwärts kommende Baierwein war zeitweise zollfrei, aufwärtsgehender Wein war pro Fuder mit 24 Pfennig Zoll belastet.

Im Jahre 1393 wandte der Abbacher Zöllner Seiz Puchberger recht rabiate Methoden an, um zu seiner Mautgebühr zu kommen. Den ganzen Winter über war in diesem Jahr die Donau zugefroren, was den Schiffsverkehr unmöglich machte. Bei noch hohem Eisgang kam als erstes Floß Veit Valkensteiner mit seinen Gesellen mit Elsässer Wein die Donau herab. Wegen des Eisganges war es ihnen jedoch unmöglich, an Land zu kommen, was ihnen der Zollaufseher nicht glauben wollte. Puchberger drohte, fluchte „und schoss endlich eine Büchse auf die Floßleute los". Da der Eisgang das Steuern des Floßes vereitelte, stieß es schließlich gegen die Brücke, die „darüber in Trümmer ging". Der wütende Zöllner Puchberger versprach, das nächstkommende Floß nach Kelheim zurückzuschicken und den Wein zur Abdeckung des Schadens zu beschlagnahmen.

Im Jahre 1583 wurden in Abbach auf dem Wasser 11368 Eimer Oster- und oberländischer Wein verzollt, aber nur 27 Eimer Baierwein. Auf dem Landweg waren es 457 $^{1}/_{2}$ Eimer Oster- und oberländischer Wein, 243 Eimer Baierwein und Bier und ein Lagl Süßwein. Der höhere Anteil Baierwein auf dem Landweg lässt annehmen, dass dieser nur in die allernächste Umgebung ging.

1851 erlebte der Weinbau in Bad Abbach vorübergehend eine Neubelebung, als der Fabrikant Christian

Ziegler am Hang Richtung Oberndorf in der Flurlage *Kalkofen* einen Weinberg anlegte.

Am Ausgang der Abbacher Donauschleife liegt Oberndorf. Weinbau ist hier erstmals für die Zeit um 1130/39 belegt. Bischof Otto von Bamberg erwarb damals für das Kloster Prüfening um 14 Talente (Mark) einen halben Weinberg bei Oberndorf. In der Folgezeit konnte das Kloster Prüfening hier seine Weinbergsbesitzungen deutlich ausbauen. Im Urbar des Klosters von 1380 zählt die Hofmark Oberndorf 45 Abgabepflichtige.

Für das Jahr 1454 belegt das Weinregister des Klosters Prüfening umgerechnet 39000 Liter Zinswein aus Oberndorf. Im Vergleich zu Matting lag die Erntemenge in Oberndorf in etwa doppelt so hoch, sodass für Oberndorf im späten Mittelalter von einer Rebfläche von ca. 65 Hektar ausgegangen werden kann.

Vom Zinswein aus Oberndorf wissen wir, dass ein Großteil des Mostes, ca. 45%, in den Prüfeninger Klosterkeller gelangte, ca. 20% kam in den Keller des Oberndorfer Klosteramtshofes und ca. 10% in das klostereigene Wirtshaus in Oberndorf. Dort wurde der Most jeweils vergoren. Im Jahre 1454 schenkte man im Oberndorfer Wirtshaus 3500 Liter aus.

Gute Informationen gibt es über die Vermarktung des Traubenmostes der Oberndorfer Weinzierln und des Klosters, der nicht in den Klosterkeller bzw. den Klosteramtshof kam.

So wurden am 18. Oktober 1454 von den Weinlieferanten Chonradt Wagenknecht, Ulreich Ostermayr und Hanns Lehener in drei Fuhren insgesamt 72 Eimer, 2 Quartl und 3 Napf Traubenmost (ca. 4000 Liter) aus Oberndorf an das wittelsbachische Hauskloster Scheyern geliefert. Pro Fuhre wurden 24 Eimer (ca. 1280 Liter) transportiert, was dem „Dreiling", dem üblichen Transportfass für ein Gespann mit vier Pferden entspricht. Insgesamt nahm Kloster Scheyern in diesem Jahr ca. 7000 Liter ab. Wahrscheinlich stammte ein Teil davon auch aus den Mattinger Weinbergen. Auch zu Beginn des 16. Jahrhunderts erscheint das Kloster Scheyern immer wieder als Großkunde für Oberndorfer und Mattinger Weine. Die Weinlieferungen an Kloster Scheyern sind deshalb interessant, weil dieses Kloster selbst Weinberge im Isartal und in Südtirol besaß. So schlecht scheint also das Oberndorfer Erzeugnis nicht gewesen zu sein.

Für das Jahr 1454 ist noch ein weiterer prominenter Abnehmer Oberndorfer und Mattinger Weine vermerkt. Am 27. August dieses Jahres ging eine Weinlieferung von „zwei vaß mit bairisch wein" an den bayerischen Herzog Albrecht III. Es scheint, dass die herzoglichen Weinvorräte des Jahrgangs 1453 nicht ganz bis zur neuen Ernte reichten.

Wirtshausschild am Klostergasthof Andechs. Ein Weinkelch, eingerahmt von einem Kranz aus Weinlaub, erinnert an den früheren Weinausschank auf dem heiligen Berg.

Im Jahr 1488 kommen zwei weitere honorige Mostkunden dazu. Die Lieferanten Albrecht Knittl und Hanns Hofmaister brachten in diesem Jahr in vier Fuhren 84 Eimer (4500 Liter) „auf den heiligen Berg" ins Kloster Andechs. Das Kloster war 1455 gegründet worden und hatte damals selbst keine Weinberge. Der vom Kloster Prüfening bezogene Most wurde nach seinem Ausbau wahrscheinlich neben der Verwendung als Messwein im Klostergasthof ausgeschenkt. Heute werden in Andechs dagegen große Mengen süffigen Bieres konsumiert. Das Wirtshausschild der Klosterschänke, ein Weinkelch mit einem Kranz aus Rebblättern, erinnert noch an den Baierwein aus Oberndorf und Matting.

Der zweite neue Mostkunde war das Kloster Ebersberg, das 2400 Liter Most bezog. Warum aus Oberndorf und Matting häufig Traubenmost und nicht Wein ausgeführt wurde, findet seine Erklärung in der Mattinger (und Oberndorfer) Hofmarksordnung, wonach Weinlieferungen zwischen der Weinlese und dem St. Martinstag zollfrei waren. Die Kunden konnten damit also Zoll sparen.

Analog zu den Weinlieferungen aus Donaustauf und Kelheim an den herzoglichen Hof in München zeigt sich auch hier, dass der südbayerische Raum ein wichtiges Absatzgebiet des an der Donau gewachsenen Baierweins war.

1878 verzeichnete die Oberndorfer Bodennutzung noch eine Rebfläche von einem Tagwerk und 10 Dezimal. An den Berghängen des früheren *Unteren Weinbergs* finden sich noch verwilderte Reben, die zweifelsfrei als „Hierländer", also als Elbling anzusprechen sind. Auch die Trauben- und Perlhyazinthe sowie der Weinbergslauch als typische Weinbergsbegleiter blühen an den Oberndorfer Hängen.

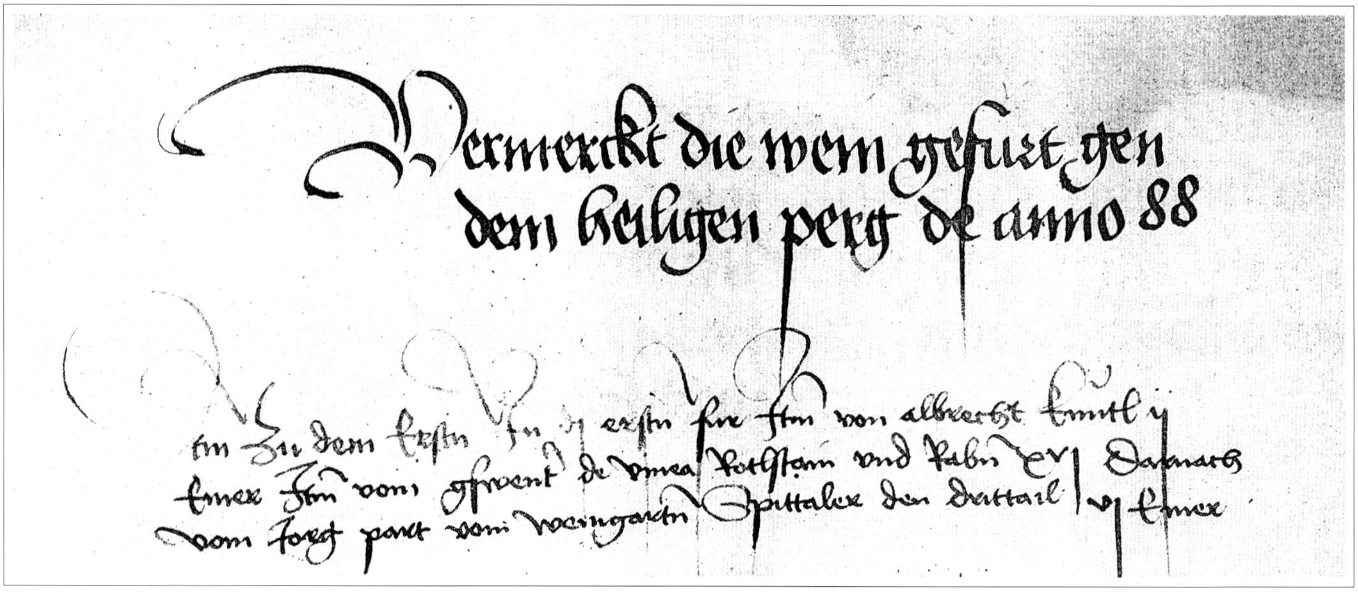

Vermerckt die wein gefurt gen
dem heiligen perg de anno 88

Weinregister des Klosters Prüfening 1488: Vermerk über Weinlieferungen an das Kloster Andechs „auf dem heiligen Berg“. Klosterarchiv Metten

Matting und Pentling

Die Weinberge Mattings befanden sich an den steilen, von Kreidekalkfelsen begrenzten Hängen links der Donau. Weinbau ist hier erstmals für das Jahre 901 belegt. König Ludwig IV. das Kind, der letzte Karolinger, schenkte in Matting ein „im angrenzenden Berg gelegenes Joch Weinberg einem Mönch des Klosters St. Emmeram namens Ekkepreth zu freiem Eigentum“. In der Schenkungsurkunde sind fünf Mattinger Weinzierln namentlich genannt, die den Weinberg bewirtschafteten.

Ursprünglich gehörte Matting vorwiegend zur Grundherrschaft des Klosters St. Emmeram. Erste Erwerbungen des Klosters sind dort um 875/882 bekannt. Durch Schenkungen, Verkäufe, Tauschgeschäfte und Klostereintritte gelangte Matting immer mehr in den Einflussbereich des Klosters Prüfening. Die Mattinger Dorfordnung von 1344 mit vielen Regelungen zum Weinbau wurde beim Kloster Prüfening schon erwähnt.

Ein Urbar des Klosters Prüfening von 1380 nennt 30 Hofstellen mit 33 Weinbergsnamen, womit Matting zu den größeren Besitzungen des Klosters Prüfening zählt. Die Weinbergsfläche lässt sich mit ca. 27 Hektar beziffern. Die relativ große Anzahl an Steinhäusern mit Weinkellern ist für Winzerdörfer typisch. Ein 1310 errichtetes Haus, das „Gartengut“ des Mattinger Bergmeisters Ulreich Karl, wurde 1992 an das Fränkische Freilandmuseum in Bad Windsheim transferiert. Es zählt zu den ältesten landwirtschaftlichen Gebäuden Süddeutschlands. Der dazugehörige Weinkeller mit darüber liegendem Stadel steht heute noch.

Angaben über Erträge sind immer etwas gefährlich. Zumindest sei hier jedoch das Prüfeninger Weinregister von 1447 erwähnt, das als Ertrag einer vinea, eines Weinbergs von 0,6 Hektar Größe, 9 Eimer, also ca. 500 Liter angibt. Daraus errechnet sich ein Hektarertrag von gut 8 hl (heute wird bei ertragreichen Sorten das 10fache geerntet). Hohe Jahrgangsschwankungen erschweren jedoch eine nähere Betrachtung. Im Durchschnitt der Jahre um 1380 bezog Kloster Prüfening aus Matting an Zinswein ca. 5700 Liter, an Zehentwein waren ca. 2300 Liter zu erwarten, zusammen also ca. 8000 Liter. Da um diese Zeit meist $^1/_4$ des Ertrages, von sechs Weingärten nur $^1/_6$ als Zins abgeführt wurde, erscheinen die Ertragsangaben realistisch. Die durchschnittliche Jahresweinernte in Matting betrug demnach ca. 23000 Liter. Die Mattinger Winzer durften ihren Wein in ihren Häusern selbst oder in den Dorfwirtshäusern ausschenken, wobei sicher auch die Schiffsleute, vor allem wenn sie flussaufwärts kamen, dankbare Abnehmer waren.

Um 1544 wurden einige Weingärten in Ackerland umgewandelt. Einen deutlichen Einschnitt brachte wie überall der Dreißigjährige Krieg. Im Prüfeninger Güterverzeichnis von 1658 werden in Matting zwar 47 Anwesen beschrieben, das Dorf wurde also erweitert, der Weinbau dabei jedoch deutlich eingeschränkt. 1780 werden noch einige Mattinger Weinzierln genannt. Ein Biethaus soll um diese Zeit noch am Fuße der Weinberge gestanden haben.

Auch Sinzing und das frühere Alkofen, der heutige Minoritenhof, zählen zu den ehemaligen Winzergemeinden. Dabei fällt auf, dass hier in fast allen Fällen von Weingärten die Rede ist. In der Tat sind die Sinzinger Hänge zur Donau hin weniger steil als in Matting oder in Winzer, wo die Bezeichnung Weinberg zutreffender ist. Von den klösterlichen Einrichtungen Regensburgs besaßen hier Rebflächen das Minoritenkloster St. Salvator, das Kloster St. Emmeram, das Stift Niedermünster, das Schottenkloster, die Augustiner, das Kollegiatstift St. Johann, das Nonnenkloster St. Klara sowie die Klöster Prüfening, Karthaus-Prüll und Mallersdorf. Erst in der Mitte des 18. Jahrhunderts kam der Weinbau hier zum Erliegen.

Von der Donau bei Sinzing und Riegling scheint der Baierwein auch in das Tal der Schwarzen Laaber vorgedrungen zu sein, denn auch für Bruckdorf, Eilsbrunn, Deuerling, Laaber und Beratzhausen gibt es Hinweise auf Weinbau in früherer Zeit.

Pentling gehörte bereits im 11. Jahrhundert zur St. Emmeramer Grundherrschaft, wobei der Besitz jedoch zunächst verpfändet war. 1233 soll erstmals ein Weinberg „auf dem Berge Pentling" angelegt worden sein. In einer Emmeramer Klosterrechnung von 1325 ist ferner ein Weinberg bei der Weichselmühle nahe Pentling aufgeführt.

Abt Albert (1324 – 1358) hatte eine Vorliebe für Pentling und wohnte „des Jahres öfter daselbst". Aus dem Jahr 1336 ist überliefert, dass St. Emmeram hier mehrere Weingärten besitzt, die aus Äckern neu angelegt wurden. 1345 ordnete Abt Albert an, dass gute Erde in Körben und Kirmen (Kirm = Buckelkorb) in die Weinberge getragen werde. Nach Angaben in den Rechnungsbüchern bezahlte das Kloster dafür 146 Pfennige. 20 Pfennige wurden für neue Reben und 42 Pfennige für 100 Büschel Steckholz ausgegeben. Die Abgabenpraxis in Pentling lässt jedoch erkennen, dass der Weinbau hier nicht den Stellenwert wie in Matting oder Oberndorf besaß und eher im Nebenerwerb betrieben wurde.

Aus der Zeit des Emmeramer Abtes Johannes (1421 – 1443) ist ein Pentlinger Ehehaft-Büchel (Dorfordnung) erhalten, worin von einem Pentlinger Amtshof und einem Meierhof die Rede ist. In einer Ergänzung aus der Zeit um 1500 unter Abt Erasmus Münzer (1493 – 1517) ist geregelt, wie der Schmied des Meierhofes für diverse Arbeiten von den Bauern und Weinzierln zu entlohnen ist. Darin ist festgelegt: „Es soll auch der Schmid hallten ainen Schliffstain, daran sollen und mögen Pauren und Weinzürll ir Werchzeug und Gschirre schleiffen. Darumb soll ain Paur geben dem Schmid in der Ärden 2 Garb, ain rockene und ain waitzene, ein Weinzürll ain Garb Waitzen oder Rocken." Bauern und Weinzierln bestellten in Pentling um diese Zeit also gleichermaßen das Feld.

Der St. Emmeramer Weinbergsbesitz umfasste im 14. Jahrhundert in Pentling 12 Weingärten mit insgesamt 10 Joch Größe und einer Abgabenpflicht von 12 Eimern Wein, 13 Hühnern und 32 Denaren. Nördlich von Pentling, beim Schwalbennest, lagen 6 Weingärten, die mit 4 Eimern Wein, 15 Hühnern und 16 Denaren zinsten. Die Flurbezeichnung *Weinberg* hat sich dort erhalten.

Auch die heute zur Gemeinde Pentling gehörenden Orte Großberg und Graßlfing hatten früher Rebflächen aufzuweisen. Die *Weinbergstraße* und die *Winzerstraße* in Großberg sowie die Straße *Am Weinberg* in Graßlfing deuten darauf hin.

Wie in den umliegenden Orten dürfte der Weinbau auch hier im Dreißigjährigen Krieg zum Erliegen gekommen sein. In neuerer Zeit erfuhr er allerdings eine Wiederbelebung. Am Pentlinger Urlberg, wo einst Abt Albert für gute Erde sorgte, betätigt sich der Verfasser seit 1981 als Hobbywinzer, dem sich alsbald ein Nachbar anschloss.

Vor den Toren der Stadt Regensburg gab es im südlichen und westlichen Umland Weinberge in Prüll, Graß, Ober- / Unterisling und Burgweinting. Auch für Königswiesen, Dechbetten und Prüfening ist Weinbau belegt. Mariaort, früher nur Ort genannt, war ein typisches Winzerdorf.

Die erste Erwähnung des Ortes Kneiting erfolgt bereits im Zusammenhang mit dem Weinbau: Im Jahre 1212 nimmt König Friedrich II. das Schottenkloster in Regensburg in seinen Schutz, zusammen mit den Weinbergen und der Kapelle in Kneiting. Auch ein Amtshof mit Zehentstadel gehörte zu diesem Besitz, dem über fünf Jahrhunderte Weinberge zugeordnet waren. Kneitinger Weinbergsbesitz ist ferner für das Kloster Pielenhofen, das Regensburger Augustinerkloster, das Stift zur Alten Kapelle sowie für etliche Regensburger Bürger überliefert.

Als die besten Weingärten galten in Kneiting *der Plankstetter* und *die Kripp*. Als dem Kurfürst von Trier anlässlich eines Kurfürstentages in Regensburg Baierwein vorgesetzt wurde, äußerte er sich anerkennend: „Der Baierwein ist gar gut zu trinken, insbesondere der, der da heißet die Kripp." Der Weinbau in Kneiting dürfte in der ersten Hälfte des 19. Jahrhunderts zum Erliegen gekommen sein.

Neben Kneiting gab es Weinberge in Pettendorf, Neudorf, beim Urtlhof, in Reifenthal, Hummelberg, Günzenried, Tremmelhausen und Aichahof, etliche davon in Besitz des Klosters Pettendorf (Adlersberg). Das Naabtal hinauf ist von früherem Weinbau in Etterzhausen, Deckelstein, Duggendorf und Aich bei Kallmünz die Rede, wobei der Flurname *Weinberg* im ganzen unteren Naabtal häufig zu finden ist.

DER DONAUBOGEN BEI REGENSBURG VON WINZER BIS TEGERNHEIM

In Kager werden um 800 schon die Weinbergslagen der *Hirtzoger* und die *Haselpaitz* genannt. Hofmark und Kirche in Kager gehörten von 1098 – 1537 zum Kloster Kastl bei Neumarkt. Vermutlich war es der Weinbau, der das Kloster Kastl veranlasst hat, hier Besitzungen zu erwerben, die später allerdings an das Kloster St. Emmeram gingen. Die Kagerer Weine müssen sehr gut gewesen sein, denn Landbesitz in Kager war äußerst begehrt. Neben den Klöstern Kastl und St. Emmeram hatten hier weitere Regensburger Klöster und Stifte Weinbergsbesitz, ebenso das Haus Wittelsbach und die Regensburger Familie Auer. So war auch die Haupterwerbsquelle der Kagerer Bauern der Weinbau. Noch 1726 berichtet eine Rentamtsbeschreibung: „In dieser Hofmark sind meist lauter Weinzierln, von denen nur etliche wenige einen kleinen Feldbau haben." Noch 1835 wurden die Inhaber der 15 Höfe in Kager fast durchwegs als Weinzierln bezeichnet. An der Straße nach Adlersberg waren früher Kellergewölbe in die Hänge gebaut, in denen der Kagerer Wein lagerte.

Winzer und Pfaffenstein

Winzer, heute ein Stadtteil von Regensburg, kann als einer der ältesten Weinbauorte in Bayern angesehen werden. Wie schon erwähnt schenkte Herzog Theodo um das Jahr 700 Weinberge bei Regensburg an das Salzburger Kloster St. Peter. Der Ortsname ist abgeleitet von ad vinitores = bei den Winzern. Er wird in dieser Form erstmals um 680/700 erwähnt.

Wegen der Stadtnähe und der guten Weinbergslagen im Donaubogen waren die dortigen Weingärten sehr begehrt. Das führte schon im frühen Mittelalter zu einer starken grundherrlichen Zersplitterung. Als Grundherrn in Winzer sind deshalb nahezu alle Regensburger Klöster und Stifte zu nennen: Das Kloster St. Emmeram, die Stifte Mittel- und Niedermünster, die Kollegiatstifte St. Johann und zur Alten Kapelle, das Schottenkloster St. Jakob, das Katharinenspital und der Deutschherrenorden. Dazu kommen das Chorherrnstift St. Mang in Stadtamhof, die Klöster Prüfening, Weltenburg, Scheyern und Reichenbach, das Chorherrnstift Rohr sowie die Bistümer Salzburg und Eichstätt.

Weinbergsbesitz hatten in Winzer seit alters her auch der Bischof und das Domkapitel von Regensburg. Bei einem Tausch 1145 fiel „ein Weinberg,

Weingärten an der Naab bei Kneiting und Pettendorf, Landkarte von Christophorus Vogel, um 1600.

gelegen am Berg gegenüber am Orte, der Wincer genannt wird" an den Bischof Heinrich. Bischof Konrad IV. (1204 – 1226) löste mit eigenem Geld 6 Weinberge zu Winzer aus, die dem Domkapitel zu eigen waren und kaufte Teilstücke dazu, „damit die Domherrn für ihre Bedürfnisse mehr Wein zur Verfügung hätten". Dieser Wein sollte den Namen Bischofswein tragen. Dem Hochstift Regensburg stand der Weinzehent in Winzer, Kneiting, Mariaort und Kager zu, wie unter Bischof Nikolaus (1313 – 1340) bezeugt ist. Dieser Bischof war es auch, der den Regensburger Bürgern die feierliche Versicherung gab, „ihnen zur Zeit der Weinlese seinen besonderen Schutz gegen die Feinde angedeihen zu lassen, wie das schon seit alters der Gebrauch gewesen sei". Wozu der Zehent nicht alles gut war.

Auch die Wittelsbacher Herzöge, einige Landadelige und Regensburger Bürger wie z.B. die Auer, Sinzenhofer, Lech, Hofer und Litschauer hatten hier Weinbergsbesitz. Begehrte und bekannte Weinbergslagen waren *der Herzogwander, die Ainfirst, der Altenkapeller, das Winterploch, das Schottenriebel, die Güldenseel* und *der Spitlweingarten*. Zu den Weinbergen gehörten jeweils auch Presshäuser, in den einschlägigen Urkunden als Biethaus, Windhaus oder ventorio bezeichnet.

Die Herren von Winzer, Besitzer der Veste Niederwinzer, hatten Weinbergsbesitz im Umgriff der Burg. Die Herren von Winzer tauchen auch als Regensburger Bürger auf. Als solche hatten sie um 1300 Weinbergsbesitz in Winzer. Die Veste Winzer hat im Laufe der Jahrhunderte mehrmals ihren Besitzer gewechselt, bis sie im Dreißigjährigen Krieg so in Schutt und Asche gelegt wurde, dass es heute keine Überreste mehr von ihr gibt. Der dazugehörige Grundbesitz gelangte in die Hand des Deutschherrenordens St. Ägidien.

In Niederwinzer erscheint die gräfliche Familie der Lerchenfelder (heute Köfering bei Regensburg) mehrmals mit Weinbergsbesitz. Überliefert sind die Weinbergsnamen *der Köferinger* und *der Lerchenfeldsche Weinberg*. Über 500 Jahre lassen sich die Weinberge im Besitz der Köferinger Grafen verfolgen.

1228 wurde die Pfarrei Winzer unter Bischof Siegfried (1227 – 1246) zusammen mit Sallern, Kareth und Rehtal dem Domkapitel angegliedert, „an das auch die Erträgnisse an Wein, Getreide usw. zur Aufbesserung der Bezüge der Kanoniker (Chorherrn) zu reichen waren". 1297 wird die Kirche in Winzer erstmals erwähnt. Bei soviel Weintradition wäre ein Patrozinium des Weinheiligen St. Urban schon zu vermuten gewesen. Die Kirche ist jedoch dem hl. Nikolaus, dem Schutzheiligen der Schiffsleute geweiht, der häufig an Flüssen erwählt wurde. Der Einfluss der Donau war hier wohl stärker.

Als besonders gute Weinbergslage in Winzer kam *Die gülden Seel* bei Hans Watzlik mit einer Sage zu literarischen Ehren, womit er gleichzeitig dem Baierwein ein Denkmal gesetzt hat. Vielleicht war es auch der Goldenseelenwein aus Winzer, der einen unbekannten Dichter zu folgendem Liedtext inspirierte: „Hast du Herzensweh, hast du Leibesschmerz. Ach, trink vom Winzerer Wein: Und fröhlich wird dein Herz, fort ist des Leibes Pein."

1835 wird der Großteil der Hausbesitzer in Ober- und Niederwinzer, insgesamt 32 Familien, noch mit der Berufsangabe Weinzierl bezeichnet. Die sonstigen Hausbesitzer sind Handwerker, nämlich je ein Bäcker, Weber, Wirt und Metzger, Zimmermann, Kufner, dessen Wohnhaus als

Der Winzerschutzpatron St. Urban in Kneiting.
Im Kirchlein Zu Unserer Lieben Frau in Kneiting befindet sich ein gotischer Flügelaltar aus dem Jahre 1506. Das Farbgemälde des linken Seitenflügels zeigt den hl. Urban im päpstlichen Ornat, in der Rechten ein geschlossenes Buch, darauf eine Traube, in der Linken den Kreuzstab.
Das Gemälde misst 1,40 x 0,50 Meter.

ehemaliges Biethaus bezeichnet wird, Schuhmacher, Maurer, Schneider, Hufschmied und ein Häusler. Die Vielzahl an Handwerkern gibt dem Winzerdorf fast schon ein städtisches Gepräge. Der Weinbau in Ober- und Niederwinzer dürfte um 1870 zum Erliegen gekommen sein.

An die einstigen Rebkulturen erinnert in Niederwinzer ein Kreuzstein am Haus Nürnberger Straße 182, der sogenannten „Alten Mauth". Das Steinrelief mit der Jahreszahl 1570 zeigt ein großes Kreuz sowie eine Weintraube und ein Rebmesser. Die Initialen H P könnten für Hans von Pisken stehen, den damaligen herzoglichen Pfleger von Stadtamhof. Von ihm ist überliefert, dass er der freien Reichsstadt Regensburg alles andere als wohlgesonnen war.

Der Ortsteil Pfaffenstein hat seinen Namen von den geistlichen Weinbergsbesitzungen zwischen den hier steil aufragenden Kalkfelsen. Ursprünglich war Pfaffenstein, ein kleiner Ort nahe Niederwinzer, in herzoglichem Besitz. Als gute Weinlage bekannt, hatten bald nahezu alle Regensburger Klöster und Stifte hier Weinbergsbesitz, ebenso etliche Regensburger Bürger. In späteren Jahren waren fast alle Pfaffensteiner Einwohner Weinbauern, wobei der Kleinbesitz die Regel war. Besonders zu erwähnen sind die Weinbergsnamen *Schelmengasse, der Plattenweinberg* auf der Platten (um 1830 hat hier die Rebe dem Maulbeerbaum für die Seidenzucht weichen müssen), der *Trittlingeracker* (nach den Steinstufen, die von der Schelmengrabenstraße zur Seidenplantage führten) und *der Trainerweinberg*.

Der Trainerweinberg wird im Jahre 1511 im Zusammenhang mit einem großen Unwetter erwähnt: „Im Winzerer Berg in einer Wiegen (Mulde) hat's einen guten Teil eines Weingartens (war der Trainer), Stöck und Erd herabgetragen und ein Windhaus mit Grund und Boden, Potting und alles Geschirr in die Donau geflößt und hinweggeführt." Die Trainer waren Regensburger Bürger.

Insgesamt sind für das Weinbaugebiet von Kager bis Pfaffenstein über 150 Weinbergsnamen überliefert.

1924 wurde die Gemeinde Winzer mit den Ortschaften Kager, Oberwinzer, Niederwinzer und Pfaffenstein der Stadt Regensburg einverleibt. Heute ist Winzer der Stadtteil der Gärtner und Winzer. Der Geschichts- und Heimatverein Winzer-Steinweg und die örtlichen Winzer machen alljährlich im September mit Weinfesten auf den wiederbelebten Weinbau aufmerksam. Über die Reben-Quarantänestation Oberwinzer 1912 sowie über den Neubeginn des Weinbaues in Winzer durch Dr. Hanns Rieß 1952 wird noch zu berichten sein.

Auch in den Dörfern nördlich von Regensburg wurde über Jahrhunderte Weinbau betrieben, so in Lappersdorf, Oppersdorf, Hainsacker und Kareth. In Kareth hatte um 1100 das Kloster Weihenstephan Weinbergsbesitz. Später erwarb das Kloster Weinberge in Südtirol, obwohl es in Weihenstephan schon die heute älteste Brauerei der Welt betrieb. Weihenstephaner Bier und Wein aus Regensburg und Südtirol, in einem solchen Kloster ist gut sein! Häufig genannt werden in Kareth die Lagen *Matzenthal* und *Eichelberg*. Im 17. Jahrhundert dürfte der Weinbau in Kareth und Umgebung weitgehend zum Erliegen gekommen sein. Im Salbuch der Kirche von 1662 überwiegen die Äcker und Wiesen. Nur noch 2 Weinberge beim Rehtaler Hof werden genannt. Allerdings tragen 1760 von 48 Hausbesitzern 29 noch die Berufsbezeichnung Weinzierl. 1870 soll auf einem Südhang mit der Flurbezeichnung *im Weigert* noch Wein angebaut worden sein (der Familienname *Weigert* kommt übrigens in Regensburg besonders häufig vor.)

Der Dreifaltigkeitsberg, der östliche Ausläufer der Winzerer Höhen, hieß ursprünglich Geiersberg, später auch Osterberg. Hier stand, wie schon berichtet, der böhmische Pilger aus der Lebensbeschreibung des hl. Emmeram, dem ältesten Bericht über den Weinbau bei Regensburg: „Oberhalb der Weinberge, dort wo Donau und Regen zusammenfließen." Herzog Ludwig II. von Baiern (1253 – 1294) erbaute auf dem Berg eine Burg, die er Landskron nannte. 1319 trägt ein Weingarten des St. Katharinenspitals die Flurbezeichnung *an der Landskron*. In einer Urkunde von 1290 werden vier Weingärten *am Geiersberg* erwähnt, die der Weinzierl Friedrich Senft bebaut. Steinweg, die Siedlung am Fuße des Dreifaltigkeitsberges,

Kreuzstein mit Traube und Rebmesser, 1570, an der sog. „Alten Mauth" in Niederwinzer, Nürnberger Straße 182

erscheint 1332 im Zusammenhang mit dem Weinanbau, als Sigfrid Velsel einen Weingarten am Schelmengraben und vier Äcker verkauft. Für das Jahr 1348 sind in Steinweg vier Weingärten belegt.

Die ehemalige Weinschänke in Steinweg hieß „Zur Blauen Traube". Das Wirtshausschild mit der blauen Traube nebst Wirt und Wirtin im Blätterkranz kennzeichnet noch heute das ehemalige Weinlokal. Auch die dortige Traubengasse erinnert an weinselige Zeiten.

1813 werden in Steinweg zwölf Weinzierln genannt, 1844 waren es nur noch zwei.

Im benachbarten Reinhausen stand der Weinbau nicht so im Vordergrund wie in den umliegenden Weinbaugemeinden. Die meisten Bewohner hier waren Flößer. Die schweren Balken für den Dachstuhl des Regensburger Domes kamen 1459 den Regen herab und landeten in Reinhausen. Dabei bekamen die Tagwerker nach getaner Arbeit als Ehrung einen Badpfennig, die Flößermeister oder „Fluderherrn" einen Ehrenwein. Aber auch Fischer und Weinbauern waren hier zu Hause. Die Weingärten erstreckten sich von der Alten Waldmünchner Straße bis zum Reichen Winkel in der heutigen Konradsiedlung.

Insbesondere die Stifte Ober- und Niedermünster, das Kloster St. Emmeram und das St. Katharinenspital hatten hier Weinbergsbesitz. Das Regensburger Kollegiatstift St. Johann bekam bereits bei seiner Ausstattung im Jahre 1186 zwei Weinberge mit den dazugehörigen Feldern am Reinhausener Berg, genannt der *Trunkenprot*. Als sie 1382 dem Wirnher dem Propst als Lehen gegeben werden, sind sie mit „6 Rieb groß" beschrieben. 1638 erscheint der *Trunkenprot* als „ausgestochener Weinberg", 1741 als *Truckenbrod-Acker*. Als weitere Weinbergsnamen sind überliefert der *Veldberg am Hart* (später Harthof) die *Chambstraß* und *am Flachelberg.*

Die Winzerer Höhen in Regensburg heute.

Um 1300 scheint zur Verwaltung der zum Teil zersplitterten herzoglichen Weinbergsbesitzungen im Norden von Regensburg in Reinhausen ein herzogliches Weinamt bestanden zu haben. Heute erinnern nur noch die Weinzierlstraße sowie das Wirtshaus „Blaue Traube" in Reinhausen an den einstigen Weinbau.

Auch am Sallerner Berg ist früher Weinbau belegt. In einer Urkunde des Jahres 1161 spricht Bischof Hartwich II. (1155 – 1161) dem Dom-

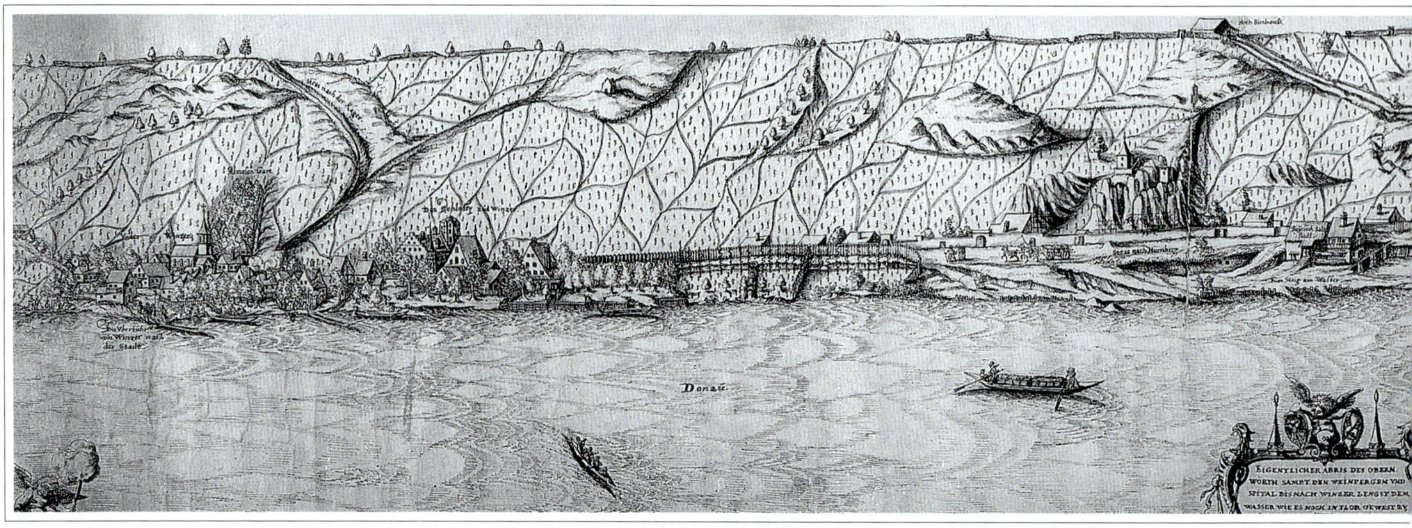

pfarrer den Weinzehent der Kirche von Sallern zu. Der Sallerner Wein scheint ziemlich sauer gewesen zu sein, sodass er sich vorwiegend zur Essigbereitung eignete.

Bereits um das Jahr 1145 hat das St. Katharinenspital Regensburg in Wutzlhofen einen Hof und zwei Weingärten durch den Regensburger Domvogt Friedrich III. Graf von Bogen erhalten. In Grünthal ist ebenfalls Wein angebaut worden. 1445 wird dort der Verkauf eines Weingartens am Kirchberg beurkundet.

In Weichs besaßen der Bischof und das Domkapitel von Regensburg Weinberge. Wie in Winzer brachte auch hier Bischof Konrad IV. im Jahre 1226 die vom Domkapitel verpfändeten 6 Weinberge auf dem Berge bei Weichs wieder an sich und beschenkte damit seine Domherren „in der Erwägung, dass es ihnen bisher an dem so nöthigen Weine gebrach, mit der Bedingniß, dass sie den hieraus erkelterten Wein forthin den Bischofswein nennen, und ihn zum Andenken des Wohlthäters immer in Ehren halten sollen".

Zu den alten Winzergemeinden gehört auch Schwabelweis. Am Südhang des Keilsteins bestanden für den Weinbau günstige Bedingungen. Der Ort erscheint als „Suabiluuis" bereits 821 als Besitzung des Klosters St. Emmeram in Regensburg, das hier in der Folgezeit einen Schwerpunkt seiner Weinbauaktivitäten bilden konnte. Auch ein Amtshof des Klosters mit einem Klosterweinmeister ist hier belegt. In den St. Emmeramer Einnahmeregistern erscheint dabei häufig der Weinbergsname *Chanstein,* *Kahenstein* oder *Kächstein,* ab 1651 schließlich *Kheilnstain,* der heutige Keilstein, bzw. das, was der Kalkabbau von ihm übrig gelassen hat.

Wirtshaussschild „Zur Blauen Traube"
in Steinweg, Hs.-Nr. 11

Für 1345 ist überliefert, dass eine Schiffsladung Mist auf der Donau aus der Stadt nach Schwabelweis „hinabgeführt" wurde, was dem Kloster St. Emmeram 60 Pfennig gekostet hat. Den Dünger in die Weinberge hinaufzuschaffen kostete pro Fuhre 3 Pfennig, die Presshäuser neu mit Stroh einzudecken kostete 40 Pfennige. Im 16. Jahrhundert ließen sich die bayerischen Herzöge von den St. Emmeramer Äbten gern ein Fass vom geschätzten Gewächs des *Kirschner Weinberges* von hier verehren, wofür sie als Gegengabe Wildpret in die Klosterküche zu liefern pflegten. Schon Ende des 16. Jahrhunderts ging der Weinbau in Schwabelweis stärker zurück, um nach dem Dreißigjährigen Krieg nahezu ganz eingestellt zu werden. Am Ende des 18. Jahrhunderts gab es in Schwabelweis nur noch fünf Weinzierln und drei Biethäuser. Die Weinbergstraße führt heute noch vom Ort

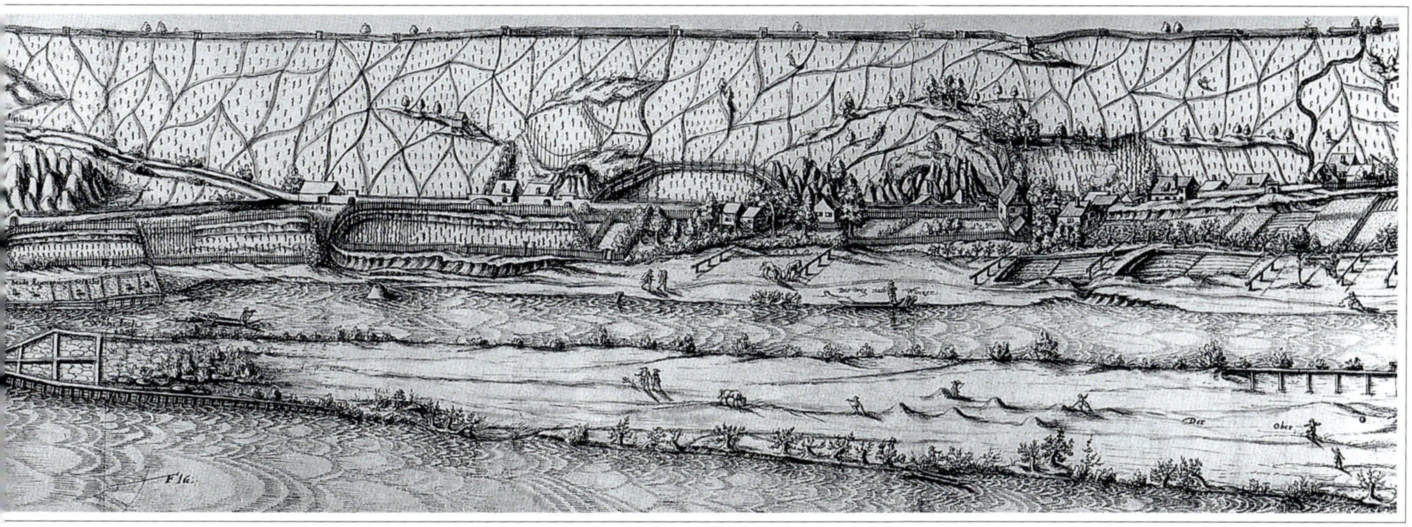

zum Keilsteiner Hang. Bekannt ist auch der Weg Zum Fronwinthaus.

Tegernheim

Tegernheim hat als traditionelle Weinbaugemeinde den Winzerheiligen St. Urban in seinem Gotteshaus. Auch zieren Weinranken und Trauben das nördliche Kirchenportal und noch vor 20 Jahren war auf den Grabsteinen im Friedhof häufig die Berufsbezeichnung Weinzierl zu lesen. Eine Reisebeschreibung vom Jahre 1830 schildert die schöne Lage des Tegernheimer Kellers, einer Ausflugsgaststätte, wo sich „unfern grünende Reben an den Stäben ringeln".

Dass die Südhänge der Hohen Linie, am Köpfl und am Mittelberg früher Weingärten trugen, lässt sich an der häufig noch sichtbaren Terrassierung erkennen.

Obwohl hier das Reichsstift Obermünster wichtigster Grundherr war, erscheint ein erster Weinberg im Besitz des Kollegiatstiftes St. Johann. 1186 erhält das Stift hier den Weinberg *Kobel,* wahrscheinlich am Bergabhang oberhalb des Tegernheimer Kellers gelegen. Seit dem 10. Jahrhundert befand sich Tegernheim weitgehend im Besitz des Reichsstiftes Obermünster, wobei ab 1207 viele Meldungen zum Tegernheimer Weinbau vorliegen. Die Äbtissin Salome von Obermünster hatte in diesem Jahr Leuten aus Tegernheim und Schwabelweis Waldstücke zur Anlage von Weingärten überlassen. Für das Jahr 1209 ist überliefert, dass hier Holzplätze „ausgereutet" und Weingärten angelegt wurden.

Aber auch die Herren von Tegernheim gehörten zu den Weinbergsbesitzern. So besaß Chunrat de Tegernheim im 13. Jahrhundert zwei Weinberge *ze dem steininen winthuse.* Daneben sind Hartwig de Tegernheim und der Ritter Ulhard als Inhaber von drei Lehensweingärten erwähnt. 1333 verkauft „der ehrbare Mann Baldwin von Tegernheim" seinen Weinberg *Güßübl* an den Regensburger

Die Winzerer Höhen bei Regensburg, Stich von Hans Georg Bahre, 1638. Der Stich zeigt eine geschlossene Weinlandschaft von Winzer bis Steinweg. Historisches Museum Regensburg

Wappen des Priesters und Geschichtsschreibers Leonhard Widmann (†1537) aus Tegernheim. Grabstein im Kreuzgang des Stiftes zur Alten Kapelle in Regensburg.

Dombaumeister. Elisabeth, Gattin eines Conrad de Degernheim ist im Stift Obermünster begraben. In ihrem Wappen führte sie drei Weintrauben.

Die umfangreichen Weinbergsbesitzungen des Reichsstiftes Obermünster in Tegernheim erforderten auch einen Weinmeister. Im Jahre 1529 hatte dieses Amt Lienhart Wydmann inne. Die Familie bewirtschaftete wohl den Amtshof des Klosters. 1575 wird ein Hans Widmann als Inhaber des herzoglichen Weinhoflehens im Erbrecht genannt. Das berühmteste Mitglied dieser Weinzierlfamilie dürfte jedoch der Priester Leonhard Widmann (ca. 1485 – 1537) sein, der sich als Geschichtsschreiber von Regensburg einen Namen machte. In Tegernheim besaß er selbst einen Weinberg. In seinen Aufzeichnungen nehmen Tagesgeschehen, meteorologische Notizen, Ernteberichte und Naturerscheinungen einen breiten Raum ein. Dabei berichtet Widmann auch über einige ungünstige Weinjahre. 1519 schreibt er: „Am pfinztag (Dienstag) nach sant Laurenci, den 11. augusti, umb vesperzeit ist ein mechtig groß weter gewest, das allen habern auff dem feld glatt erschlagen, und was für wein (im Frühjahr) nit erfroren war, den erschlug es in poden samb andern früchten. Es het den wein so gar erschlagen, das mein libe muter von 4 weingärten zu Tegerhaim nit gar ein züberlein vol weinpir abklaubt." Über das Weinjahr 1529 berichtet Widmann: „Diß jar hat man erst nach aller heiligen tag gelesen. Sambstag Briccii hab ich den lesten zehet von Tegerheim außtailt, auff ein pfründt 3 napff 3 seidll, etlich gussen in aus, den er war nichz werdt. Am freitag vor sant Linharz tag, den 5. novembris, hat mein bruder Hans Widman mein weingarten erst gelesen, ich schenkt im den wein." Leonhard Widmann fand seine letzte Ruhestätte im Kreuzgang der Alten Kapelle in Regensburg. Der Grabstein trägt sein Wappen mit Weinblatt und Traube.

Um 1219 hatten die Wittelsbacher Herzöge die Vogtrechte (Gerichtsbarkeit) über die Besitzungen des Reichsstifts Obermünster in Tegernheim übernommen. Dabei wurde das Kloster meist mehr geschädigt als geschützt. Die Pröpste hatten Anspruch auf die Vogtweinabgabe, die zwischen den Herzögen von Ober- und Niederbayern geteilt wurde. Im Jahr 1378 hatten die Herzöge Heinrich und Ludwig das Vogtrecht inne. Sie erhielten für ihre Tätigkeit je zur Hälfte den „recht vogtey wein" von 20 Eimern. Eine besondere Härte war hierbei, dass der Vogtwein in dieser Menge unabhängig vom Ernteertrag abzuliefern war. Die Herzöge übergaben später die Vogtrechte an ihre Verwandten auf Schloß Schönberg (bei Wenzenbach). Ein besonderes Recht der Schönberger Herrschaft war der „Huetwein". Die Herrschaft durfte danach aus jedem der zwölf Weingärten am vorderen Berg vor der Lese einen Hut voll aufgehäufter Weintrauben nach eigener Wahl abschneiden lassen. Dabei wurde ein kupferner, mit einem bayerischen Wappen versehener Hut verwendet, der von der Regierung in Straubing gestellt wurde. Der Weinhut durfte aufgehäuft, die Trauben jedoch nicht eingedrückt werden.

Als Weinbergslagen werden *der Hinterberg, der Geiersberg, der Mittelberg* und *der Prem* öfter genannt. Insgesamt sind für Tegernheim 80 Weinbergsnamen überliefert. Die besten Lagen waren wohl der *Vorder-Weinberg* neben dem Sommerkeller und die *Hardt-Weinberge*. Zahlreich sind auch Hinweise auf Biet- oder Presshäuser wie *Kaiserpiet, das Schönbiet, beim schönen Piet, Haardweinberg mit Piethaus (1332), Bräu- oder Hummelpiethaus und Schillinger-Piethaus, Maierpiethaus, Biethaus beim Becher- oder Klopferweinberg*. Insgesamt soll es 12 Biethäuser draußen am Berg und 2 im Dorf gegeben haben. 1836 war davon nur noch das schöne Biethaus brauchbar, alle anderen bereits verfallen.

In Tegernheimer Urkunden tauchen oft die Bezeichnungen Wenget, Wengert, Wingart und Winget auf, als ältere Formen für das Wort Weingarten, wie sie auch heute noch im Schwäbischen gebräuchlich sind.

Bei der Besoldung des Lehrers und Mesners waren die Tegernheimer Weinzierln zeitweise recht zurückhaltend. Jedenfalls hatte der Lehrer Johann Peißer 1857 Schwierigkeiten mit einigen Dorfbewohnern, die ihm den zustehenden Läutwein (Abgabewein) nicht geben wollten. Peißer schrieb an das königliche Landgericht, dass von jeher die Weinbergsbesitzer je 9 Maß Läutwein von der Presse her (Most) dem Meßner und Lehrer zu verabreichen

Wappen der Gemeinde Tegernheim, angenommen 1969

Ansicht von Donaustauf mit Weinbergen links und rechts des Burgberges. Stich von Michael Wening, um 1700. Bayer. Landesvermessungsamt München

hatten. Der Weinzierl Schiller Andreas Hs. Nr. 11 verweigere dies, weshalb „ich königliches Landgericht gehorsamst zu bitten mir erlaube, Schiller zur Verabreichung desselben oder Bezahlung hierfür, gnädiglich veranlassen zu wollen".

Das königliche Landgericht und die Regierung der Oberpfalz entschieden: „Nach einem Zeugnisse der Gemeindeverwaltung Tegernheim vom 15. September 1833, welches unter Ziffer 6 den Belegen zur Fassion (Einkommensangabe) der Schule zu Tegernheim beigegeben ist, bezieht der Lehrer und Messner zu Tegernheim an sogenanntem Läutwein dem Rechte nach, von jedem der 38 Besitzer großer Weinberge 8 1/2 Köpfl und von jedem der 20 Besitzer kleinerer Weinberge 4 1/2 Köpfl."

1869 hatten die 14 Weinbaugemeinden an der Donau zwischen Schwabelweis und Pillnach noch ca. 100 Hektar Rebfläche. Mit 27 Hektar und 36 Weinbergen ist dabei Tegernheim die größte Weinbaugemeinde dieser Zeit. Der Weinbau in Tegernheim kam 1912 zum Erliegen, wozu die Peronospara, die neue Rebenkrankheit, entscheidend beigetragen hat.

Als Tegernheim im Jahre 1969 ein Wappen erhielt, besann man sich auf die große Weinbautradition und nahm den Rebstock in das Gemeindewappen auf.

DONAUSTAUF UND DIE WALHALLA

Neben Kelheim, Winzer bei Regensburg, Wörth und Landshut war der Markt Donaustauf, „zwei Stunden unterhalb Regensburg gelegen", ein Zentrum des Weinbaues in Altbayern. Am Sitz der „Herrschaft Stauf" residierte der Weinpropst, hier stand der Amtshof mit großem Weinkeller, auch ein Weinmeisteramt und ein Weinaufschlagsamt waren hier eingerichtet. Zur Herrschaft Stauf, einem Besitz des Bischofs von Regensburg, gehörten nebem dem Markt Donaustauf die Orte Reifling, Sulzbach, Demling, Bach, Einzelgehöfte in Kruckenberg und Wiesent sowie rechts der Donau Burgweinting, Sarching und Friesheim. In den Orten links der Donau war der Weinbau überall zu Hause, sodass die Herrschaft Stauf auf eine große Weinbau-Vergangenheit zurückblicken kann. Donaustauf ist heute allerdings ohne Weinbau.

„Stauf" bedeutet soviel wie „erhabener Ort", womit wohl der Burgberg gemeint ist. Die Regensburger Bischöfe wohnten sehr häufig auf der Burg Donaustauf. Auch der Philosoph Albertus Magnus verweilte hier, als er von 1260 bis 1262 Bischof von Regensburg war. Als Naturforscher wusste er auch über den Weinbau sehr genau Bescheid und gab fachkundige Anleitungen zu Düngung, Pflege, Ernte und Kellertechnik. Die Burg Donaustauf wurde im Dreißigjährigen Krieg zerstört.

Während für die Orte Winzer, Bach und Kruckenberg Weinbau schon im 8. Jahrhundert nachgewiesen ist,

Wappen des Marktes Donaustauf, verliehen 1494 von Herzog Albrecht IV. von Bayern

fehlen für Donaustauf derartig frühe Meldungen. Belegt ist erst um 1256 ein Weingarten, dessen Zehent Chunrad von Ehrenfels, der Besitzer der Hammermühle bei Sulzbach, als Lehen erhält. Um das Jahr 1300 verkauft der Regensburger Bischof einen Weinberg unter den Fenstern seiner Burg zu Donaustauf.

Insbesondere das Bürgergeschlecht der „Tünzlinger zu Donaustauf zeichnete sich alldort durch Betriebsamkeit in Kultivierung der Gründe und deren Bebauung vermittels Rebstöcken aus". 1314 erhielt Berthold der Tünzlinger von Bischof Niklas einen Garten zu Stauf als Lehen, welchen derselbe mit seinem Bruder Albert in einen Weingarten umwandelte. Der Garten lag *in der Setz im Prül.* 1324 verlieh derselbe Bischof an die Brüder Tünzlinger ein Waldstück neben *der Schnarrn,* um es zu roden und in Weingärten zu verwandeln.

Von 1385 bis 1481, also fast 100 Jahre lang, hatte der Regensburger Bischof die Herrschaft Stauf gegen eine Zahlung von 20000 Gulden an die Stadt Regensburg verpfändet. Die Oberaufsicht über die Ländereien, die spätere Funktion des Propstes, hatten dabei die „drei Stauff-Herren" als reichsstädtische Beauftrage inne. Die Geschäfte vor Ort besorgte ein Pfleger, meist ein Angehöriger eines Regensburger Patriziergeschlechtes, der auf der Burg Donaustauf wohnte. Als Pfleger und Richter hatte Heinrich Teschinger 1387 eine Entlohnung von jährlich 73 Pfund Regensburger Pfennig, dazu ein Fuder Wein (ca. 1700 l).

Aus dieser Zeit liegen Aufzeichnungen über die Weinerträge der Stadt Regensburg aus den Donaustaufer Weinbergen vor. 1397 erzielte die Stadt aus Stauf und Bach 44 Fuder und 14 Eimer Wein. Wörtlich heißt es in der Urkunde: „Item (ebenso) daz sind di wein, di meinen hern heuer in dem 97 jar sint worden zu Pach und zu Stawff. Item pei dem ersten ist unser worden zu Stawff 20 fuder 28 $^1/_2$ eimer. Item so ist uns worden zu Pach 23 fuder 17 $^1/_2$ eimer und 3 näpf. Nota: alz wein ze Stawff und ze Pach ist 44 fuder 14 eimer 3 näpf." Das sind immerhin ca. 75000 Liter Wein! Das Jahr 1398 brachte fast die doppelte Menge, nämlich 80 Fuder und 8 Eimer. Ein Großteil des städtischen Weinertrages wurde an die Bürger der Stadt verkauft.

In einem Salbuch, im Jahre 1385 angefertigt, sind folgende Weingärten im Besitz des Bischofs genannt:
4 $^1/_2$ Weingärten auf *der Schnarrn,* (westlich des Ortes),
4 Weingärten *auf dem Gruizperg,* (dort steht heute das Landeskrankenhaus),
3 Weingärten *auf der Ellend,* (= beim Grenzland, gegen Reiflding gelegen),
5 Weingärten *in dem Prül,* (westlicher Burgberg),
1 Weingarten *vor der Veste zu Stauf,* (Burgberg),
3 Weingärten *auf der Tunaw,* (benannt nach einem Regensburger Patriziergeschlecht),
1 Weingarten *auf dem Kirchberg,*
4 Weingärten auf *dem Prewberg,* (Bräuberg – geht auf die Familie Preu zurück).

In diesem Salbuch sind die Weingärten und ihre jeweiligen Besitzer aufgeführt, darunter viele Regensburger Bürger. Der Bräuberg sollte später als Standort der Walhalla zu besonderen Ehren kommen.

Im Zusammenhang mit dem Weinbau in Donaustauf werden die Wittelsbacher Herzöge erstmals 1388 erwähnt. In diesem Jahr belagerten die Herzöge Albrecht und Friedrich im sog. Städtekrieg auf ihrem Weg nach Regensburg die Veste Donaustauf. „Des andern Tages legten sie sich zu Reiflding (bei Donaustauf) in das Feld, und standen wohl sechs Wochen daselbst, ohne etwas auszurichten, als dass sie fast alle Weinberge bis auf den letzten Stock ausgereutet."

1486 brachte Herzog Albrecht IV. Donaustauf an sich, indem er das Pfandrecht der Stadt Regensburg ablöste. Im Umfeld der freien Reichsstadt gelegen (welche er seinem Herzogtum einverleiben wollte) war er dem Herrschaftssitz sehr zugetan. 1494 verlieh Herzog Albrecht Donaustauf Marktrecht und Wappen. In diesem Wappen findet sich der Weinstock als Hauptsymbol, worin die große Bedeutung des damaligen Weinbaues deutlich zum Ausdruck kommt. Donaustauf blieb beim Herzogtum Bayern bis 1715.

Da der Weinbau innerhalb des Herzogsbesitzes die wirtschaftlich tragende Säule darstellte, war er wohl geordnet und gut verwaltet. Unter den zahlreichen Ämtern der Herrschaft waren deshalb das Weinpropstamt und die Weinmeisterämter sehr bedeutend. Das „Amt", die Übertragung einer Aufgabe, war hier einer Person zugeordnet. Der Weinpropst hatte die Oberaufsicht und verwaltete den Donaustaufer Amtshof. Das Weinmeisteramt in Donaustauf war mit zwei Weinmeistern besetzt.

Der Markt Donaustauf war das Zentrum des herzoglichen Weinbaues an der Donau. Nach einer Weinrechnung von 1580 waren in Donaustauf 29 $^1/_2$ und in Bach 25 Hofweinlehen an Weinzierln vergeben. Zu den herzoglichen Hofweingärten gehörten in Donaustauf 8 Biet- oder Windhäuser, in denen die Trauben gepresst wurden. Da den Wittelsbacher Herzögen im Jahre 1540 auch der Sitz Weichs zufiel, zu dem Weingärten in Tegernheim, Pfaffenstein, Mariaort und Riegling gehörten, wurde dieser Weinbergsbesitz ebenfalls vom Donaustaufer Weinpropst verwaltet. Die gesamte Weinernte der Herrschaft Stauf betrug im Jahre 1600 ca. 78000 Liter,

wovon in etwa die Hälfte aus Donaustauf kam.
Als 1544 im Herzogtum Bayern in den Zentren des Weinanbaues Weinaufschlagsämter zur Einbringung der Getränkesteuer errichtet wurden, bekam auch Donaustauf ein solches Steueramt.

Nach Abzug des Zinsweins an die Grundherrschaft erhielt der Donaustaufer Dechant (Pfarrer) den üblichen Zehentwein, je nach Weinberg den 10. oder den 30. Eimer.
In guten Jahren, wie z.B. 1556 erbrachte der Zehent 143 Eimer, also rund 8000 Liter. Unabhängig vom Ernteausfall erhielten das Kloster in Straubing und die „Sundersiechen zu Stauff" (das Aussätzigenhaus) jährlich zusammen 80 Eimer.
Während der Lese wurden zudem bis zu 26 Eimer „vertrunken, verschüdt, vergürt und eingefült", d.h. als Verlust beim Abzug von der Hefe und zum Nachfüllen der Fässer verbucht.

Nach den Verwüstungen des Dreißigjährigen Krieges scheint sich der Weinbau in Donaustauf nur langsam erholt zu haben. Das Saalbuch der Pfarrei von 1658 berichtet, dass „der Bayerwein anjezo veracht werde, seit die Extra ordinari Aufschläg und das weiße Bier in der Nachbarschaft (Weißbierbrauerei in Regensburg-Weichs) eingerissen. Auf 110 ehemals zehentpflichtigen Weinbergen, die jährlich zwischen 20 und 30 Eimer Zehentwein erbrachten, sind Holz und Stauden erwachsen".
1657 betrug der Pfarrweinzehent 19 Eimer, 1658 15 Eimer, 1660 schlug die Ernte völlig fehl. Im Jahre 1710 betrug dann allerdings der Weinzehent des Pfarrers wieder 100 Eimer (ca. 5400 Liter), den Eimer zu 1 fl 15 kr im Preis.

Hier hat sich also der Weinbau nach dem Dreißigjährigen Krieg wieder erholt. Bei den Erträgnissen der Herrschaft Stauf standen die Einkünfte aus dem Weinbau wieder im Vordergrund. Für das Jahr 1665 ist überliefert, dass der Weinbau 981 Gulden einbrachte, das Kastenamt (Getreideabgaben) 418 Gulden; das Forstamt brachte 163 Gulden, die Mauteinnahmen betrugen 156 Gulden.

1715 ging die Herrschaft Stauf wieder in die Hände des Hochstifts Regensburg zurück, um 1803 dem Fürstentum Regensburg unter Carl Theodor von Dalberg zugeschlagen zu werden. 1812 wurde Fürst Karl Alexander von Thurn und Taxis vom bayerischen König Max I. Josef für den Verlust der Reichspostrechte in Bayern mit der Herrschaft Donaustauf entschädigt.

Ansicht der Walhalla um 1850 vom Burgberg aus, mit dem Schloß Donaustauf und der Rebfläche am Kreuzberg, von einem unbekannten Künstler. Sammlung F. Kastenmeier, Donaustauf

Das Haus Thurn und Taxis errichtete in den Folgejahren dort eine stattliche Sommerresidenz. Das Schloss Donaustauf sollte bei der Eröffnung der Walhalla 1842 auch die königlichen Gäste beherbergen. Im Zuge der Gartenanlagen am Hang des Kreuzberges wurde ein Weinberg mit ca. 1000 qm angelegt sowie ein Biethaus errichtet. Aus einer Schlossansicht ist zu ersehen, dass der Weinberg im Osten von einer hohen Mauer begrenzt ist, wahrscheinlich als Schutz vor den kalten „böhmischen" Winden.
Ein Großbrand 1880 zerstörte den Markt Donaustauf und das Schloss fast völlig. Das Schloss wurde nicht mehr aufgebaut. Im Verzeichnis der zerstörten Häuser findet sich unter 195 Anwesen und Familien 15 mal die Berufsbezeichnung Weinzierl. Der Weinberg am Kreuzberg scheint sich länger gehalten zu haben, denn in einem Ortsführer des Fremdenverkehrsvereins Donaustauf von 1912/13 wird noch auf die „reich mit Weinstöcken bepflanzte Berglehne gegenüber der Salvatorkirche" hingewiesen.

Die Walhalla und der Wein
Der Ruhmestempel aller Deutschen, den König Ludwig I. auf dem Bräuberg bei Donaustauf errichten ließ, trägt bekanntlich den Namen des germanischen Heldenhimmels Walhalla. Dem Bauherrn und seinem Architekten Leo von Klenze gefiel das Dreierensemble „Denkmal, Donautal und mittelalterliche Burg (Donaustauf)". Die Großen Deutschen sollten in einem griechischen Tempel, „dem Höchsten, was die Architektur jemals schuf", vereinigt sein. Die „deutsche Akropolis" erforderte eine mediterrane Landschaft, eine weitgehend kahle Anhöhe, am Rande in einen lockeren Eichenhain übergehend, wobei der Weinbau in gehörigem Abstand als Landschaftselement nicht störend wäre.

Ganz so ideal waren allerdings die Verhältnisse zur Planungszeit nicht. Am Bräuberg war im ersten Viertel des 19. Jahrhunderts noch über die Hälfte des Südhanges mit Reben bestockt. Die 21 Weingärten reichten von der Straße am Fuß des Bräuberges bis fast auf die Höhe hinauf. Der Weinbau musste also weichen. Die Weingärten waren nicht terrassiert, sodass sich nach Beendigung der Bewirtschaftung der ursprüngliche Hang wieder präsentierte. Zur Zeit des Grundstückserwerbs 1829 waren es noch 16 Weingärten mit einer Fläche von 6,5 Hektar, die ein Drittel des Südhanges bedeckten. Im mittleren Teil des Hanges waren die Weingärten bereits aufgelassen, als „öde Weinberge" bezeichnet und teilweise als Ackerland genutzt. Der Weinbau war im Rückzug begriffen, sodass sich die Besitzer gerne von ihren Grundstücken trennten. Für die Weinberge wurden durchschnittlich 500 Gulden je Tagwerk bezahlt.

St. Urban in Demling
Das Gemälde des linken Seitenaltars in der Demlinger Kirche zeigt den hl. Urban in päpstlichem Ornat, mit Bart und großem rotem Mantel, in der Rechten eine Weintraube. Links unten andeutungsweise ein Weinberg mit Biethaus, davor die Donau (Größe: 110 x 82 cm).

Am Hangfuß befanden sich insgesamt 8 Biethäuser, wobei im Zuge des Walhallabaues 7 abgerissen wurden. Lediglich das am Osthang des Bräuberges gelegene Biethaus, der „Poppenstadl", und die dazugehörigen Weingärten ließ man bestehen. Biethaus und Weingärten gehörten aber zum Walhallagelände, das insgesamt 32 Hektar umfasst. Im Haushaltsplan der Walhalla für das Jahr 1860 sind 80 Gulden für den Unterhalt der Weinberge ausgewiesen. Weinberge zu Repräsentationszwecken sind eben ein Kostenfaktor, normale Weinberge werfen etwas ab. Das Biethaus „Poppenstadl" wurde 1972 renoviert und mit einem neuen Schindeldach versehen, die Inneneinrichtung ging jedoch verloren.

Trotz eindrucksvoller Schönheit würdigte das Volk die Walhalla nicht im erwarteten Maße. Sie war einfach zu abgelegen, weshalb später die Walhallabahn gebaut wurde. Das „Walhallabockerl" erschloss den Liebhabern des Baierweins gleichzeitig das nahe gelegene Weinbaugebiet. Aus Winzersicht war ja bereits die Grundsteinlegung im Jahre 1830 unbefriedigend, wurde doch dabei übersehen, auch ein paar Flaschen Baierwein mit einzumauern.

VON SULZBACH BIS PILLNACH

Die Entwicklung des Weinbaues in Sulzbach ist wegen der gleichartigen Besitzverhältnisse in engem Zusammenhang mit der in Donaustauf zu sehen. Bevorzugte Weinlage war der Scheuchenberg, östlich des Ortes gelegen. Der Name Scheuchenberg dürfte von seinem ehemaligen Besitzer Scheyher herrühren, der dort um 1475 als Forstbesitzer genannt ist. Weinbau wird hier erstmals 1280 genannt, als Bischof Heinrich II. (1277 – 1296) den Verkauf eines Weinberges bei Sulzbach seines Ministerialen und Vetters Chonrad von Hohenfels an das Kloster Pielenhofen genehmigt.

Das Salbuch der Herrschaft Stauf von 1385 erwähnt einen Amtshof zu Sulzbach. Der hier ansässige Förster hatte die Auflage, das Windhaus bei des Pilgreims Weingarten am *Scheuchenberg* instand zu halten und Stecken zu drei Weingärten zu liefern. Dafür bekam er drei Eimer Wein.

Wie in Donaustauf, erfuhr auch hier der Weinanbau nach dem Dreißigjährigen Krieg eine Neubelebung. So sind aus der Zeit um 1719 mehrere Urkunden zum Weinbau und zur Weinlese überliefert. Auch 1721 und 1752 werden Weinberge in Sulzbach genannt. 1765 bauen das Hochstift und das St. Katharinenspital Regensburg ein gemeinsames Biethaus unterhalb Sulzbach. 1780 sind Reparaturen an diesem Biethaus fällig. 1857 wird hier eine alte eichene Weinpresse im Lehrschen Biethaus am *Scheuchenberg* verkauft. Im Jahre 1869 meldet Sulzbach noch 4 Hektar Rebfläche.

Auch in Demling, wo insbesondere das Hochstift Regensburg Weinberge besaß, hielt sich der Weinbau bis ins 19. Jahrhundert. 1841 ist noch von mehreren Windhäusern in Demling die Rede. Bei einem großen Hochwasser im Januar dieses Jahres wurden die Bewohner der unter Wasser stehenden Häuser in den Biethäusern am Fuße der Weinberge untergebracht. Um 1895 waren noch 10 Hektar Rebflächen vorhanden. Aus Demling ist bekannt, dass bis ca. 1970 das Fest des Winzerheiligen St. Urban am 25. Mai sehr feierlich begangen wurde, obwohl der Weinbau dort bereits erloschen war. Der frühere Weinbau hat also das Dorfleben sehr nachhaltig geprägt.

Bach und Kruckenberg

Die Orte Bach und Kruckenberg sind die beiden einzigen Weinbauorte in Altbayern, die seit der Zeit des frühen Herzogtums Baiern bis heute auf eine ungebrochene Weinbautradition zurückblicken können. Es wurde schon dargelegt, dass Bach im Zusammenhang mit dem Weinbau bereits im 8. Jahrhundert erwähnt wird. Für die Folgezeit ist allerdings die Quellenlage mager. Erst 1263 werden wieder Weinberge in „Bachen" genannt. Wie in den umliegenden Orten hatte der Weinbau auch hier im Mittelalter seine Blütezeit. Dabei stand Bach allerdings lange Zeit im Schatten von Donaustauf, dem Sitz der Herrschaft, zu der Bach gehörte.

Im schon erwähnten Salbuch von Donaustauf und Bach von 1385 sind für Bach insgesamt 27 Weingärten, 11 Neugereute sowie 5 Biethäuser aufgeführt. Die bekanntesten Weinbaulagen sind *am Moß, oberm Dorf, im Weintal, am Küttenrein* und *der Sauberg,* der heute noch Reben trägt. Am Sauberg besaßen auch die Lerchenfelder – Vorfahren des gräflichen Hauses in Köfering – circa 250 Jahre ein Weinbergslehen. Mit der Herrschaft Stauf im Besitz der Stadt Regensburg, wird für Bach im Jahre 1397 ein Weinertrag von 23 Fuder, 17 ½ Eimer und 3 Näpf gemeldet. Das sind immerhin ca. 48000 Liter Wein. Unterstellt man einen Ertrag von 8 hl pro Hektar, ergibt sich eine Anbaufläche von ca. 60 Hektar. Bach war innerhalb der Herrschaft Stauf ab 1486 Sitz eines Weinmeisteramtes.

Wappen der Gemeinde Bach, verliehen 1983. Die Weintraube im Wappen erinnert an die große Weinbautradition des Ortes.

Im Urkataster von Bach, um 1840 erstellt, werden noch 25 Weinbergslagen genannt. Bei 78 Hausnummern sind 41 Winzerfamilien ansässig, mit Rebflächen von 0,57 bis 1,55 Tagwerk, das sind im Durchschnitt 0,74 Tagwerk = 2500 m(. Aufgeführt sind 5 Biethäuser, zwei davon im *Aukoferer Weinberg* und je eines *im Weinthal,* im *oberen Weinberg* und *neben der Straß.* Meist gehören die Biethäuser zwei oder drei Winzern gemeinsam. Um 1900 gab es in Bach noch eine Rebfläche von 9,2 Hektar.

Die kritische Zeit 1956/57

In den Jahren 1956 und 1957 zerstörten starke Fröste alle bis dahin noch bewirtschafteten Rebflächen in Bach und Kruckenberg. Der kleine Rest des Baierweins war in seiner Existenz bedroht. Da war es vor allem der Winzer Heribert Reichinger, der den Winzerkollegen immer wieder Mut zum Weitermachen zusprach. „Der Wein kann nichts dafür, wenn das Wetter nicht paßt", pflegte er zu sagen. Schließlich wagten in Bach 5 Winzerfamilien mit ihren Rebflächen am *Sauberg* einen Neuanfang. Es waren dies die Familien Reichinger/Heitzer, Wilken, Eibl, Müller und Vornehm. In Kruckenberg überlebte nur der Bischofsweinberg, sowie die Weinberge der Winzer Brunner und Kulzer. Das waren die zähesten

Weingärten am „Sauberg", am östlichen Ortsrand von Bach a.d. Donau. Luft- und Satellitenbildatlas Regensburg und das östliche Bayern, München 1998

Baierwein-Winzer, die nicht locker ließen. Der *Sauberg* in Bach wurde dadurch zur legendären Weinbergslage. Bei den vielfach notwendigen Neupflanzungen nach den starken Frostschäden fand dann auch der Müller-Thurgau als frühreife Sorte verstärkt Eingang.

In den Weinstuben in Bach ist die Spezialität „Regensburger Landwein" aus eigenem Anbau im Ausschank, wie ihn der Jahrgang gibt, kernig, sauber, der Tradition verpflichtet. Das Stammpublikum kennt sich aus, Werbung ist überflüssig, denn viel zu früh ist der jeweilige Jahrgang ausgetrunken.

Vier Weinstuben hat die aktive Weinbaugemeinde aufzuweisen, alle mit einer langen Familien- und Weinbautradition. Die „Weinstube Heitzer" ist in der Oberen Bachgasse zu finden, „Eibl`s Weinstube", die „Straußenwirtschaft Otto Müller" und die Weinstube „Zum Bacherer" der Familie Stadler / Nägeli liegen an der Hauptstraße. Ihren „Bacherer" Wein der Sorten Müller-Thurgau, Elbling, Perle und Blauer Spätburgunder bauen sie in den Lagen *Sauberg* und *Scheibelberg*.

An den ehemals bedeutenden Weinbau in Frengkofen erinnern zwei Plastiken in der Dorfkirche: Als zentrale Altarfigur reicht die Gottesmutter Maria dem Jesuskind eine Traube. Ferner ist der Winzerheilige St. Urban mit einer Traube in der Hand gegenwärtig.

Zum Weinbau in Frengkofen ist eine kleine Sage überliefert. Kreisheimatpfleger Josef Fendl hat sie 1973 nach den Schilderungen des Frengkofener Schülers Franz Eckert an der Realschule Neutraubling aufgezeichnet:

Frengkofen und Karl der Große
„Zur Zeit Karls des Großen wohnten am nördlichen Donauufer, etwa vier Meilen östlich von Regensburg einige Bauern und ein Fährmann namens Freng. Der Fährmann (mittelhochdeutsch Ferge) bestellte einige Felder und besaß auch einen Weingarten, der noch von den Römern stammte. In jenen Tagen überfielen die kriegslustigen Awaren die Dörfer und Höfe im Donautal. Karl der Große aber stellte sich diesem räuberischen Volk am südlichen Donauufer östlich von Regensburg entgegen. Nach langem verlustrei-

Der Bischofsweinberg in Kruckenberg mit einer Hangneigung von über 50%. Bis 1970 in bischöflichem Besitz, gehört er heute zur Weinstube Reinhard Heitzer.

chem Kampf ging Karl der Große mit seinen Franken als Sieger aus der Schlacht hervor. Die Reste des Awarenheeres flüchteten sich auf das nördliche Donauufer. Bei ihrer Verfolgung wurde Karl die Fähre Frengs gemeldet. Der Kaiser beschloss, sich mit seinem Heer übersetzen zu lassen. Während die Knechte Frengs die Frankenkrieger über den Strom brachten, lud der Ferge den Kaiser zum Willkommensmahl ein. In der Meinung, es könne nichts Besonderes sein, was ein armer Fährmann seinem Herrscher anzubieten hätte, lehnte Karl dankend ab. Da drängte Freng seinen hohen Gast, wenigstens einen Becher Wein mit ihm zu trinken. Um das Gesetz der Gastfreundschaft nicht zu brechen, trank der Kaiser. Der Wein schmeckte ihm aber so gut, dass er verwundert fragte, von welchem Händler er ihn gekauft habe. Freng antwortete mit sichtlichem Stolz, dass er den Wein nicht erworben, sondern in seinem eigenen Weingarten angebaut habe. Der Kaiser belohnte Freng fürstlich und gebot ihm, jedes Jahr ein Fass Wein in seine Regensburger Residenz zu bringen. Die Ansiedlung aber benannte er nach dem Namen des Fährmanns – Frengkofen."

Auch in Kruckenberg bestimmte der Weinbau weitgehend die Entwicklung des Ortes. „Chruchunperck" taucht bereits um das Jahr 700 als Weinbauort auf. Im Güterverzeichnis des Klosters St. Peter in Salzburg ist aufgeführt, dass Herzog Theodo dem Kloster „im Donaugau an ebendiesem Strom im Ort, der Kruckenberg genannt wird, zwei Weingärten mit ihren Winzern" überlassen hat. Heutzutage tragen die Reste des Baierweins an der Donau unterhalb Regensburgs häufig die Kurzbezeichnung „Kruckenberger". Dominierend war in Kruckenberg der Weinbergbesitz des Hochstifts Regensburg. Daneben besaßen hier das Schottenkloster und das Regensburger Domkapitel, aber auch Regensburger und Chamer Bürger Weinberge.

In den 1920er Jahren gab es noch 6 Weinbauern im Ort, die Familien Obermeier (heute Riedl), Held (Dorfwirtshaus), Kulzer, Pex, Solleder und Brunner. Xaver Brunner hatte den größten Besitz neben dem Bischofsweinberg. Der Weinberg der Bischöflichen Administration Regensburg mit ca. 3000 Stöcken wurde bis 1952 von Straubing aus bewirtschaftet. Eine ununterbrochene Weinbautradition können in Kruckenberg der Bischofsweinberg, heute zur Weinstube Heitzer gehörig, und der Besitz der Familie Märkl (vormals Kulzer) aufweisen. Erwähnt werden muss hier, dass die Kruckenberger Winzer bei einer Hangneigung von über 50% unter erschwerten Bedingungen produzieren, was andererseits natürlich der Weinqualität zugute kommt.

Wie in Bach gibt es auch in Kruckenberg gemütliche Weinstuben, in denen Eigenbauweine ausgeschenkt werden. Die Familie Heitzer betreibt die Weinstube „Zum Vogelherd", die Familie Riedl die Weinstube „Zum Kruckenberger", beide an der Hauptstraße gelegen. Zum Ausschank kommen die Sorten Müller-Thurgau, Bacchus und Silvaner. Auch diese beiden Winzerfamilien führen mit ihren Weinbergen eine lange Tradition fort.

Wiesent war ebenfalls eine Weinbaugemeinde. Schon um das Jahr 745 besaß hier das Kloster Niederaltaich Weinberge. Eine weitere Urkunde erwähnt Weinbau bei Wiesent um 1100, wahrscheinlich am Hermannsberg gelegen. Auch über die Einkünfte des Wiesenter Pfarrers aus eigenem Weinanbau und dem Weinzehent gibt es Unterlagen. Danach erhielt der Pfarrer aus der Ernte 1581 an Zehentwein 30 Eimer, an selbstgebautem 90 Eimer. Das Protokoll von 1585 führt 50 Eimer Zehentwein und 100 Eimer selbstgebauten an. Das sind immerhin gut 8000 Liter. Für das Jahr 1612 ist überliefert, dass der Pfarrer von Wiesent, von 1554 bis 1620 übrigens lutherisch, u.a. Einkünfte aus Weinbergsbesitz in Frengkofen und Tiefenthal erzielte. Um 1838 gab es im Ortsbereich von Wiesent noch Weinbau am Südhang des Hermannsberges.

Wörth a.d. Donau

Neben Donaustauf war die Herrschaft Wörth ein weiterer Schwerpunkt des Weinbaues an der Donau unterhalb Regensburgs. Der Beginn des Weinbaues um Wörth dürfte wie in den Nachbargemeinden sehr früh anzusetzen sein. Einen ersten Beleg dafür gibt es allerdings erst aus dem Jahre 1245. Ulrich von Heilsberg, der Mundschenk des Herzogs Otto, hatte in diesem Jahr seinen Weinberg in Wörth den Brüdern des Klosters St. Emmeram zur Nutzung bis auf Widerruf überlassen. Ebenfalls im Jahre 1245 vermachte Ulrich II. von Wiesent dem Kloster St. Emmeram einen Weinberg *im Werd,* damit es seines Vaters Jahrtag in der Kirche begehe.

Wesentlicher Grundherr in Wörth war das Hochstift Regensburg. Zur Verwaltung des Weinbergsbesitzes bestand ein Weinmeisteramt, wobei überliefert ist, dass die Donaustaufer Weinmeister ihre Kontrollen weit strenger handhabten.

Weinbergsbesitz hatte hier auch das Kollegiatstift St. Johann in Regensburg. Das Stift hatte in Wörth selbst ein Haus, genannt „Sandihannser Zehentgaden", in welchem der Amtmann und Stiftskellerer während der Weinlese beherbergt wurden und das Stift seinen Wein einlagerte. Der Wörther Wein muss lange Zeit vorzüglich gewesen sein. Der Regensburger Bischof hatte ihn nach einem Bericht von 1679 stolz seinen Gästen vorgesetzt, darunter einem päpstlichen Legaten aus Rom. In Wörth wurden auch Kräuter- und Würzweine hergestellt. Für das Jahr 1421 wird berichtet, dass „unter Herzog Johannes Botmäßigkeit zu Werd, damalen im Hochstift Regensburg, eine beträchtliche herzogliche Allantweinsiederey war".

Auch im Leben der Stadt Wörth spielte der Wein eine große Rolle. Dies gilt für den kirchlichen wie weltlichen Bereich. So wurde in Wörth 1486 „in der dasigen Pfarrkirche" eine Weinbruderschaft St. Urbani begründet. Im Fundationsbrief sind die dazu-

gehörigen und „eingezünften" Weinzierln aufgeführt. Die Bruderschaft verfügte in der Nähe des Pfarrhofes auch über Grundbesitz, aus dessen Erträgnissen die Gemeinschaftsaktivitäten finanziert wurden. Die Pfarrkirche beherbergt eine Holzplastik des hl. Urban.

Von der Stadt wurden in zahlreichen Ratsverordnungen die Weinpreise und das Schankrecht geregelt.

Ansicht von Wörth mit Weinbergen am Schloßberg und an den Hängen Richtung Tiefenthal (rechts). Stich von Michael Wening, um 1700. Landesvermessungsamt München

In Wörth selbst stellte der *Schloßberg* bis in die Neuzeit eine besonders geschätzte Weinlage dar. Hier fanden im 19. Jahrhundert die Bemühungen zur Wiederbelebung des Baierweins statt. Auch eine Weinbauschule war hier einmal geplant.

Noch 1869 hatte Wörth 12 Hektar gut gepflegter Weingärten aufzuweisen, davon allein 2 Hektar *am Schloßberg*. Weitere Weinbergslagen waren *der Herrenberg, der Riegelberg* und die *Lerchenhaube.* Um 1900 waren hier noch 2 Hektar mit Reben bestockt. Wann diese letzten Rebflächen abgegangen sind, ist nicht überliefert.

Unterhalb Wörth ist für die Orte Tiefenthal, Hungersacker, Hofdorf, Zinzendorf und Pillnach Weinbau belegt. Die Besitzungen gehörten zum Domkapitel Regensburg, den Klöstern Karthaus-Prüll, Oberalteich, Frauenzell und Windberg sowie Bürgern aus Cham, Straubing und Deggendorf.

Schloß Wörth mit Weinberg am Schloßberg, ca. 1920

Die Weinstadt Regensburg

„... zur Kirchweih für einen vollen Keller sorgen ..."

Als Hauptstadt des jungen baierischen Herzogtums gelangte Regensburg rasch zu hoher Blüte. Im 12. Jahrhundert nannte sie ein Geschichtsschreiber „überaus volkreich, denn in Deutschland gibt es keine größere und weiter ausgedehnte Stadt, wie alle bezeugen, die sich auskennen". Regensburg war eine Weltstadt mit viel Politik, Wirtschaft, Klerus und Kunst. Die Bischöfe des Herzogtums sowie Klöster und weltliche Herrscher verfügten hier über Höfe als Standquartier. Die Klöster und Stifte der Stadt waren Zentren der Kunst und Gelehrsamkeit. Handel und Verkehr stärkten die wirtschaftliche Kraft der Stadt. Die Lage an der Donau begünstigte den Handel mit Wein, Salz, Tuchen und Gewürzen, vor allem nach Osten und Süden. Die Steinerne Brücke (erbaut 1135 – 1146) sowie die Wohntürme mächtiger Handelsgeschlechter sind noch heute Wahrzeichen der ehemaligen Handelsmetropole.

Das mittelalterliche Regensburg erfüllte aber auch alle Kriterien einer typischen Weinstadt. Im Gegensatz zu den reinen Weinhandelszentren wie Nürnberg, Ulm oder Köln lag Regensburg inmitten eines Weinbaugebietes. Mit hoher Wahrscheinlichkeit reicht der Weinbau hier bis in die Römerzeit zurück, wobei dessen Überlieferung ins frühe Mittelalter durch die Bewohner innerhalb der Mauern des Legionslagers „Castra Regina" bzw. der jungen Zivilsiedlung, also in der Stadt selbst erfolgte.

Die Weingärten von Oberndorf, Matting, Sinzing, Mariaort, Kneiting, Kager, Winzer, Pfaffenstein, Steinweg, Reinhausen und Weichs bis nach Tegernheim stellten im Donaubogen um die Stadt lange Zeit ein geschlossenes Weinbaugebiet dar. Die Stadt lag also eingebettet in einer vom Weinbau geprägten Kulturlandschaft. Die älteste Weinpresse Bayerns aus dem Jahre 1611 steht im Regensburger Reichstagsmuseum und erinnert an die Blütezeit des Baierweins. Breite Bevölkerungsschichten waren im Weingewerbe tätig, eingebunden in die bestehenden Handwerks-, Zunft- und Schankordnungen. Die Stadt selbst hatte ca. 100 Jahre die Herrschaft Donaustauf in Besitz, welche beträchtliche Weinerträgnisse lieferte. Auch die Klöster, Stifte und Spitäler der Stadt besaßen in den umliegenden Dörfern große Rebflächen und brachten deren Ertrag in die Stadt. Da man am Wein interessiert war, wurde auch lange an der aufwendigen Naturalwirtschaft festgehalten. Dass die freie Reichsstadt Regensburg territorial vom herzoglichen Umland getrennt war, behinderte die Weinwirtschaft nur wenig. Auch im langandauernden Streit um das Schankrecht zwischen den Klöstern und der Stadt wird der Stellenwert des Wirtschaftsfaktors Wein deutlich. Im späteren Mittelalter gehörte die Weinlese zu den Nationalfesten der Regensburger, neben den feierlichen Herbstschießen der Schützengesellschaften und den Vakatums, den Schüler-Tanzfesten der evangelischen Lese- und Schreibschulen zu Sommerende.

Zur Weinerzeugung in der näheren Umgebung kam als weiterer Wirtschaftszweig der überregionale Weinhandel hinzu. Donauabwärts- und -aufwärts landeten in Regensburg stattliche Mengen an Importweinen aus Württemberg, Österreich und Südtirol an. Dazu kam der Weinhandel mit besonders wertvollen Südweinen aus dem Mittelmeerraum, den die Regensburger Fernhändler in die Stadt brachten. Weinlände, Weinstadel, Weinmarkt und Weinhof waren die amtlichen Umschlag- und Lagerplätze der Stadt.

Aber auch in der Stadt selbst gab es Weingärten. Als Besitzungen des Schottenklosters St. Jakob sind in einem Güterverzeichnis von 1226 mehrere Weingärten in der Stadt erwähnt, westlich der heutigen Altstadt gelegen. Daneben führt ein Häuserverzeichnis, zur Vorbereitung des Reichstages 1471 erstellt, in der Ostnerwacht einen Häuserzug „hinder dem Weingarten" auf, offenbar die heutige Kapuzinergasse.

Der Wein im täglichen Leben der Stadt

Wein aus der nächsten Umgebung und Wein aus aller Herren Ländern – wobei die Welt damals noch etwas „kleiner" war – spielten im Leben der Bürger und Gäste stets eine große Rolle. Essen und Trinken gehört nun einmal zu den elementaren Bedürfnissen der Menschen und wenn es

Regensburg, Stadtbild von Norden, im Vordergrund Weinstöcke. Kupferstich von Jakob Hufnagel 1594. Historisches Museum Regensburg

der Gesellschaft gut geht, darf beides auch ein wenig besser ausfallen. Um den grauen Alltag leichter zu ertragen, wurden entsprechend viele Feste gefeiert. Dabei floss der Wein meist reichlich.

Im Jahre 1458 zeigte sich der Rat der Stadt, der „sich gewöhnlich nur in ernste Gravität eingehüllt zu zeigen gewohnt war", besonders gut gelaunt. Er lies „zur Kirchweih für einen vollen Keller sorgen, indem er um mehrere hundert Gulden Landweine, das Fuder um 7 bis 8 Pfund gekauft hat". Außerdem befahl er, die Trinkstuben besser einzurichten.

Wirte gab es in der Stadt in großer Zahl. Das Schankrecht bestimmte Rechte und Pflichten. Eine umfangreiche Weinordnung wurde vom Rat der Stadt 1320 erlassen. Sie regelte jeweils den Verkauf eigener und zugekaufter Weine. Nur Bürger mit Stadtrecht durften Wein ausschenken. Während den Wirten der Ausschank des Baierweins – oft auch als Landwein bezeichnet – ohne Mengenbeschränkung erlaubt war, konnten z.B. Osterweine oder Welschweine nur in begrenzten Mengen und zu bestimmten Zeiten, etwa nur bis Martini, den 11. November, ausgeschenkt werden. Als die Stadt 1385 selbst in den Besitz beträchtlicher Weingärten in Donaustauf kam, wurde vom Rat festgelegt, dass fremde Weine erst verkauft werden dürfen, wenn der Wein aus städtischem Besitz ausgeschenkt ist. Ferner war das Mischen der Weine oder der Verkauf von „behandelten" Weinen untersagt. Später wurde das freie Schankrecht an ein Guthaben von 120 Pfund gebunden. Außerdem musste der Wirt „ehelich geboren und zu einem ehelich unverleumthen Weib geheurathet seyn".

Die Preise für eingeführte Weine, Welschwein, Osterwein, Heilbronner, Elsässer und Franken waren exakt festgelegt. Auch auf eine ehrliche Bezeichnung der Weine wurde per Ratsbeschluß geachtet: „Ez sol auch ein ieglicher man, der diselben Hailprunner und Elsazzer schenchet, bei seinem aid un bei seinem trewen sagen, das ez rechtt Hailprunner und Elsazzer sein."

Die älteste Weinpresse Bayerns. Die eichene Jochkelter trägt die Jahreszahl 1611. Sie stammt aus einer Weinbaugemeinde am nördlichen Stadtrand von Regensburg. Reichstagsmuseum Regensburg

Ferner wurde verfügt, dass jeder Weinschenk „nur aus einem Zapfen schenke", um das Verschneiden guter und weniger guter Weine zu unterbinden. Auch durfte man „nicht ohne Zeichen schenken", d.h. die Schankzeiten mussten außen am Haus angezeigt sein, um die Kontrollen zu erleichtern. Der Ausschank konnte nur in angemeldeten, versteuerten Häusern erfolgen. Mit einem anderen Ratsbeschluss ist festgelegt worden, dass Weinholer und Weintrinker „vor den Zapfen gelassen werden", um überprüfen zu können, ob der Schankwirt den Wein nicht aus mehreren Fässern mischt. „Den Wachtmeistern war auf ihre Treu empfohlen, dass sie in ihren Wachten (Stadtvierteln) Aufmerken hatten, und wenn dagegen gehandelt wurde, sie es vor die Herren brachten." Die städtische Weinordnung wurde häufig ergänzt, der jeweiligen Situation angepasst und durch neue Tatbestände erweitert. 1386 z.B. wurde geregelt, dass der junge, neue Wein nicht vor Georgi (23. April) des nächstkommenden Jahres ausgeschenkt werden dürfe. Das Weinschankverbot der Pfaffen, Klöster und fremden Weinhändler wurde erneuert und Weinverfälschungen verboten.

Als 1388 eine Teuerung drohte, sah sich der Rat der Stadt veranlasst, die Weinpreise erneut festzusetzen. Es wurde verfügt, dass ein Kopf (0,83 Liter) „walischweins" um 4 Pfennige und nicht höher, ein Kopf „elsasser" um 2½ Pfennig und nicht höher, „frankchen, nekkerwein, osterwein und ungerischwein" ein Kopf um 1,5 Pfennig, 1 Kopf „pairischwein" um 0,5 Pfennig abzugeben sind. Fremdweine kosteten also ein Mehrfaches des Baierweins. In dieser Ratsverordnung sind 10 verschiedene Herkunftssorten genannt. Auch in der Folgezeit wurden für den Weinverkauf in der Stadt Höchstpreise festgesetzt. Genau geregelt waren die Öffnungszeiten der Weinschänken. Nach dem Ertönen der Wein- oder Bierglocke durfte niemand mehr in öffentlichen oder privaten Häusern „sitzen und spielen, noch soll man nach dieser Zeit Wein geben".

Um in ausschweifenden Zeiten den Weingenuss einzuschränken, war vielfach das Zutrinken verboten, welches mit Fluchen und Gotteslästerung gleichgesetzt war. 1629 stellte der Rat fest, „dass das Laster der Trunkenheit noch immer im Schwunge ging". Er erließ deshalb folgenden Beschluss: „Weilen Michael Sieber und noch mehr dergl. lüderliche Bürger sich finden, welche continuirlich dem Trinken nachgehen

und Weib und Kind Hunger und Kummer leiden lassen, in allen Wirths-, Bier- und Branntweinhäusern Tafeln zu geben und solche Trunkenbolde darauf zeichnen zu lassen, auch ihnen bey Strafe nichts auf Borg abfolgen oder zechen zu lassen und mit dem Sieber den Anfang zu machen." Unmäßiger Weingenuss beschränkte sich aber nicht nur auf die Herren der Schöpfung, auch Frauen wurden davon erfasst. Für Regensburg ist jedenfalls bekannt, dass der Bußprediger Berthold von Regensburg († 1272) die Frauen ermahnen musste:
„Das war ehedem eine große Zucht der Frauen, dass sie mäßig im Essen und Trinken waren. Das Trinken ist nun gar Gewohnheit geworden. Bis der Mann das Schwert vertrinkt, hat sie den Schnürring und das Hauptttuch vertrunken."

Wenn kaiserlicher Besuch angesagt war, hat der Rat der Stadt mehrmals verfügt, „dass kein Bürger zu Wein oder Bier gehen soll, dieweil der Kaiser hie ist". Die Stadt sollte also nicht durch Trunkenbolde in Verruf geraten.

Wegen schlechter Ernten waren manchmal Getreide und Wein knapp. So muss es auch 1466 gewesen sein: „Im Rat der Stadt waren die allenthalben ergangenen Verbote, Getreide und Wein auszuführen, ein vorzüglicher Gegenstand der Unterhandlung. Diese Verbote deuten auf großen Mangel, der insbesondere am Wein sich ergeben und große Noth verbreitet hatte. In jener Zeit war noch der Landwein das gewöhnliche Getränk des Volks, und das Bier hatte in den Gegenden des Bayerlandes, in welchem der Weinbau unter der fleißigen Hand des Winzers gedeihete, noch keinen allgemeinen Eingang gefunden. Vielen Klöstern und Gutsbesitzern war der Ertrag der Weinberge der beträchtlichste Theil ihres Einkommens."

DER STREIT UM DAS SCHANKRECHT

Nachdem die Stadt Regensburg im Jahre 1245 durch Kaiser Friedrich II. die Reichsfreiheit erlangte, wurde das Bürgertum entsprechend selbstbewusst. Die exterritorialen Bereiche innerhalb der freien Reichsstadt, der Herzogshof, das Hochstift und die Klöster St. Emmeram, Ober- und Niedermünster, waren dem Rat ein Dorn im Auge. Streitigkeiten und Reibereien waren über Jahrhunderte an der Tagesordnung. Zu den kaiserlichen Privilegien der Reichsstadt gehörte es, durch Ratsbeschluss das Schankrecht den Bürgern der Stadt vorzubehalten. Danach hatten das Hochstift und die Klöster in der Stadt kein Schankrecht. Sie durften die Erträgnisse aus ihren Weinbergen, die sie selbst nicht benötigten, in der Stadt nur im Großen, also fassweise an Wirte verkaufen. Der lukrative Ausschank in eigenen Weinschänken oder über die Straße war ihnen untersagt. Einen ersten größeren Streit gab es darüber im Jahre 1384 mit dem Abt des Klosters St. Emmeram, wobei das Kloster schließlich einlenkte. Als 1438 der Dompropst Friedrich von Parsberg zum Bischof von Regensburg gewählt wurde, legte dieser den Grundstock zu einer langanhaltenden Fehde mit der Stadt. „Mancher schwache Vorsteher des gemeinen Wesens" hatte es nicht so genau genommen, wenn die Geistlichkeit zuweilen kleinere Mengen vom Ertrag ihrer Weinberge ausschenkte in der Erwartung, „durch persönliche, den Geistlichen erwiesene Begünstigungen des Himmels Segen in reichlicherm Maße zu erwerben". Der neue Bischof forderte nun dieses Gewohnheitsrecht als festes Recht ein. 1467 wurde das Weinschankverbot der Geistlichkeit vom großen und kleinen Rat gemeinschaftlich bekräftigt.

Der Bischof gab jedoch nicht nach. Im immerwährenden Streit der Stadt Regensburg mit den bayerischen Herzögen und der Geistlichkeit war der Kaiser der Stadt meist wohlgesonnen. Als 1470 der eher schwache Kaiser Friedrich III. gekrönt worden war, unternahm der Bischof mit einer Beschwerdeführung in Rom einen neuen Vorstoß zur Erlangung des Schankrechtes. Aber auch der Papst konnte nicht helfen. Zwei Jahre später folgte der nächste Vorstoß. Die Stadt hatte sich beim Bischof wegen des Nichteinhaltens des Schankverbotes beschwert und den Bischof vorgeladen. Dieser erschien gleich zusammen mit den Äbten und Äbtissinnen, den geistlichen Dechanten und Pfarrern und ließ durch einen Vikar seine Forderungen vortragen. Sie bekannten zwar, dass durch ihr Ausschenken der Ertrag der Wirte geschmälert wird, ihre „wohlfeilen" Preise kämen jedoch wieder den Bürgern zugute. Sie schlugen vor, den Streit gütlich vor dem Herzog von Bayern auszutragen. Darauf ließ sich der Rat der Stadt jedoch nicht ein, denn das Vertrauen in den Herzog war wegen anderer Streitigkeiten nicht allzu groß. Der Rat berief sich auf seine kaiserlichen Freiheitsbriefe und betonte, dass er der Geistlichkeit den „Weinverkauf unter den Reifen", also im Fass nie behindert und dem Bierkeller des Bischofs schon immer große Nachsicht bewiesen habe. Gleichzeitig wurden 18 Fußknechte eingesetzt, „die mit den Wachbütteln und Stadtknechten auf das Weinholen aus den Klöstern Acht haben und bei Übertretern der Verordnungen die Krüge nehmen mussten".

Mit dem Weinschankverbot war auch das Verbot verbunden, fremde Weine oder Biere ungeldfrei einzuführen. Der Rat befürchtete, dass die Geistlichkeit die fremden Weine unter ihre Land- und Gültweine mischen würden. Dagegen äußerten die Geistlichen, „sie wollen die fremden Weine bloß zu ihrem Gebrauche einlegen, weil der bayerische Landwein vielen von ihnen nicht bequemlich und so beschaffen wäre, dass er nur denen, die damit auferzogen sind, am meisten ziement (zuträglich) sei".

Auch 1474 geht der Streit weiter. Nun behaupteten die Geistlichen, die Weine der Bürger seien verfälscht und gesundheitsschädlich. 1475 wurde der Papst erneut in der leidigen Angelegenheit bemüht. 1483 wurde ein Vertreter der Stadt in Rom vorstellig, versehen mit „Förderungsbriefen" des Kaisers sowie 60 Ungarischen Dukaten und 20 Flaschen Rheinwein als Geschenk für die Vatikanbeamten. Ein päpstlicher Legat sollte schließlich als Schlichter nach Regensburg kommen. Dieser brachte tatsächlich einen Vergleich der beiden hadernden Parteien zustande. Danach sollte der Ausschank der kirchlichen Einrichtungen nur für Geistliche und zeitlich begrenzt gestattet sein. Die Einfuhr fremder Weine wurde nur zum eigenen Verbrauch erlaubt und war ungeldpflichtig. Dem Bischof und seinem Kapitel wurde weiterhin kein Schankrecht zugestanden.

Der gefundene Kompromiss hielt immerhin gut 20 Jahre. 1506 sah sich der Rat veranlasst, wiederum das vertragswidrige Weinschenken der Klöster anzumahnen. Außerdem bezahlten die Geistlichen nicht das fällige Ungeld für die eingeführten Weinmengen. Der Streit loderte also neu auf. Ohne Erfolg wurden wiederum Kaiser und Papst bemüht. Der Rat konnte nur das Verbot für die Bürger verschärfen, bei den Geistlichen Wein zu holen und Zuwiderhandlungen hart bestrafen. Schließlich einigte man sich wieder auf den Vertrag von 1484. Über 120 Jahre war also hartnäckig gestritten worden. Einen ähnlichen Streit um das Schankrecht der Klöster gab es auch in den Reichsstädten Augsburg, Heilbronn und Speyer.

Geschnitzter Fassboden mit Kaiser Joseph II. (1765 – 1790). Das Fass stammt aus dem Gasthaus „Weißes Lamm" in Regensburg. Auf der Durchreise wohnte Joseph II. hier unter dem Decknamen eines Grafen von Falkenstein. Nachdem auch Kaiser Franz II. (1792 – 1806) einmal hier wohnte, trug das Gasthaus zeitweise den Namen „Zum Kaiser von Österreich". Bayer. Nationalmuseum (Standort: Reichstagsmuseum Regensburg).

DIE VERBRAUCHSSTEUERN

Regensburg war im hohen Mittelalter durch Handel und Handwerksfleiß vermögend geworden. Die Abgaben und Zölle waren ergiebig. Und trotzdem, auch bei guten Einkünften laufen die Ausgaben doch immer wieder davon. So ging es dem Stadtkämmerer damals, so geht es ihm heute. Im Jahre 1310 beschloss der Rat mit besonderer Genehmigung des Königs Heinrich VII. zur besseren Unterhaltung der Brücken, Wege und Befestigungen der Stadt ein ewiges Ungeld auf Wein, Met, Tuch- und Wollwaren zu erheben. Für die Stadt war damit die Verbrauchssteuer erstmals eingeführt. 1351 wurde das Schankungeld auf alle Getränke ausgedehnt. Bei den einzelnen Weinen wurde sehr wohl nach ihrer Herkunft unterschieden und der einheimische Wein entsprechend begünstigt. So betrug das Ungeld für Welschwein, Neckarwein und Elsässer sechs Pfennige je Eimer, für Franken- und Osterwein drei Pfennige, beim Baierwein jedoch nur einen Pfennig pro Eimer. Das Ungeld für Bier, unabhängig ob in Schank- oder Privathäusern ausgeschenkt, betrug ebenfalls einen Pfennig je Eimer.

Das Ungeld wurde in späteren Jahren sehr häufig dem Finanzbedarf der Stadt angepasst. Um 1370 wurden die Ungeldsätze nahezu verdoppelt. Ebenso wurde kurzfristiger Geldbedarf, etwa Ersatzleistungen für des Kaisers bevorstehende Feldzüge, mit einem Sonderungeld gedeckt. Nur selten wurde das Ungeld wieder gesenkt. Wenn auch hier von der Stadt Regensburg die Rede ist, so erging es doch den Bewohnern des Umlandes nicht besser. 1396 erließen die Bayernherzöge Stephan und Ludwig ein Ungeld auf Wein und Met. Auch der Landtag für die Obere Pfalz von 1526 beschloss unter Pfalzgraf Friedrich ein Ungeld auf alle Getränke. Der Satz betrug von jedem Eimer Wein 60 Pfennig, mit Ausnahme des baierischen, wovon nur 30 Pfennig bezahlt werden sollten. Die Staatsschulden sowie die laufenden Ausgaben waren übergroß, und da die Türken gerade das Land bedrohten, bezeichnete man die neue Steuer als „Türkenhilfe", damit sie das Volk leichter akzeptierte. Heute werden schwierige Dinge meist in einem „Paket" untergebracht.

Das Ungeld war eine Verbrauchssteuer ähnlich unserer heutigen Umsatzsteuer, jedoch keine reine Weinsteuer. Als später das Bier zum Volksgetränk wurde, war jedoch eine eigene Biersteuer schnell erfunden. Andererseits unterlag auch Branntwein seit dem Mittelalter einer Sondersteuer. So blieb es bis heute. Das Bier und der Branntwein sowie der Sekt sind mit einer eigenen Abgabe belegt, der Wein dagegen kennt keine spezielle Steuer. Auch wenn innerhalb der Europäischen Union derzeit darüber nachgedacht wird, bleibt dem Weinfreund die Hoffnung, dass sich die Weinländer durchsetzen mögen, um dies zu verhindern.

WEINBERUFE

Das Mittelalter ist für seine strengen Handwerks- und Zunftordnungen bekannt. Die Regeln für Wirte, die Weinordnungen und Vorschriften zum Schankrecht sind bereits erläutert. Zur Weinbranche in der Stadt gehörten auch die Küfer, Lägler, Schäffler oder Fassbinder. Schon im frühen Mittelalter waren die Schäffler des Klosters Niederaltaich für ihre Fässer berühmt. Aber auch die Regensburger Fassbinder müssen einen guten Namen gehabt haben. 1495 bestellte nämlich ein Weinbergsbesitzer aus Nußdorf bei Wien bei einem Regensburger Bindermeister 5 Fuder-, 20 Dreiling- und 15 Halbfuderfässer.

Einen speziellen Weinberuf stellten die Weinstichler oder Visierer dar. Ihre Aufgabe war es, auf dem Weinmarkt, an der Weinlände oder im Weinstadel alle Weinverkäufe zu registrieren. Mit einem Stock, dem Visierstab mit Köpfelskala, mussten sie den Inhalt der Weinfässer ermitteln. Das festgestellte Volumen war dann Grundlage der zu erhebenden Abgaben oder Zölle. Auf dem Weinmarkt hatten sie die zum Kauf angebotenen Fässer anzustechen und zu prüfen. Damit war dann der Weinmarkt eröffnet. Die Weinstichler oder Visierer waren städtische Beamte oder vereidigte Personen. Sie standen in der Hierarchie der Weinberufe ganz oben. Für ihre Tätigkeit war als Gebühr das Visiergeld zu entrichten. Um Unregelmäßigkeiten vorzubeugen, war es ihnen verboten, sich bewirten zu lassen oder sonst etwas anzunehmen. Das Eichen der Fässer oblag der Ahm oder Ohm, einer öffentlichen Einrichtung der Stadt unweit des Weinstadels. Ihr stand der Ahmer oder Ahmmeister vor. Aufgabe des Ahmführers war der An- und Abtransport der zu eichenden Fässer. Obwohl das Eichen mehr Genauigkeit gewährte als das Visieren, kam es ab 1650 fast gänzlich außer Gewohnheit.

Für die Weintransporte innerhalb der Stadt waren speziell die Weinschröter zuständig. In Ingolstadt hießen sie Weinheber. Ihnen oblag das Ausladen der Weinfässer aus Flößen, Schiffen, Kähnen oder Plätten, der Transport und die Einlagerung im

Kapitell mit Hasenkopf (Symbol der Furchtsamkeit), Trauben und stilisierten Blättern, um 1190/1200, an der ehemaligen Kreuzkapelle in Regensburg, Obere Bachgasse 15

Weinstadel sowie das Verbringen in den jeweiligen Keller, Fletz (Hausgang) oder in ein Gewölb, wo meist auch der Ausschank erfolgte. Sie bedienten sich dabei der sogenannten Schrotleiter. Diese bestand aus zwei miteinander verbundenen Holzstangen, die als schiefe Ebene angewandt das Rollen der Fässer vom Schiff auf die Weinlände, von dort auf den Wagen und wiederum in die Keller erleichterte. Für das Umfüllen des Weins in kleinere Fässer waren teils eigene „Abzieher" tätig. Der älteste Lohntarif der Stadtschröter vom Anfang des 14. Jahrhunderts regelt exakt ihren Lohn je nach Fassgröße, Transportstrecke und Herkunft (Wert) des Weines. Die Benützung des Kranes am Donauufer musste extra vergütet werden.

Derartige Arbeiten durften nach der Handwerksordnung nur von den Schrötern ausgeführt werden. Die Nonnen des Klosters Heilig Kreuz in Regensburg hatten diese Bestimmung im Jahre 1495 missachtet und ihren Hausmeister einen Wagen mit Wein beladen lassen. Dies geschah außerdem noch am St. Michaelstag, einem gebotenen Feiertag. Sie wurden daraufhin vom Rat mit einer Strafe von einem Kreuzer pro Fass belegt.

Weinlader und Weinrufer verkündeten durch Ausrufen in den Gassen, welche Schankstuben jeweils geöffnet hatten. Bot einer dieser speziellen Weinberufe kein ausreichendes Einkommen, wurden von einer Person mehrere Funktionen übernommen. Häufig betätigten sich die Weinschröter in Kenntnis von Zeit und Ort der transportierten Weine als Weinvermittler oder Kommissionäre. Von den Weinhändlern, der gehobenen Klasse der Weinberufe, wird noch gesondert zu sprechen sein.

Neben den Handwerkern, den Steuereinnehmern und den Wachmannschaften waren aber auch außerhalb der Stadt Schutzleute und Militärspersonen im Interesse einer geordneten Weinwirtschaft nötig. Manche kriegerische Auseinandersetzung beeinträchtigte die Bewirtschaftung der auswärts gelegenen Weinberge. „1319 überzog Friedrich von Oestreich mit dem Erzbischof von Salzburg das Land, legte die alte Stadt in Straubing in Asche, überfiel die Regensburger in der Weinlese und führte ihren Wein über die Donau. In Folge der Zeit schickte der Rat jedes mal in der Zeit des Weinlesens einen Haufen von seinen eigenen Söldnern (Stadtsoldaten) in die Weinberge, welches noch im eingehenden sechzehnten Jahrhundert im Gebrauch war."

Als die bayerischen Herzöge Albrecht und Ludwig im Städtekrieg 1388 die Stadt Regensburg belagerten, richteten sie dabei in Donaustauf große Verwüstungen an. Gleichzeitig drohte der Stadt von Westen her Gefahr. „An nämlichen Tag war auch Herzog Clemm (Ruprecht) von (Burg-)Lengenfeld hereingefallen, und hatte sich zu Winzer auf dem Berg, wo der Brunnen aus demselben rinnet, gelagert, aber in gleicher Weise die vierzehn Tage lang, als er daselbst gelegen, nichts ausführen können, als dass er die Weinberge verwüstet und die Windhäuser in selbigen in Asche gelegt." 1389 kam es dann zu einem Waffenstillstand zwischen den bayerischen Herzögen und der Stadt, wonach ab sofort „kein Brand, noch Sturm und Weingartreuten nicht geschehen soll".

Aber auch in Friedenszeiten war es notwendig, den Weinzierln bei der Weinlese in der Umgebung der Stadt Sicherheitsbegleitung zu gewähren, um Überfällen von Räuberbanden oder von mit der Stadt verfeindeten Landadeligen vorzubeugen.

Die Geschichte vergisst aber auch Kleinigkeiten nicht. So ist überliefert, dass 1579 ein Weinzierl aus Pfaffenstein einem anderen Weinzierl auf der Steinernen Brücke eine Ohrfeige gegeben hat und daraufhin „gefänglich eingezogen" wurde. Er wurde jedoch wieder freigelassen, weil mehrere Regensburger für ihn bürgten und er glaubhaft machen konnte, dem anderen Weinzierl „bloß mit der Hand über das Gesicht gefahren zu sein".

REGENSBURGER WEINHANDEL

Seit ihrem Bestehen war Regensburg eine Handelsstadt. Die Lage an der Donau schuf dazu günstige Voraussetzungen. Gourmets und Weinliebhaber mit feiner Nase und Zunge hatten schon bald herausgefunden, dass das Schütteln und Stoßen der Weine beim Transport mit Pferdewagen und Ochsenkarren auf meist holprigen Straßen der Weinqualität nicht besonders zuträglich ist. Deshalb wurden die Flüsse im Mittelalter zu den bevorzugten Weinhandelsstraßen. Ein Weinberg ohne Fluss konnte immer nur den lokalen Markt beliefern. Dem Weinhandel kam dabei natürlich zugute, dass sich der Weinbau in Mitteleuropa meist in den wärmeren Flusstälern angesiedelt hatte. Aber auch der Zugkraftbedarf war auf dem Wasserweg deutlich geringer. Die Lage Regensburgs an der Donau bot sich also für den Weinhandel in besonderer Weise an, konnten doch Weine aus bekannten Anbaugebieten flussaufwärts und abwärts gehandelt werden. Der Bau der Steinernen Brücke ermöglichte dazu den Ausbau der Nord-Süd-Route. In größerem Ausmaß setzte der überregionale Weinhandel in Regensburg mit Beginn des 14. Jahrhunderts ein.

Es kommt einem schon widersinnig vor: Die Stadt Regensburg, das Zentrum des Baierweins, ist gleichzeitig ein bedeutender Handelsplatz für ausländische Weine. Es hat wohl schon damit zu tun, dass der Mensch nie ganz mit dem zufrieden ist, was er gewöhnlich um sich herum vorfindet. Er sucht das Bessere, Schönere, Größere, Exotische und Andersartige – wenn er es sich leisten kann. So galt für manchen Besserbemittelten der Spruch: Das Leben ist zu kurz, um schlechten Wein zu trinken!

Die Weintransporte waren nicht immer einfach. Manch kriegerische Auseinandersetzung und mancher Raubritter störte den friedlichen Handel. Häufig bemühte sich der Rat der Stadt beim Kaiser um freies Geleit für seine Kaufleute. Entsprechende Handelsspannen mussten mögliche Verluste abdecken. Störungsfreie Transporte brachten dann oft stattliche Gewinne. Gab es Schwierigkeiten, musste man kämpfen oder verhandeln. Die Wittelsbacher Herzöge gewährten den Regensburger Kaufleuten häufig ungestörte Passage durch ihr Territorium mit der Auflage, auch die Residenzstadt Landshut mit Welsch- und Südweinen zu versorgen.

1388 musste die Stadt Regensburg den Bischof bitten, die Behinderungen der donauaufwärts kommenden Weinschiffe in Donaustauf durch seinen Pfleger zu unterlassen. An der Donau waren vor allem die Grafen von Ortenburg als Raubritter gefürchtet. Auf dem Lech wurde der Weintransport im Jahre 1248 häufig vom Grafen von Lechsgmünd gestört. Trotzig zogen daraufhin die Regensburger in starker Mannschaft aus und zerstörten das Schloss des Grafen.

Eine schlimme Gefahr für die Fluss-Schifffahrt war die „Grundruhr". Nach dieser Bestimmung gehörte ein Donauschiff samt Ladung und Besatzung bei Grundberührung auf einer Sandbank oder bei Uferberührung dem Eigentümer des betreffenden Grundes. Darüber gab es viel Streit, denn so mancher Raubritter beauftragte seine Raubgesellen, dafür zu sorgen, dass Schiffe häufig „grundrührig" wurden. In dieser Beziehung waren vor allem die adeligen Herren der Burgen in Winzer bei Hengersberg und Hilgartsberg gefürchtet. 1316 schaffte Kaiser Ludwig diese Regelung ab und ermöglichte damit einen rechtmäßigen Handelsverkehr auf der Donau.

Um auch vom Durst der Schiffs- und Fuhrleute zu berichten: War die Tagesration an Wein zu knapp bemessen oder wurde ihnen nur einfacher Landwein zugeteilt, wussten sie sich auch bei versiegelten Fässern wohl zu helfen. Man musste nur einen Reifen etwas lockern und zur Seite schieben, ein kleines Loch in das Fass bohren und schon rann der edle Saft. Wasser wurde nachgefüllt, das Loch dann mit einem Holzstopfen oder mit Bienenwachs verschlossen, der Reifen wieder darüber gezogen und der Mundraub blieb unsichtbar und unbemerkt.

Der Handel mit Baierwein

Nachdem der Baierwein überregional keinen besonderen Namen hatte, wurden von ihm nur geringe Mengen ausgeführt. Im Gegensatz zum Oster-, Welsch-, Neckar-, Franken-, Rhein- oder Elsässer Wein tauchte er an den Weinhandelsplätzen außerhalb seines Erzeugungsgebietes kaum auf. Es war wohl die mangelnde Qualität, die ihn nicht zum Exportwein werden ließ. Landweinqualitäten lohnten nicht den Transport über weite Strecken. So blieb der Baierwein größtenteils im Lande und insofern der besonderen Vorliebe der bayerischen Herzöge in Landshut und München sowie einiger oberbayerischer Klöster vorbehalten. Zentraler Handelsplatz innerhalb des Baierweingebietes war damit die Stadt Regensburg, in deren Mauern gleichzeitig ein Großteil verbraucht wurde. Aber auch dabei waren Weinhändler beteiligt.

Die Regensburger Weinhändler

Neben dem einheimischen Baierwein setzten die Weinhändlern auch große Mengen ausländischen Weins um. Dieser wurde teils in der Stadt verkauft, teils weiter geliefert. Dabei waren die meisten Regensburger Kaufleute nicht auf den Weinhandel spezialisiert. Sie handelten mit Tuchen, Leinen, Eisen, Salz, Wachs, Wolle, Silber, Kupfer, Zinn, Getreide, Rosshaar, Hanf, Glas, Papier und Seife, wobei dann die Rückfracht von Österreich, Tirol und Italien häufig aus Wein und Öl bestand. Um 1400 wurde die Einfuhr von Osterwein durch den Wunsch der Regensburger Händler begünstigt, in Wien Tuche abzusetzen. Beim Handelshaus Runtinger findet sich öfter der Vermerk: „Daz gewant ist verstochen an 11 vaz Osterwein", wobei ein Stichgeschäft Ware gegen Ware bedeutet. Aber auch manche Seiden- und Gewürzfracht aus Venedig war mit südländischen Weinen kombiniert. Auch der Salzhandel mit Württemberg wurde häufig im Tauschgeschäft gegen Heilbronner Wein abgewickelt.

Um das Jahr 1400 gab es in der Stadt Regensburg ca. 35 Weinhändler bzw. Handelshäuser mit Weingeschäft, 13 davon waren Fernhändler, sogenannte „Venedigfahrer". Die Regensburger Kaufleute waren um diese Zeit in der deutschen Niederlassung in Venedig, dem „Fondaco dei Tedeschi" tonangebend. Darunter finden sich berühmte Namen wie Runtinger, Baumburger, Portner, Prunnhofer, Reich, die Trainer, Lech, Fochensteiner, Graner, Ingolstädter oder Grafenreuter, die 1388 die ganze städtische Weinernte aufkauften. Nachdem man als Ratsherr ein bestimmtes Mindestvermögen nachweisen musste, waren die reichen Handelshäuser im Rat der Stadt meist zahlreich vertreten. Zudem war man miteinander verwandt und verschwägert, was in dieser Stellung manchmal ganz nützlich zu sein scheint. Neben Haus- und Grundbesitz hatten viele Weinhändler selbst Weingärten und Schankhäuser, wo sie die eigenen und importierten Weine unter das Volk brachten. Der Detailverkauf erlaubte auch damals schon erträglichere Gewinne als der Großhandel. Andererseits bestand die Vorschrift, dass man nur eine ausländische Weinsorte zu ein und derselben Zeit ausschenken durfte. Um ihren Gästen Abwechslung zu bieten und auch weniger verwöhnten Ansprüchen genügen zu können, waren die Schankstubenbesitzer gezwungen, ebenso den gewöhnlichen Baier- oder Landwein zu führen. Am besten war es, dessen Bezug aus eigenem Weinbergsbesitz zu sichern. Die Verbindung von Handelswein und Eigengewächs war also häufig anzutreffen. Einige Beispiele dazu seien angeführt:

Die Runtinger und Graner

Um 1400 besaß das Handelshaus Runtinger 10 Weingärten in der Umgebung der Stadt, die von Weinzierln bewirtschaftet wurden. Um 1690 hatten die Runtinger Weingärten in Kapfelberg, Matting, Sinzing, Donaustauf und Demling. Überliefert ist auch, dass das Haus Runtinger in den Jahren 1399 und 1405 Steuerschulden mit Weinlieferungen an den Ratskeller beglich. Diese bestanden aus größeren Mengen Baierwein und etwas Elsässer. Getrunken wurde im Hause Runtinger jedoch vorwiegend Oberländer Wein. 1399 wurden zwei kleine Fässer Elsässer- und Neckarwein verungeltet, die „für den Chef" bestimmt waren, dem der Arzt diese Weine wegen ihrer „Naturbelassenheit" empfohlen hatte. Elsässer Wein war in Regensburg auch als Krankenwein bekannt.

In besonderem Maße hatte anscheinend Hans Graner Weinberge gesammelt. Jedenfalls konnte dieser Weinfernhändler 1390 seinen Erben neben anderem Grundbesitz nicht weniger als 19 Weingärten in den besten Lagen der Regensburger Gegend vererben.

Die Familien Lech und Auer

Als im Jahre 1413 der Regensburger Bürger Erhart Lech im Sterben lag, machte er sein Testament. Er verbriefte unter anderem seiner Hausfrau die Weingärten in Donaustauf und Demling, die von ihrem Vater stammten. Sein Sohn sollte den großen Weingarten zu Winzer und die niedere Setz am Wasser, den Weingarten bei der Kirche zu Winzer, die Weingärten zu Pfaffenstein, Sallern, Demling und Donaustauf erhalten. Peter, seinem Weinschenk, vermachte er zwei Pfund Pfennige und erließ ihm die in seinem Rechenbuch stehenden Schulden.

Der Patrizier Wernth der Auer von Regensburg kaufte 1335 von seinem Schwager, Heinrich dem Wildensteiner den Weinzehent von Mariaort, Kneiting, Kager und Winzer, der bischöfliches Lehen war. Im Vergleich zu sonstigem Grund- oder Hausbesitz hatten Weinberge in dieser Zeit einen sehr hohen Wert. Wie allgemein zu beobachten, hatte allerdings auch hier die dritte Generation häufig das Vermögen verloren, das zwei Generationen vorher erworben hatten.

Der Handel mit Fremdweinen

Am Oberlauf der Donau hatte sich Ulm schon früh zu einem bekannten Weinhandelsplatz entwickelt. Von dort kamen die Heilbronner, die Rheinweine, Elsässer und Burgunder Weine die Donau herunter. Bis 1570 wurden dazu Flöße verwendet, später meist Schiffe oder Zillen, z.B. die „Wienerzillen". Um das Jahr 1600 mussten auf dieser Strecke von Ulm nach Regensburg zwölf Zollstationen passiert werden, nämlich in Ulm, Günzburg, Lauingen, Dillingen, Höchstädt, Donauwörth, Marxheim, Ingolstadt, Neustadt, Kelheim, Bad Abbach und Regensburg. An allen Stationen war ein kleiner Zoll zu entrichten. Da dabei mehrere Herrschaftsgebiete durchfahren wurden, mussten Maße und Währungen jeweils entsprechend umgerechnet werden. Ein „nutzlich Weinbiechlin" ist aus dieser Zeit erhalten. Es erleichterte das Umrechnen von „Ulmer Aimer und Mas" auf „Regenspurger Aimer und Virtl" und auf „Österreicher Aimer und Achterln" sowie vom Ulmer Pfund und Schilling auf die „schwarz minz" nach Gulden, Schilling und Pfennig in Regensburg und auf Gulden und Kreuzer in Österreich. Der an jeder Zollstation zu entrichtende Betrag ist darin angegeben.

Kelheimer Mautamtsrechnungen belegen im Jahr 1594 die Verzollung von insgesamt 13195 Eimer (etwa 700000 Liter) oberländischem Wein. Flussaufwärts gingen in diesem Jahr nur 3 Eimer baierischen Weins.

Der Zoll an Wasserstraßen war keine willkürliche Abgabe, sondern wurde mit den Kosten für Bau und Unterhalt der Anlegestellen und Traidelpfade begründet. Kaiser Maximilian I. erlaubte 1495 der Stadt Regensburg, zur Erhaltung der Beschlächte an der Donau und zur Erhaltung des mit großen Opfern angelegten Pflasters von der Lände in die Stadt einen angemessenen Weinzoll zu erheben. In den Stadtchroniken wird auch immer wieder von erheblichen Aufwendungen für die Uferbefestigungen an der Donau berichtet. Vor allem das „Wehrloch" als Engstelle an der Spitze des Oberen Wörth war ein Dauerproblem. 1448 erwarb die Stadt dort einen Weinberg, um ihn abzugraben, den dortigen Wasserbau zu erleichtern und die Straße nach Nürnberg ausbauen zu können.

Mit dem Zollrecht war das Lendrecht für donauabwärts geführte Weine verbunden. Oberländischer Wein musste von den Händlern in Regensburg drei Tage lang angeboten werden, erst dann konnten übrige Mengen weiter donauabwärts verschifft werden.

Donauaufwärts kamen nach Regensburg Weine aus dem heutigen Österreich, in der Hauptsache aus der Wachau, ferner Weine aus Ungarn. Auch stattliche Mengen an Welschwein aus Südtirol und Oberitalien gelangten über Salzach, Inn und Donau in die Stadt. Griechische Weine erreichten Regensburg meist über die Handelsniederlassung in Venedig. Wurde die Isar als Wasserstraße benutzt, kam die Fracht ab Landshut häufig auf Fuhrwerke, um den Umweg über die Isarmündung zu ersparen. Die Frankenweine kamen über Nürnberg auf dem Landwege nach Regensburg.

Die Weine des Mittelalters waren meist nach ihren Herkunftsorten oder -ländern benannt. Erst wenn Rebsorten bestimmter Herkunftsgebiete auch in anderen Ländern angebaut wurden, löste sich der Sortenname von der Herkunft. Beispiele hierfür sind Malvasia, Romania und Vernaccia. Insgesamt dominierte im Mittelalter der Weißwein.

Mengenmäßig standen in Regensburg die Weine der Nachbarländer, der Osterwein, der Heilbronner-, Neckar- oder Oberländer Wein und der Welschwein im Vordergrund. Beim Welschwein finden sich aber auch genauere Bezeichnungen wie Bozener, Königslaner oder Küniglauer, Terlaner, Fernetscher oder Vernatscher und Veltliner. Daneben gab es Frankenwein und Elsässer, hin und wieder Rheingauer.
Je nach Verfügbarkeit war die Wertschätzung und der Preis dieser Weine unterschiedlich und häufig wechselnd.

Deutlich seltener und auch kostbarer waren die Südweine oder Weine aus fernen Anbaugebieten: Burgunder – aus Frankreich, Passaner, Bassaner oder Barsaminer – aus Bassano bei Vicenza in Oberitalien, Falerner – ein berühmter Wein aus Kampanien, der Westküste Italiens oberhalb Neapel, Ofener – aus Ungarn, auch Ungerisch Wein genannt, Rainfal – aus dem Raum Triest (Rivalto bei Prosecco westlich von Triest?), Chriechel oder Krichel – griechischer Wein, Malvasia, Malvasier – schwererer Südwein aus Griechenland, nach Monemvasia, einer Stadt im Nordosten des Peloponnes, evtl. auch nach dem Schloss Malvasia auf Kreta benannt, später allgemein in Südosteuropa im Anbau, Romani oder Ruminy – ebenfalls schwerer Südwein aus Griechenland, nach der ehemaligen Landschaft Romania minor in Morea im Nordwesten des Peloponnes, Alacandi – spanischer Wein aus Alicante, süß, schwer mit dunkler Farbe (vino tinto, Kaiser Karl V. hat angeblich Reben vom Rhein dorthin bringen lassen), Peter Simonis-Wein (Simonis brachte im 16. Jh. Reben vom Rhein nach Spanien), Malaga – ebenfalls aus Spanien, Muskateller – aus Kreta stammend, wobei die Bezeichnung nach Duft und Geschmack erfolgte.

Verglichen mit anderen deutschen Weinhandelsplätzen wie Nürnberg, Ulm oder Frankfurt dürfte Regensburg im Mittelalter durch die Venedigfahrer über das größte Angebot an Südweinen verfügt haben.

Gegen Ende des 15. Jahrhunderts ging es der Stadt Regensburg und ihrem Weinhandel nicht besonders gut. Die Nürnberger und Frankfurter Kaufleute hatten im Fernhandel die führende Rolle eingenommen, und die bayerischen Herzöge schnürten die Reichstadt von ihrer unmittelbaren Umgebung mehr und mehr ab. Die Stadt verarmte, war wirtschaftlich geschwächt und hatte als Reichsstadt auch erhebliche politische Probleme.

In dieser Zeit entstand folgender Spottvers:
„Lang Zeit der Rath in ihren Sack
getracht;
der armen Gemein gar wenig geacht.
Der Rath sich aller Händel
genommen an,
damit sich genährt soll haben
der gemeine Mann.
Schindelklieben, Bäder, Salz, Eisen
legen ein
die Rathsherren schenken viererlei
Wein;
Franken, Elsasser, Welsch und
Osterwein,
ihr bairischer Wein mußt aller
Geleitsman seyn."

Das Vertrauen in die geschäftstüchtigen Ratsherrn als Weinhändler und Schankwirte war in Sachen Herkunft und Reinheit der Weine anscheinend nicht mehr allzu groß.

WEINLÄNDE, WEINSTADEL UND WEINTOR

In Regensburg erinnern heute noch viele Platz-, Straßen- und Gebäudenamen an den Weinhandel. An der Weinlände am Donauufer oberhalb der Steinernen Brücke haben die Schiffe, Flöße und Plätten mit Weinfracht festgemacht. Der Weinstadel wurde im Jahre 1527 unter der Regie des Malers Albrecht Altdorfer (um 1480 – 1538) gebaut, der damals Stadtbaumeister war. Altdorfer besaß als wohlhabender Bürger der Stadt selbst Weinberge in Dechbetten, Donaustauf und Wörth. Der Weinstadel, sozusagen ein Großhandelslager, wurde von einem Weinstadelmeister geführt, der dort auch seine Wohnung hatte. Er gehörte, wie die zwei Visierer, dem städtischen Ungeldamt an. Eine Weinstadelordnung regelte die Bewirtschaftung. Im Weinstadel wurde einheimischer und eingeführ-

Regensburg, Weinlände an der Donau mit Weinstadel und Weintor. Stich von Hans Georg Bahre 1638. Historisches Museum Regensburg

ter Wein gelagert und von dort an die Schankwirte der Stadt abgegeben. Oberländer Weine gingen weiter donauabwärts nach Wien. Auf dem Landweg wurde Wein vor allem nach Eger und Prag geliefert. Altdorfers Weinstadel scheint bereits einen Vorgänger gehabt zu haben. Dem Weinstadel vorgelagert ist der Weinmarkt. Durch die Weingasse gelangt man vom Weinmarkt zum Haidplatz. Das Weintor führte von der Weinlände durch den Weinstadel zur Keplerstraße. Der Weinhof besteht nicht mehr, er lag am Haidplatz beim „gewelb". Da die Weinhändler vielfach auch eine Schankwirtschaft betrieben haben, fanden sich in den Patrizierhäusern um den Weinmarkt zahlreiche Gaststätten, z.B. der „Blaue Hecht", die „Goldene Krone", der „Goldene Greif" oder der „Goldene Adler".

Sobald ein Weinschiff an der Weinlände anlegte, wurden die reichsstädtisch-regensburgischen und die herzoglich-bayerischen Zollbeamten aktiv. Die Ankunft des Schiffes musste im herzoglichen Mauthaus angezeigt werden. Eingeschrieben wurden die verzollten Mengen in ein Weinschreiberbüchlein.

Was so alles die Donau hinab und hinauf verfrachtet wurde, wird am Beispiel der Zollstelle Donaustauf für das Jahre 1590 deutlich: Es passierten die Zollstelle 140 Salzschiffe, 116 Getreideschiffe, 60 Güterschiffe, 38 Weinschiffe (25 davon donauaufwärts), 27 Eisenschiffe, 18 Häuteschiffe, 15 Steinschiffe, 5 Reifen- und Fassschiffe, 2 Honigschiffe und ein Hanfschiff. Flussabwärts gingen 25 Weinflöße, 19 Güterflöße und 106 Bretter-, Scheiter-, Latten- und Streuflundern (Flöße, den Regen herab aus dem Bayerischen Wald kommend). Die Schiffsleute kamen aus Ulm, Regensburg, Straubing, Passau, Linz und Wien.

GASTGESCHENKE, GROSSE FESTE UND WEINBRUNNEN

Kamen hohe Gäste wie Kaiser, Könige, Herzöge oder Gesandte in die freie Reichsstadt, zeigte sich der Rat der Stadt echt weltmännisch. Zum Empfang erhielten die hohen Herrschaften stets ein traditionelles Ehrengeschenk. Es bestand jeweils aus Wein, Fisch und Haber (Hafer). Die Würdenträger reisten ja meist

mit großem Tross. Auch die Begleitpersonen, Diener und Kutscher mussten verpflegt und die Pferde versorgt werden. Je nach Rang und Namen des Besuchers oder des Anlasses wurde Menge und Qualität des Gastgeschenkes fein variiert. Bei den Kaisern kam meist eine Gold- und Silberschmiedearbeit oder ein größeres Geldgeschenk für die Ausgaben in der Stadt dazu. So erhielt Kaiser Ludwig der Bayer bei seiner Ankunft 1345 vom Rat 200 Pfennige, die Kaiserin 500 Pfennige, sowie 12 Eimer Wein (nebst Fischen und Haber). Der Rat war dem Kaiser bis Bad Abbach entgegengeritten, wobei 24 Pfennige vertrunken wurden. Im Jahre 1434 traf Kaiser Sigismund in der Stadt ein. „Nachdem der Rath dem Monarchen die Aufwartung gemacht hatte, ward ihm das gewöhnliche Ehrengeschenk dargebracht. Es hatte in zwei Fuder östreichischen Weins, zehn Schaff Haber, acht Stück Ochsen, 50 Fischen, zwei Fuder Heu's und zwei Scheff Holz bestanden."

Um ihren enormen wirtschaftlichen Schwierigkeiten zu entgehen, hatte sich die Stadt 1486 der Landeshoheit des Herzogs Albrecht IV. unterworfen und ihren Status als Reichsstadt (vorübergehend) aufgegeben. Als der Herzog mit großem Machtgepränge die Stadt in Besitz nahm, erhielt er ein angemessenes Ehrengeschenk: „Ein Dreiling guts Bairisch Weins von Stauf genommen, war bei 40 fl werth und 6 Schaf haber auf 2 Wägen aus dem Kornhaus, zwei Ochsen bey 13 fl hat man auch von Stauf genommen, 64 Köpf Rainfal und haben zahlt dem Hans Hecht um Hechten 8 fl und am Montag, als man ihm gehuldigt hat, schankt man ihm ein Kleinod, ein vergoldte Scheiern (Pokal), war 120 fl werth." Es fällt hier allerdings schon auf, dass sich der Herzog, langjähriger Widersacher der Stadt und entsprechend unbeliebt, bis auf die kleine Menge Rainfal-Wein mit Baierwein bescheiden musste. Auch in späteren Jahren mussten sich die in der Stadt weniger gern gesehenen bayerischen Herzöge und Churfürsten meist mit Baierwein als Gastgeschenk begnügen.

Der Regensburger Weinstadel an der Weinlände heute, dahinter der Turm des neuen Rathauses mit Turmuhr.

Erlesen war auch das Gastgeschenk, als 1558 der zum römischen Kaiser erwählte Ferdinand in die Stadt kam. Er erhielt neben einem goldenen Pokal „2 Lagl Muscateller,

2 Lagl Rainfal, 2 Faß Oberländer", dazu die üblichen Fische und Haber. 1612 erhielten Kaiser Mathias und seine Kaiserin sogar jeweils 2 Wägen mit Wein.

Baierweine im Grundstein der Dreieinigkeitskirche?

Der Rat der Stadt Regensburg hat es immerhin fertig gebracht, den evangelischen Christen, denen der Kirchenraum knapp geworden war, mitten im Dreißigjährigen Krieg eine neue Kirche zu bauen. Die Grundsteinlegung erfolgte mit großer Feierlichkeit am 4. Juli 1627. Der innere und äußere Rat der Stadt nahmen daran teil, wobei die 6 jüngsten Räte die Gegenstände trugen, die in die beiden Grundsteine eingeschlossen werden sollten. Dazu gehörten „2 silberne und vergoldete Schalen mit goldenen und silbernen zur Gedächtnis dieses Baues geprägten Münzen und 4 große gläserne Flaschen, welche oben zugeschraufft waren, in deren zweyen weißer, in den anderen roter Wein gewesen". Da eine genauere Aussage zur Herkunft der Weine fehlt, darf wohl auch hier angenommen werden, dass die Flaschen einheimischen Baierwein enthalten. Der Rat war schon gut beraten bei seiner Entscheidung: Lieber den edlen Wein trinken und den weniger guten einmauern lassen. Die beiden Grundsteine befinden sich unter den Eckpfeilern rechts und links vom Haupteingang. Nachdem die Beigaben doppelt vorhanden sind wäre es schon verlockend, zwei der vier Weinflaschen der Wissenschaft zu opfern um nachzusehen, wie es mit der Haltbarkeit des Baierweines vom Jahrgang 1626 bestellt ist.

Weinbrunnen für das Volk

1636 kam König Ferdinand II. mit großem Gefolge in der Stadt an. Zur Begrüßung wurden ihm ein Trinkgeschirr sowie 2 Lägel Südwein, ein Fass Rhein- und ein Fass Neckarwein nebst zwei Wannen Fisch und zwei Schaff Haber präsentiert. Tags darauf wurde er als Ferdinand III. zum römischen König und künftigen Kaiser gewählt und im Dom zu Regensburg feierlich gekrönt. Auf dem Weg zum Rathaus warf man hinter dem kaiserlichen und königlichen Gefolge Krönungsmünzen unter das Volk. Dazu „war auf dem Rathhausplatz am Sparfeldischen Haus eine marmorierte Brunnensäule aufgestellt, die von einem überdimensionalen vergoldeten Reichsapfel gekrönt war und aus der rother und weißer Wein quoll, und wozu aus dem Hause von Zeit zu Zeit Brod ausgeworfen worden. Zwischen dem Marktthurm und dem Röhrkasten war die Hütte, worinnen 8 Tage lang ein ganzer Ochs gebraten, und dem Kaiser ein Stück davon präsentirt worden". Also Wein für das Volk gratis! Es erübrigt sich wohl der Hinweis darauf, dass es sich hierbei um den gewöhnlichen Baierwein handelte. Derartige Weinbrunnen waren bei Krönungsfeierlichkeiten seit 1442
üblich, ein bisschen Schlaraffenland also zum besonderen Anlass. Für das gemeine Volk war es ein Ersatz dafür, von der eigentlichen Krönungszeremonie ausgeschlossen zu sein.

Als Kaiser Ferdinand III. im Jahre 1652 Einzug in der Stadt hielt, gab es wieder edle Weine als Gastgeschenk. Aus 50 Kanonen wurde dreimal Salut gefeuert. Der Rat der Stadt brachte die üblichen Geschenke: „4 Wannen Fische, 1 Lagel Alacandi, 1 Lagel weißen spanischen und ein Fass Heilbronner Wein, dann 7 Schaff Haber und außerdem wurde dem Kaiser ein Silber und vergoldter Pokal verehrt." Im Jahr darauf kam es noch festlicher. Ferdinand der IV. wurde zum römischen König gewählt. Am 8. Juni 1653 wurde er im Dom zu Regensburg gekrönt. Kaiser, König und Klerus speisten mit den Edlen im Rathaus. Auch diesmal dachte man an das niedere Volk. Der Erbschatzmeister Graf von Sinzendorf warf unterwegs Geld unter die Menge und „aus dem Rohrbrunnen vor der Kirche sprang roth und weisser Wein und wurden Semmeln von einem Nachbarhaus herabgeworfen". Tags darauf gab der spanische Gesandte in St. Emmeram ein großes Bankett, „wobey so lange die Tafel dauerte, spanische Münzen von Gold und Silber ausgeworfen wurden und Wein aus den Brunnen im Hofe gesprungen". Diese Großzügigkeit des Spaniers hatte schon einen realen Hintergrund, sollte doch der junge König mit einer spanischen Infantin vermählt werden. Für das gemeine Volk in Regensburg war es dabei schon wichtiger, dass im Zuge des inzwischen eingerichteten Immerwährenden Reichstages mit seinen Feierlichkeiten die weinsprudelnden Brunnen langsam zur guten Tradition wurden.

Die Türken vor Wien 1683: Prinz Eugen von Savojen hat das christliche Abendland gerettet. Als Führer der kaiserlichen und bayerischen Truppen und mit Unterstützung des polnischen Königs hat er die Türken vor Wien entscheidend besiegt, das Reich der Osmanen in die Schranken gewiesen. Dieses wichtige Ereignis wurde auch in Regensburg gebührend gefeiert. „Der kaiserliche Plenipotentiarius (Bevollmächtigte) feyerte am 18. Oktober ein kostbares Banquet und Freudenfest. Auf dem Domplatz waren 6 Feldschlangen (Geschütze) aufgepflanzt, die während dem Gesundheit Trinken abgefeuert worden. Weisser und rother Wein aus 2 Fässern floß für das Volk. Des andern Tags gab Graf Windischgrätz ein eben so großes Fest mit Beleuchtung, unter das Volk ward Geld ausgeworfen und ein großer doppelter Adler spendete während der Tafel aus den Schnäbeln weissen und rothen Wein. Eine reiche und gute Weinlese erhöhte die allgemeine Freude." Doch die Türkengefahr war noch nicht gebannt, man musste ihnen auf ihrem Rückzug nachsetzen. Die Stadtchronik berichtet darüber mit folgenden Worten: „Überhaupt wurden in den evangelischen Kirchen in diesem Jahre eigene Bethstunden und in den Schulen Gebete angeordnet gegen den Erbfeind des christlichen Namens den Türk, der vor geraumer Zeit einen grimmigen Einfall in die Christenheit gethan und jetzt sein böses wüthendes Beginnen fortsetzen wolle ... (die weiteren drastischen Worte des Zitats sind nicht mehr recht zeitgemäß), ... daher man Gott dafür Dank opfern und um fernere Abwendung dieser Drangsale bitten solle. Gleich Anfang Septembers kam die Siegesnachricht von der Erstürmung der lange belagerten Feste Ofen durch die Bayern unter Max Emanuels Anführung." Die Zurückeroberung der Gegend um Ofen in Ungarn erhielt dem christlichen Abendland zudem ein Gebiet, das einen vorzüglichen Wein hervorbringt.

Regensburger Jubiläumsmedaille mit Weinstock

Vielleicht hat der Weinbau im Umkreis der Stadt auch eine Medaillenprägung beeinflusst. Regensburg war im Jahre 1542 protestantisch geworden. 1742 wollte man die 200-jährige Jubiläumsfeier des evangelischen Bekenntnisses würdig begehen. Es gab Festgottesdienste in allen 3 Kirchen (Neupfarr-, Dreieinigkeits- und Oswaldkirche), wozu der Rat den Predigern Mäßigung und Bescheidenheit ohne „schimpfliche Expression wider den Gegentheil" auferlegte. Der Rat der Stadt gab beim Medailleur Christian Daniel Öxlein drei Jubelmedaillen in Auftrag. Eine davon zeigt einen Weinstock.

Der Fürst von Thurn und Taxis

Seit 250 Jahren ist die Stadt Regensburg eng mit dem Fürstenhaus von Thurn und Taxis verbunden. Deshalb sprechen die Regensburger ja auch von „ihrem" Fürstenhaus. 1748 übersiedelte es nach Regensburg. Der Rat der Stadt hat den Fürsten mit den üblichen Geschenken Wein, Fisch und Haber willkommen geheißen. Die Stadtchronik berichtet darüber: „Ein neues Glück blühte Regensburg, da am 1. März an des Fürsten von Fürstenberg Stelle der kaiserliche General-Reichs-Erbpostmeister Fürst Alexander Ferdinand von Thurn und Taxis zum kaiserlichen Prinzipal-Commissär ernannt wurde. Er legitimirte sich bei der Reichsversammlung und eine Rathsdeputation beglückwünschte ihn Namens der Stadt, indem sie zugleich das gewöhnliche Geschenk überbrachte. Seit dieser Zeit verehrt Regensburg diese wohlthätige Fürsten-Familie in seinen Mauern und besitzt in ihr die großmüthigsten Unterstützer alles Edlen und Guten, so wie die wahren Beglücker aller Hilfsbedürftigen."

Dass der Rat der Stadt bei seinen Ehrengeschenken durchaus praktisch dachte, bewies er bei der Begrüßung des Grafen von Lerchenfeld im Jahre 1781. Die Chronik berichtet darüber: „Am 16. März wurde der neue kurpfälzisch-bayerische Reichstagsgesandte Graf von Lerchenfeld Köfering durch eine Rathsdeputation bewillkommt und ihm das gewöhnliche Geschenk von 100 Pfund Fische, 40 Bouteillen Rheinwein und 40 Bouteillen Burgunder überbracht." Es fällt auf, dass hier der Hafer fehlt. Köfering, der Sitz des Grafen von Lerchenfeld liegt schließlich nur unweit von Regensburg, und nach den Überlegungen des Rates dürften die Pferde des Grafen auch ohne Haferzuteilung in gutem Zustand wieder nach Hause gekommen sein.

Das Ende der Reichsstadt

Bald kamen für die Reichsstadt Regensburg wieder schlechte Zeiten. Mit der schönen Selbständigkeit ging es langsam dahin. Die Franzosen unter Napoleon bedrängten schon längere Zeit das Reich. Die linksrheinischen Gebiete waren an Frankreich verloren. Mit dem Reichsdeputationshauptschluss wurden Fürsten entschädigt, die linksrheinische Gebietsverluste hinnehmen mussten. Die Reichsstadt Regensburg und die Reichsstände wurden 1802 zum Fürstentum Regensburg unter dem kurmainzischen Kurfürst und Erzkanzler Carl Theodor von Dalberg. In Regensburg sprach man von Besitzergreifung durch den neuen Herrn. Entsprechend kühl war der Empfang, diesmal ohne Wein, Fisch und Haber. „Regensburg hört auf, ein eigener Staat zu sein. Von dieser Zeit an erscheint es bloß als Parzelle eines anderen Staates und lebt nur untergeordnet in dessen Geschichte fort." Der Kurfürst „verbat sich jede Feyerlichkeit bis nach endlicher Berichtigung der großen Angelegenheiten des Vaterlandes".

Doch dem Fürstentum Regensburg war kein langes Leben beschieden. 1810 wurde es mit dem neu entstandenen Königreich Bayern vereinigt. Große Feierlichkeiten wurden veranstaltet, die jedoch nicht mehr vom Rat der Stadt, sondern von der neuen Bezirksregierung ausgerichtet wurden. Vom Wein war dabei nicht die Rede, obwohl die „äußeren Hänge im Landgericht Stadt am Hof" noch mit Weinreben bebaut waren.

Als Bayern 1818 eine neue Verfassung erhielt, wurde auch in Regensburg auf dem Emmeramsplatz groß gefeiert und ein Lebehoch auf den König Maximilian I. ausgebracht. Aber auch bei diesem Fest scheinen die Organisatoren den Weinbrunnen mit Baierwein vergessen zu haben.

Das Weinland Altbayern

„umb die Thonau, Isar und Laber tregt's wein."

Nicht nur an der bayerischen Donau bei Regensburg wurde Weinbau betrieben. In ganz Altbayern wuchsen an vielen warmen Südhängen die Reben. Im schwäbischen Donauwörth, bei Neuburg an der Donau, bei Straubing und Passau, an den Ufern von Isar und Inn, an Salzach und Rott wurde Wein angebaut. Von der Donau aus schob sich der Weinbau in die Seitentäler der Wörnitz, der Altmühl, der Naab und des Regen hinein. Landshut und die untere Isar waren Zentren des Weinanbaues. Ganz Altbayern war also ein Weinland. Und doch muss auf einige Besonderheiten hingewiesen werden.

Der Wein war zwar über große Zeiträume das Hauptgetränk der Bevölkerung und stellte einen wirtschaftlich bedeutenden Faktor dar. Ein geschlossenes Weinbaugebiet, wie es heute in Unterfranken, in Württemberg, in der Pfalz, an der Mosel etc. zu finden ist, gab es in Altbayern nur im Kerngebiet an der Donau bei Regensburg. Alle anderen Rebflächen stellten Streulagen dar, wo in Flusstälern und klimatisch günstigen Gebieten auf Teilflächen Weinbau betrieben wurde.

Von den 46 Siedlungen in Bayern mit dem Ortsnamen *Weinberg* oder *Weingarten* liegen 40 in Altbayern. Dazu kommen 18 Orte mit ähnlichen Namen wie *Weindorf, Weinfurth, Weingold, Weingraben, Weinhausen, Weinhof, Weinhub, Weinthal* etc. Im Weinland Unterfranken kommen derartige Ortsnamen nicht vor.

In Altbayern war der Weinberg also das Besondere und damit als Orts- oder Flurbezeichnung sinnvoll. Im geschlossenen Weinbaugebiet Unterfrankens wäre es unsinnig gewesen, eine Siedlung oder ein Flurstück derartig zu kennzeichnen. Die vielen Ortsnamen und unzähligen Flurbezeichnungen zum Weinbau sind schöne Zeugnisse einstigen Weinbaues, wobei es manchmal auch nur zeitlich begrenzte Anbauversuche gewesen sein mögen. Sie finden sich vorwiegend im südlichen Bayern, teilweise aber auch in recht rauen Lagen an der böhmischen Grenze, z.B. am *Katzberger Bühl* bei Cham oder am *Weingartenfels* bei Schönsee.

AN DER DONAU
VON STRAUBING BIS PASSAU

Nach den Apian'schen Landtafeln von 1568 war der Weinbau am linken Donauufer auch im Raum Straubing / Bogen weit verbreitet. Als Weinbauorte werden Straubing, Pfaffenmünster, Bogen, Furth, Niedermenach, Irlbach, Winkling, Hof- und Breitenweinzier, Pfelling und Welchenberg genannt. Der Weinbau schob sich hier auch etwas in den Vorwald des Bayerischen Waldes hinein. Zu nennen sind die Orte Weingarten bei Mitterfels, Meidendorf, Hundersdorf, Degernbach und der Einödhof Weinberg.

Frühe und zahlreiche Belege zum Weinanbau am Bogenberg lassen erkennen, dass hier lange Zeit ein Weinbauzentrum bestand. Die Anfänge um den Bogenberg wurden bereits geschildert. Der Bogenberg war für seinen Rotwein geradezu berühmt. Die benachbarten Klöster Nieder- und Oberalteich sowie Windberg betrieben Weinbau in größerem Umfang. Obwohl alle drei genannten Klöster beachtlichen Weinbergsbesitz in der Wachau hatten, legte man doch großen Wert auf Rebflächen in Klosternähe.

Der Ort Bogen ist auch für sein Winzerbrauchtum bekannt. Belegt ist für das 17. Jahrhundert eine „Weinzierlzunft oder -Bruderschaft", deren „Einschreibbuch der Weinzierln zu Pogen, Hofweinzier, und der Zunft der Küfer zu Pogen" aus dem Jahre 1627 noch erhalten ist. Diese christliche Bruderschaft ging 1873 in den „Verein der Weinzügler und Obstbaumzüchter", später in den „Obst- und Weinbauverein" über, dessen Ziel die „Hebung des Wein- und Obstbaues" war. 1991 ließ der Kultur- und Verschönerungsverein Bogen vor der Hauptschule *am Weinberg* ein Steindenkmal errichten, das an den früheren Weinbau in der Bogener Gegend erinnert.

Über den Weinbergsbesitz des Klosters Metten ist wenig bekannt. Der eigene Weinberg auf dem Himmelberg soll pro Jahr etwa 30 Eimer Wein gebracht haben. Daneben wurden vom Kloster die Südhänge des Offenberges sowie Flächen in der Nähe des Schalterbaches mit Reben bepflanzt. Ein offener Graben im Obermettenwald hieß *der Weinbach.*

Südbayern – das Anbaugebiet des Baierweins

Hauptweinbaugebiete im Mittelalter

Kerngebiet von Kelheim bis Straubing

Weinbau in Streulagen

Kartengrundlage: Universität Regensburg, Institut für Geographie, PD Dr. Jürgens
Digitale Bearbeitung: Andreas Häußler

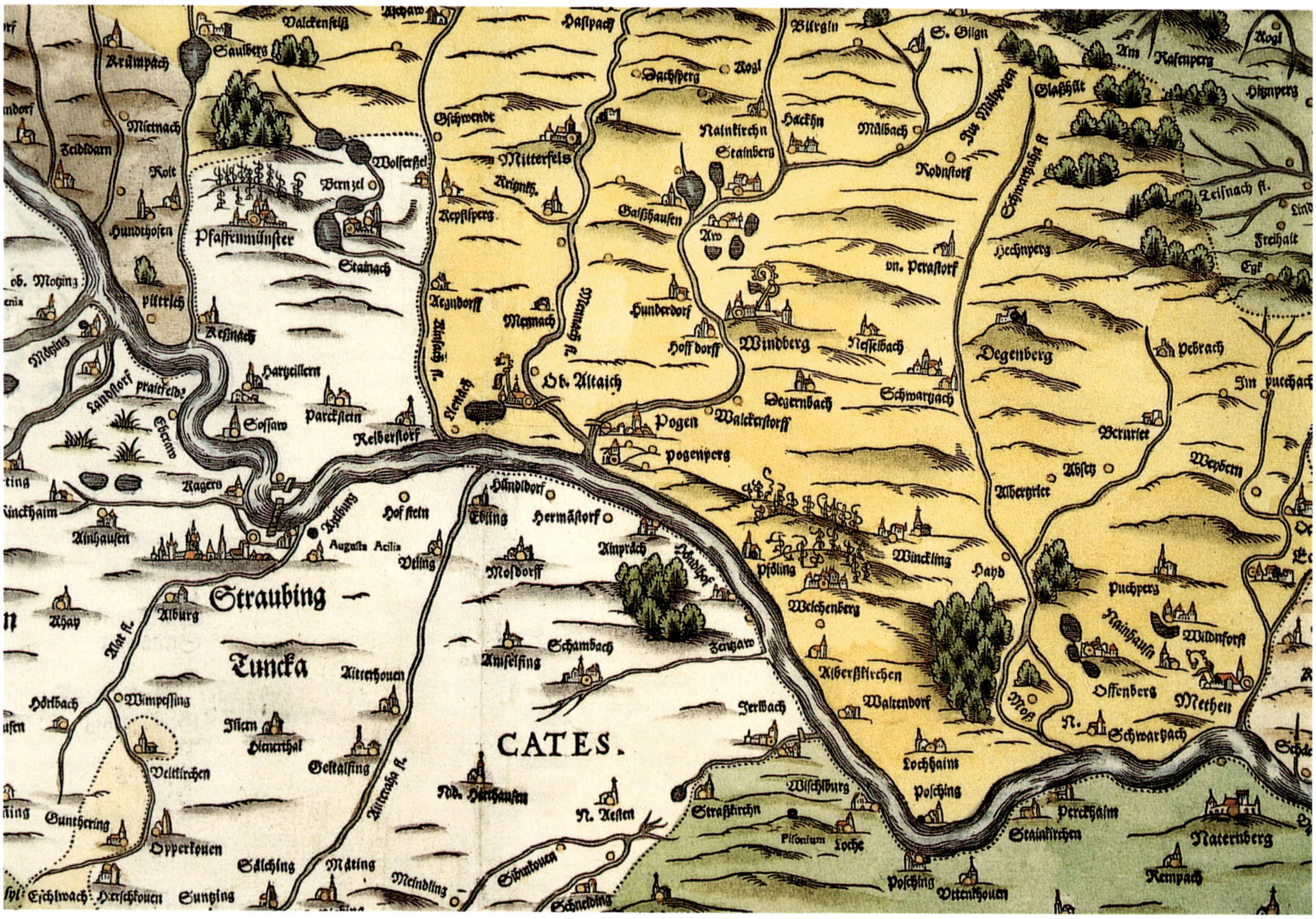

Bayerische Landtafeln von Philipp Apian 1568 (Ausschnitt), mit Weingärten bei Pfaffenmünster, Winkling und Welchenburg. Bayer. Landesvermessungsamt München

Um Deggendorf wuchsen Reben in Steinriesel, auf dem Gailberg und am Mühlberg, in Deggenau und Seebach. Auch eine Weinzierlbruderschaft gab es hier, die am religiösen Leben der Stadt teilnahm. Sie hatte sich verpflichtet, jährlich eine Kerze für die Kirche in Ulrichsberg und der Schlosskapelle auf dem Natternberg zu stiften. Die Zunftgenossen sollen auf ihre Weine und Zunftartikel sehr stolz gewesen sein.

Überliefert ist auch der Weinbau am Natternberg bei Deggendorf. Die zum einstigen Schloss gehörige Kapelle war dem Winzerschutzpatron St. Urban geweiht. Hier hat die alte Weinbautradition 1946 ein Heimatvertriebener aus Südmähren mit einer Neuanlage wieder aufleben lassen. Dieser Wein erhielt, der Natternberger Sage entsprechend, den Namen „Natternberger Teufelskralle". Um 1960 wurde auch dieser Weinberg wieder aufgelassen. Bei Hengersberg und in den umliegenden Orten Altenufer, Schwanenkirchen, Schwarzach, Auerbach und Waltersdorf häufen sich Flurbezeichnungen wie *Weingarten, Weindoblacker, Weinacker,Weingärtl, Weinbergmoos, Weinbergacker, Hinter-* und *Vorderweinberg.*

Weiter donauabwärts ist der Ort Winzer bei Hengersberg zu erwähnen, wo bereits im 9. Jahrhundert Weinberge angelegt waren. Auf den Hügeln zwischen Neßlbach, Flintsbach und Winzer ist Weinbau seit dem 13. Jahrhundert belegt. Im Jahre 1600 wurden in Winzer 735 Eimer Wein (40000 Liter) gekeltert. Um 1750 besaß das Schlossgut über 50 Morgen Weingärten (ca. 13 ha).

Flintsbach wurde schon im Zusammenhang mit dem Kloster Niederaltaich als bedeutender Weinbauort genannt. Der Weinbau hielt sich hier sehr lange. Überliefert ist auch, dass sich die Napoleonischen Soldaten, welche zur Zeit der Weinlese nach Flintsbach kamen, den (federweißen?) Wein mit ihren Tschakos (Mützen) aus den Kufen schöpften.

In Passau lagen um das Jahr 1000 Weingärten an den Hängen des *Spitzberges* bis zur heutigen *Weinleite.* Nach der Gründungsurkunde des Klosters St. Nikola war die Flur *Windschnur*, auch *Dobl* oder *Windobl* genannt, mit Weingärten und Windhäusern bebaut. Die Weinbau-

Wappen des Marktes Winzer bei Deggendorf, verliehen 1932

tradition scheint bis ins 19. Jahrhundert gehalten zu haben, wobei der letzte Weinberg auf dem Gelände des heutigen Städtischen Schlachthofes stand. Der Weinleitenweg erinnert noch an die Zeit des Passauer Weinbaues. Um 1965 hat Oberbaurat Hans Karl Moritz die alte Weinbautradition auf der Oberhauser Leite wieder aufleben lassen und dort 30 Stöcke Grünen Veltliner gepflanzt. Den Jungfernwein 1968 taufte er auf den Namen „Oberhauserleiten Gneisscholle".

Große Bedeutung erlangte Passau als Weinhandelsplatz. Schon zur Römerzeit waren in Passau (Batavis) Weinhändler tätig. Da der Weintransport größtenteils auf Schiffen und Flößen erfolgte, war Passau ein wichtiger Umschlags- und Handelsplatz für die donauaufwärts kommenden Osterweine, wie auch für Welschweine aus Südtirol, die über den Inn abwärts kamen. Handelsverzeichnisse aus der Zeit um 1450 weisen aus, dass der Passauer Weinumschlag pro Jahr ca. 70000 hl betrug. Damit lag der Weinumschlag wertmäßig über dem des gehandelten Salzes. Von Passau wurde auch viel Wein über Waldkirchen und den „Goldenen Steig" nach Böhmen transportiert. Dabei war örtlicher Landwein (Baierwein) ebenso vertreten wie Osterwein, Welschwein und griechische Weine.

Im Kloster Vornbach nahe Passau gab es eine kunstvoll verzierte steinerne Tischplatte aus dem Jahre 1575. Der äußere Rahmen trug die Aufschrift:

„Sey nicht ein Weinsäuffer.
Den der wein bringt viel Leut umb.
Der Wein erquickt den Menschen das Leben.
Der Wein ist geschaffen, das er Menschen soll fröhlich machen.
Der Wein zur notturft getruncken erfreuet leib und Seel (Sir. 32)."

Wappen der Gemeinde Niederwinkling, unweit des Bogenberges im Landkreis Straubing-Bogen, verliehen 1967. Der Rebstock im Wappen erinnert an die Weinbautradition des Ortes.

Schloss Haidenburg bei Aidenbach, mit einem Weinberg im Schlossgarten. Stich von Michael Wening, um 1700. Bayer. Landesvermessungsamt München

Ansicht von Passau,
im Vordergrund Weingärten.
Stich von Matthäus Merian 1644.
Bayer. Staatsbibliothek

WESTLICHE OBERPFALZ UND FRÄNKISCHER JURA

In Schwandorf in der Oberpfalz wurde ebenfalls Weinbau betrieben, und zwar „auf der südlichen Abdachung des vor dem Regensburger Thore gelegenen Berges", der heute noch den Namen *Weinberg* trägt. Die enorm großen Felsenkeller unter dem *Weinberg* dienten allerdings vorwiegend der Bierbereitung und -lagerung. Die Flurbezeichnung *Weinleiten* ist in Gögglbach überliefert, ebenso 1516 ein Weinberg bei Premberg.

In Amberg deuten Name und Gebäudekomplex der heutigen Brauerei Wingershof auf einen früheren Zehenthof als Zentrum des örtlichen Weinbaues hin. Von diesem Meierhof des Schlosses dürften die herrschaftlichen Weingärten bewirtschaftet worden sein, die 1144 erstmals erwähnt werden. Insbesondere im 15. Jahrhundert kann von einem nennenswerten Weinbau bei Amberg gesprochen werden, wobei am Amberg (heute Mariahilfberg), Galgenberg, Eisberg (auch Meusberg genannt) und am Erzberg (auch Artzberg) Rebenflächen mit Biethäusern standen.

Michael Schweiger, Bürgermeister der Stadt Amberg, schreibt in seiner Stadtchronik 1564 zur Umgebung und zum Mariahilfberg: „Daran sein … allerley Wein, Obst, Krautgerten und Treidfelder bis herab an den Stadtgraben. Der Wein wird fast dem Fürstenberger (wie er umb Regenspurg und Kelheim wechst) gleich. Jedoch ist er an diesem (Berg) und an dem Meusberg vorzeiten viel gebauet worden. Haben auch die Weinzirl ir eigene Zunfft und Bruderschafft gehabt, wie noch in der Kirchen zu finden ist. Dieweil aber die Wein, wenn küle Sommer sein, selten zeittigen, sein die Weingerten sehr abgangen gewesen. Aber itzt in 20 Jahren her ist ir wieder viel zugericht und gebauet worden."

Ein anderer namhafter Stadtchronist Ambergs, Felix Reichsfreiherr von Löwenthal, sagt 1801 zum Amberger Weinbau: „Die Bürger zu Amberg haben die Weinkultur in älteren Zeiten ebenfalls nachahmen wollen und dazu den sogenannten Maria-Hilfsberg gewidmet.
Der Wein, der in der Qualität mit dem Regensburger und dem Kehlheimer stund, mag freylich dem Essig getrotzt, aber zu dem, was er als Wein sein sollte, nicht viel getaugt haben. Die Bürger sahen selbst, dass nicht jedes Erdreich zu aller Frucht empfänglich sey, und die Natur durch die Kunst sich nicht alle Mahl foltern lasse. Der Rebensaft ist vom Anfange bis zum Ende nach zwey und drey Menschenaltern noch immer der Bastard vom Weine geblieben. Indeß hat ihren Wunsch nicht der Fleiß, sondern das Erdreich vereitelt. Man hat damit den Boden und die Mühe vergeudet."

In Neumarkt i.d. OPf. gibt es ebenfalls einen Mariahilfberg, und auch dort wurden Reben gezogen. Im Jahre 1489 versuchte der Neumarkter Bürger Schwanfuß auf dem Risselberg, später Weinberg genannt, Reben zu pflanzen. Obwohl er die ersten sechs Jahre keine Steuern zu entrichten hatte, scheint der Erfolg ausgeblieben zu sein, „denn der erzeugte Essig hat nicht gelohnt, was andre Früchte geleistet haben". Pfalzgraf Friedrich ließ 1521 auch an der Heimburg, nördlich von Neumarkt gelegen, Weingärten anlegen.

Vom Chronisten Johann Nepomuk von Löwenthal liegen Informationen über die Weinpreise in Neumarkt

Amberg Basilika St. Martin, zwei Schilde in der Emporbrüstung zeigen die Attribute der Winzer, einen Rebstock mit Trauben sowie Rebmesser und Haue. Baubeginn zur Basilika St. Martin war am Urbanstag (25.5.) 1421

vor. Danach kostete 1610 die Maß Neckarwein ebenso wie Frankenwein 15 Kreuzer, die Maß baierischen Weins dagegen nur 2 Kreuzer. Der Markt täuscht sich nicht, der Baierwein wird schon danach gewesen sein.

Auch wenn sich der fränkische Jura in Mittelfranken und damit eindeutig außerhalb von Altbayern befindet, sei es gestattet, hier den Oberlauf der Altmühl in das Baierweingebiet einzubeziehen. Für zahlreiche Orte ist hier der Weinbau belegt: Theilenberg und Wernfels bei Spalt, Herrieden, St. Veit sowie Kleinweingarten bei Pleinfeld, Weinsfeld bei Hilpoltstein, Weinmannshof bei Roth, Weinberg bei Feuchtwangen, Heideck, Tiefenbach, Meckenhausen, Obermässing und Schloss Sandsee.

Auch das Hochstift Eichstätt war in der näheren Umgebung sehr gut mit Weinbergsbesitz ausgestattet, wobei vor allem die Weinberge am Hirschberg bei Beilngries zu nennen sind. Im sehr guten Weinjahr 1521 erhielt der Eichstätter Bischof aus seinen Weinbesitzungen am Hirschberg, um Eichstätt, in Wernfels, Grögling und Thalmässing 600 Eimer Wein. Beim Kloster Rebdorf nahe Eichstätt weist schon der Name auf früheren Weinbau hin. Ausgedehnte Rebflächen trugen die Hänge um Dietfurt, besonders der sonnige Aidsberg (=Arzberg) gegenüber Kottingwörth. Um Riedenburg hatten die Regensburger Klöster St. Emmeram und St. Jakob Weinbergsbesitz.

DAS DONAUTAL ZWISCHEN DONAUWÖRTH UND INGOLSTADT

Genaugenommen begann der Weinbau hier schon etwas oberhalb von Donauwörth. Im Tal der Wörnitz, die von links vom Ries her kommend der Donau zufließt, ist Weinbau in Wörnitzstein belegt. Bedeutender war jedoch der Weinbau an den steilen Jura-Südhängen zwischen Donauwörth und Neuburg an der Donau, insbesondere in den Orten Zirgesheim, Altisheim, Leitheim, Graisbach, Lechsgemünd (heute Lechsend), Marxheim, Bittenbrunn, bei Neuburg, Ried und Joshofen. Zahlreiche Klöster und Landadelige, aber auch reiche Bürger von Donauwörth und Neuburg besaßen hier Weinberge.

Bei den Berichten zum Weinbau an der oberen Donau fällt auf, dass hier von Weingärtlern die Rede ist und nicht von Weinzierln. Das ist erklärlich, denn die Gegend um Donauwörth liegte nicht in Altbayern, sondern im bayerischen Schwaben.

Die Zisterziensermönche von Kaisheim besaßen im Jahre 1147 in Leitheim ein Hofgut. Ab 1160 sind dort und in Altisheim Weingärten nachgewiesen, die im 15. Jahrhundert kräftig ausgebaut wurden. Ab 1681 wurde in Leitheim ein Schlösschen samt Kirche gebaut, das als Kuranstalt für kranke und erholungsbedürftige Zisterzienser gedacht war. Entstanden ist dann eher ein geistlicher Herrensitz, ein Lustschlösschen, das zu den bedeutendsten Schöpfungen des bayerischen Rokoko zählt. Natürlich darf in einem Schlösschen auf der Weinleite Freund Bacchus nicht fehlen. Im Deckenfresko des Empfangssalons „Die vier Jahreszeiten" verkörpert er den Herbst, lehnt in einer Wolke auf einem prall gefüllten Weinschlauch und hält den efeuumrankten Thyrsosstab und Weintrauben in Händen.

Der Weinanbau hielt sich in Leitheim sehr lange. Ein Stich aus dem Jahre 1790 zeigt den Schlossberg ganz mit Reben bestockt. Um 1802 waren in Leitheim noch einige Weingärten vorhanden. Die letzten Reste des Weinbaues zwischen Donauwörth und Neuburg sind am Leitheimer *Weinberg* im Jahre 1844 erwähnt.

Das Kloster Niederschönenfeld an der Lechmündung hatte Weinbergsbesitz in Burgheim, Marxheim und Lechsgemünd, und auch für die Orte Trugenhofen, Kienberg, Unterstall und Bergheim ist Weinbau belegt.

Aus Neuburg an der Donau gibt es folgende Meldung: „Als im Jahre 1507 das Herzogtum Neuburg gegründet wurde, legten die Herzöge an dem Hügel östlich des Pfarrdorfes Ried, Hertleinberg oder Hörnleinberg genannt, Weingärten an und bauten darin ein Kelterhaus. Das Gelände erhielt daraufhin den Namen *herzoglicher Weinberg*." 1649 vergab der Herzog den Weinberg zu Lehen gegen 5% Zins und daneben 40 Maß Grundwein, „wenn es ein Weinjahr war". Anscheinend war dies nicht immer der Fall. 1656 umfasste dieser Weinberg 11 Morgen. Das Weinbergslehen betrieben 4 Weingärtler. Aus einer Zehentabrechnung von 1760 geht hervor, dass der Gesamtertrag des Weinbergs 68 Eimer (ca. 3500 Liter) betrug. Der Hörnla-Wein wurde noch 1780 in Neuburg in der Weinschänke „Am Schlagbrückl" ausgeschenkt.

Einen zweiten Weinberg gab es in Neuburg an der Südseite des Stadtberges, direkt im Anschluss an die ummauerte Stadt. Bis 1420 wurden dort Reben gezogen. Inzwischen haben Neuburger Weinfreunde dort wieder Reben gepflanzt, um damit an die frühere Weinbautradition der Stadt zu erinnern.

Um Neuburg gab es Weinbau auf dem St. Wolfgangsberg bei Sinning, im Wellheimer Trockental bei Well-

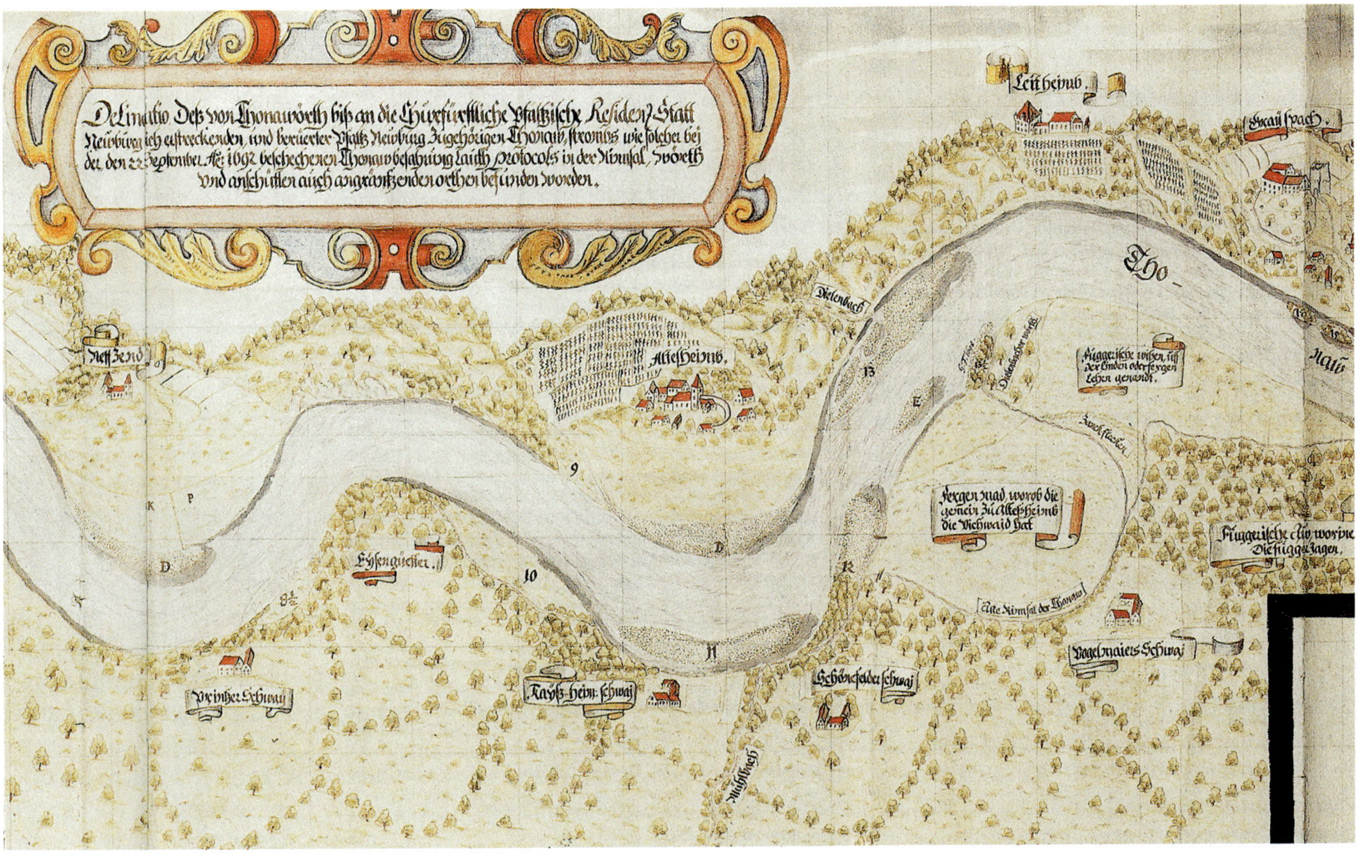

Die Donau von Donauwörth bis Neuburg, mit Weingärten bei Altisheim und Leitheim.
Kolorierte Federzeichnung 1692.
Bayer. Hauptstaatsarchiv

heim, Konstein und Hütting. Ganz in der Nähe von Nassenfels, wurde ein Relief des Weingottes Bacchus aus der Römerzeit gefunden. Auch an den Fund eines römischen Weihesteins mit Traubenornamenten, in Irgertsheim, sei hier erinnert.

Zur Qualität des Weines von der oberen Donau sagt der Monheimer Landrichter Johann Adam von Reisach (1765 – 1820), Neuburger Wein habe wie Neckar geschmeckt. In einer anderen Chronik heißt es: „Dieser väterländische Wein war das Labsal sowohl der Vermöglicheren als der Aermern." Es gibt aber auch andere Stimmen zum Neuburger Wein: „Im Jahre 1639, im Dreißigjährigen Krieg, zogen einige Regimenter an der Donau hinab und begingen große Exzesse in den Orten, in denen sie landeten. Man schickte ihnen von Neuburg einige Fässer Hofwein entgegen. Weil aber dieß ein gar schlechter Trunk ist, erhält der Amtsverwalter Befehl, ein Faß Neckar aufzukaufen und als Geschenk beizulegen."

Unterhalb Ingolstadts setzten sich die Weingärten an den Südhängen zur Donau hin fort in Wackerstein, Irnsing und Dünzing.

DIE HALLERTAU, GROSSE UND KLEINE LABER

Auch die Hallertau, heute durch ihren Hopfenbau berühmt, war einst eine Weinbaugegend. Im Süden hatte der Weinbau an Ilm und Abens Anschluss an das Weinbaugebiet um Freising und Moosburg, nordöstlich setzte er sich in den Tälern der Großen und Kleinen Laber fort.

In der Hallertau ist Weinbau belegt für Hüll, Geisenhausen, Tegernbach, Geroldshausen, Frickendorf, Pfaffenhofen und Elsendorf. Die Flurbezeichnungen *Weinberg, Weinleite* etc. gibt es bei Herrnwalthann, Ascholtshausen und Au, bei Sandelzhausen, Iglthal bei Volkenschwand, Zolling, Martinszell, Aiglsbach, Engelbrechtsmünster, Koppenwall und Ratzenhofen. 1610 war der Weinberg des Schlosses Au in der Hallertau noch bewirtschaftet. Mit der stärkeren Verbreitung des Bieres im 17. und 18. Jahrhundert wechselten dann die Hallertauer Weinzierln zur zunehmend mehr gefragten Sonderkultur des Hopfens über.

Zwischen Regensburg und Landshut durchziehen die Täler der Großen und Kleinen Laber donauwärts das fruchtbare tertiäre Hügelland. Die warmen Südhänge boten sich vielerorts zum Weinbau an. Auch der bayerische Geschichtsschreiber Aventinus vermerkt in seiner Beschreibung

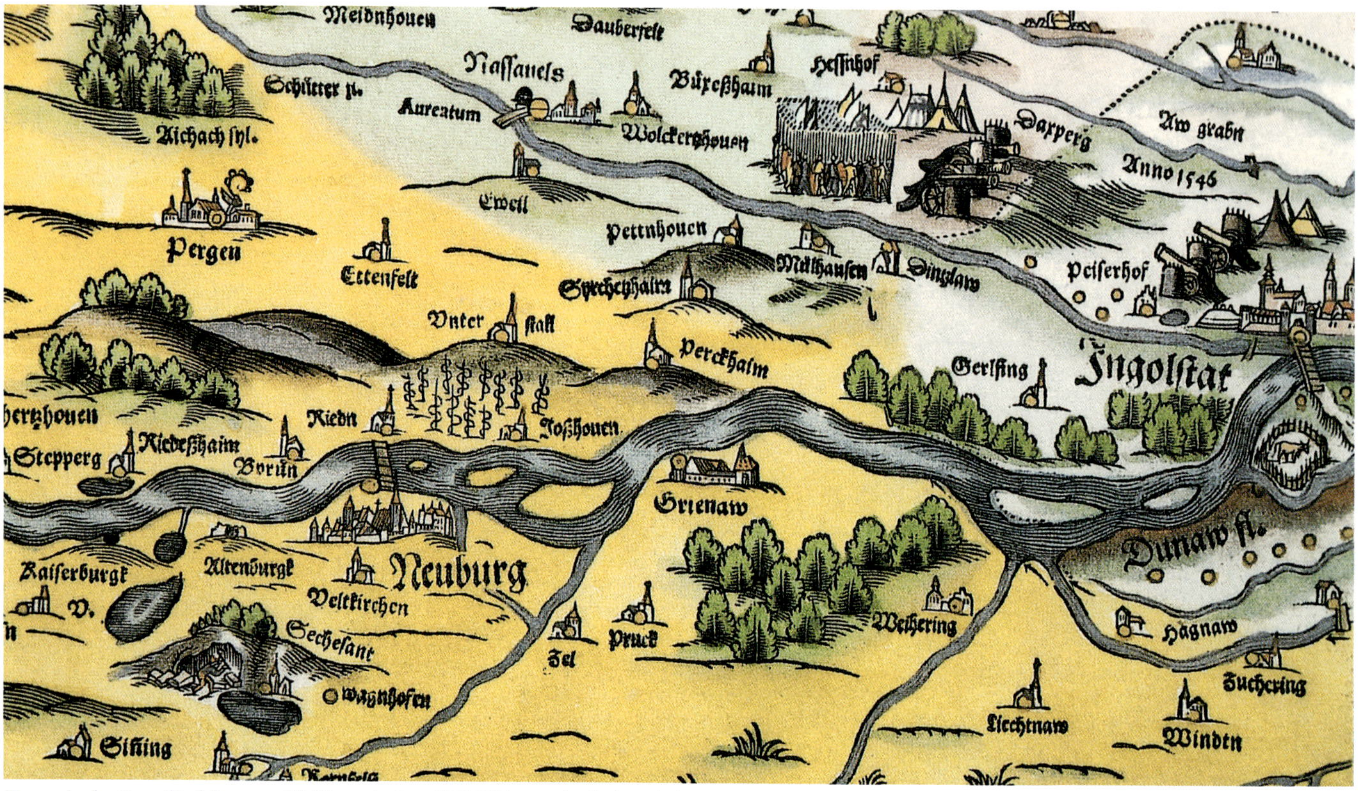

Bayerische Landtafeln von Philipp Apian 1568 (Ausschnitt), mit Weingärten nördlich von Neuburg an der Donau. Bayer. Landesvermessungsamt München

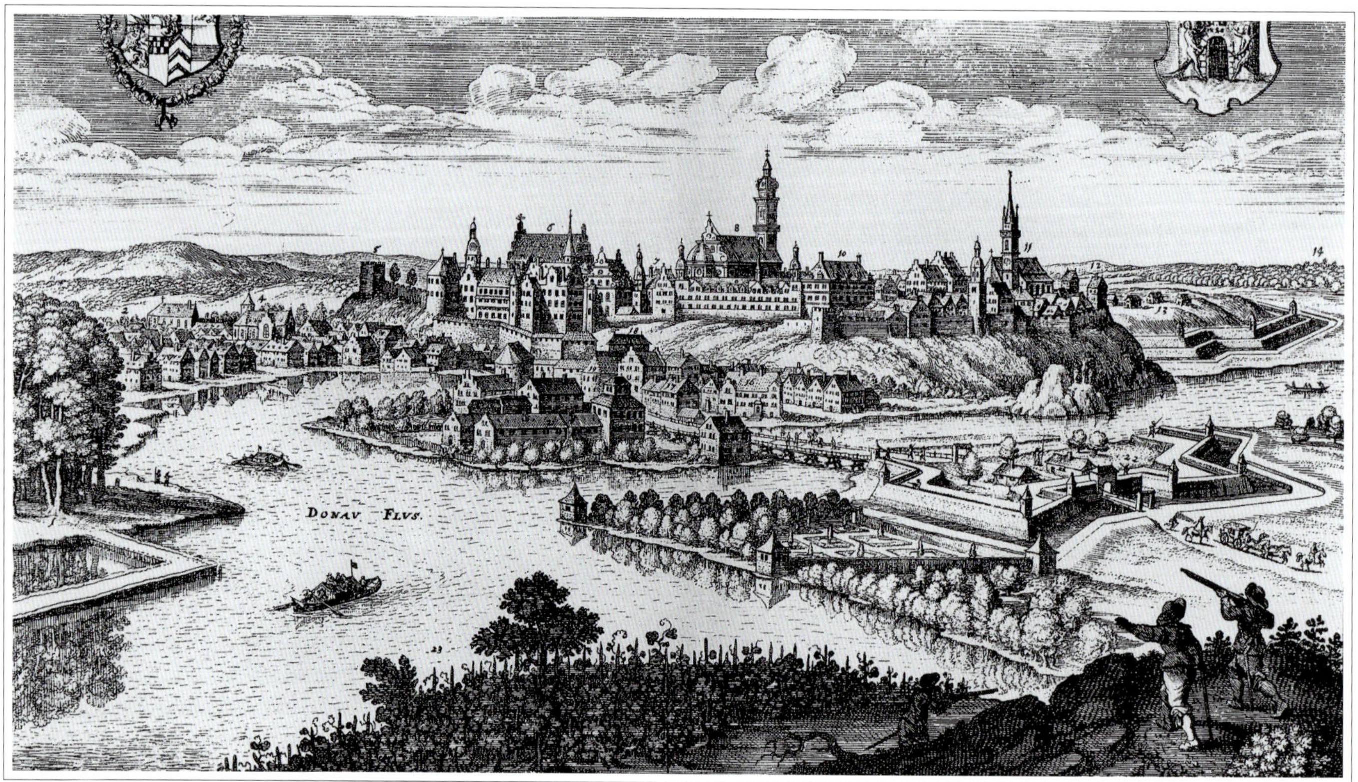

Die Stadt Neuburg an der Donau, im Vordergrund die herzoglichen Weingärten auf dem Hertleinberg. Stich von Matthäus Merian 1644. Bayer. Staatsbibliothek

Ansicht des Klosters Mallersdorf mit Weingärten am Hang vor der Klostermauer. Stich von Michael Wening, um 1700. Bayer. Landesvermessungsamt München

von Niederbayern: „Es ist fruchtparer und hat mer volks dan Oberbaiern; umb die Thonau, Isar und Laber tregt´s wein."

Im Tal der Großen Laber ist das Augustinerchorherrnstift Rohr zu nennen, das in der näheren und weiteren Umgebung Rebflächen besaß. Weinbau in Schierling ist erstmals 1250 in einem Salbuch des Regensburger Stiftes Niedermünster erwähnt. Im Urbar des churfürstlichen Kastenamtes Eggmühl von 1578 ist über die Weinberge vermerkt: „Mer zu Niederlaichling (Unterlaichling) ainen Weinberg zwainzig Tagwerch Mannß Arbeit groß, stosst hinauf an ain Gehülz, der Teißerperg genannt, so auch zu ainen guetten Wein Jahr zehn Emer (Eimer) ertragen khan." Über einen zweiten Weinberg, an der Laber gelegen und zum Schloss Schierling gehörig, wird berichtet, dass er „vierzig Tagwerch Mannß Arbeit groß" ist und pro Jahr wohl 30 Eimer Wein trägt.

Ca. 10 Kilometer südlich der Großen Laber verläuft parallel dazu das Tal der Kleinen Laber. Dort sind mit Mallersdorf, Lindhart und Sallach Weinbauorte mit großer Tradition. Erste schriftliche Nachweise liegen für das Jahr 1140 vor, als der Ministeriale (hoher Beamter) Aribo sein Gut in Hadersbach mit 10 Joch, ferner drei Weinberge in Greißing und eine Anzahl höriger Leute dem Kloster Obermünster in Regensburg schenkte. Für 1180 ist Weinbau in Piegendorf belegt. Die Qualität des Baierweins aus dem Labertal muss nicht so gut gewesen sein, denn der Bischof von Regensburg soll den Labertaler Weinzierln einmal geraten haben, den Weinanbau aufzugeben, weil ihr Erzeugnis so überaus säurereich sei.

Kloster Mallersdorf selbst besitzt eine gleichermaßen alte wie auch junge Weintradition. Im Jahr 1100 wird erster Weinbergsbesitz erwähnt. Um 1830 gab es bei Mallersdorf und Walpersdorf noch einige Weingärten. Der dort gewonnene Wein soll in guten Jahren auch als Messwein verwendet worden sein, während er in ungünstigen Jahren etwas aufgezuckert nur einen Tischwein ergab.

Heute sind im Kloster Mallersdorf die Armen Franziskanerinnen zu Hause. Sie haben die alte Weinbautradition des Klosters wieder aufgenommen und an der Südfassade und im Klostergarten Reben gepflanzt.

DIE WEINSTADT MÜNCHEN

Eher dem Bereich der Sage zuzuordnen ist wohl die Meldung, der hl. Korbinian, Bischof von Freising, habe 724 neben Weinpflanzungen bei Freising auch „auf dem Gasteigberg bei München" das Pflanzen von Reben angeordnet. Um diese Zeit gab es nämlich noch kein München und der Flurname „Gasteig" erscheint erstmals im Jahre 1293.

Durch Papst Innozenz IV. im Jahre 1250 urkundlich belegt sind jedoch

Weingärten des Münchner Heilig-Geist-Spitals bei „Senthelingen" (Sendling) und „Pugenhausen" (Bogenhausen). Ein Stich von Matthäus Merian aus dem Jahre 1657 zeigt Weingärten an der Isar im Bereich der heutigen Baader- und Erhardtstraße.

Herzog Wilhelm V. von Bayern hatte um 1590 im Garten der „Maxburg" in München drei Reihen Wein pflanzen lassen, wozu – verbunden mit großen Unkosten – Reben aus Ungarn, Österreich, Italien und Frankreich sowie vom Rhein, vom Neckar und der Tauber beschafft wurden. Der daraus gekelterte Wein soll manches Jahr „bey 50 Eimer gehabt haben". Zur Qualität dieses Münchner Weines berichtet 1611 der Ausgburger Patrizier Philipp Hainhofer: „Und als ich Ihrer Dhlt. von Ihrer Frstl. Gnaden in Pommern Weinwachs beym Schloß gesagt, daß er so gut als der Rheinwein, haben Sie mir zur nachtmahlzeit zwo große Flaschen Ihres (Münchner) gewächß geschicket, als einen rotten, den Sie Rappes (Kräuterwein, Würzwein) nennen, und ein schiller, der so schön im Glaß, als wannß ein Carfunkel wäre und kein schönern Wein nie gesehen habe, und ist nit nur schön, sondern auch gut daneben."

Wenn mit diesen Meldungen auch Weinbau in München belegt ist, so war die Isarstadt doch eher ein Verbrauchszentrum und Handelsplatz für Wein. Auch in München, der heutigen Hauptstadt des Bieres, war bis zum Ende des 16. Jahrhunderts der Wein das dominierende Volksgetränk. Der Münchener Markt war im Mittelalter ein bedeutender Umschlagplatz für Wein. Von Mittenwald kamen per Floß die Welschweine sowie die teuren Südweine aus Venedig in die Stadt. Eine Floßlände an der Isar, bei der heutigen Ludwigsbrücke gelegen, war als Weinlände ausgesteckt. Von Friedberg her kamen die Neckar- und Elsässer Weine in die Stadt. Sie waren mengenmäßig bedeutend, konnte man doch beim Transport als

Weinbuch:
Von Baw/Pfleg vnd Brauch des Weins: Allen Weinbaw Herren/ Weinhändlern/ Wierthen vnd Weinschencken sehr notwendig zu wissen.
Daneben auch von anmachung/erhaltung/vnd wider zu rechtbringung der Kreuterwein/Brandwein/Essig/Meth vnd Bier/vnd wie dieselbige langwirig erhalten werden mögen.
Durch Johann: Rasch zu Wien an tag geben.
Getruckt zu München/bey Adam Berg.
Mit Röm: Kay: May: Freyheit nit nachzu trucken.

Titelblatt des Münchner Weinbuches von Johann Rasch, 1583. Staatliche Bibliothek Regensburg

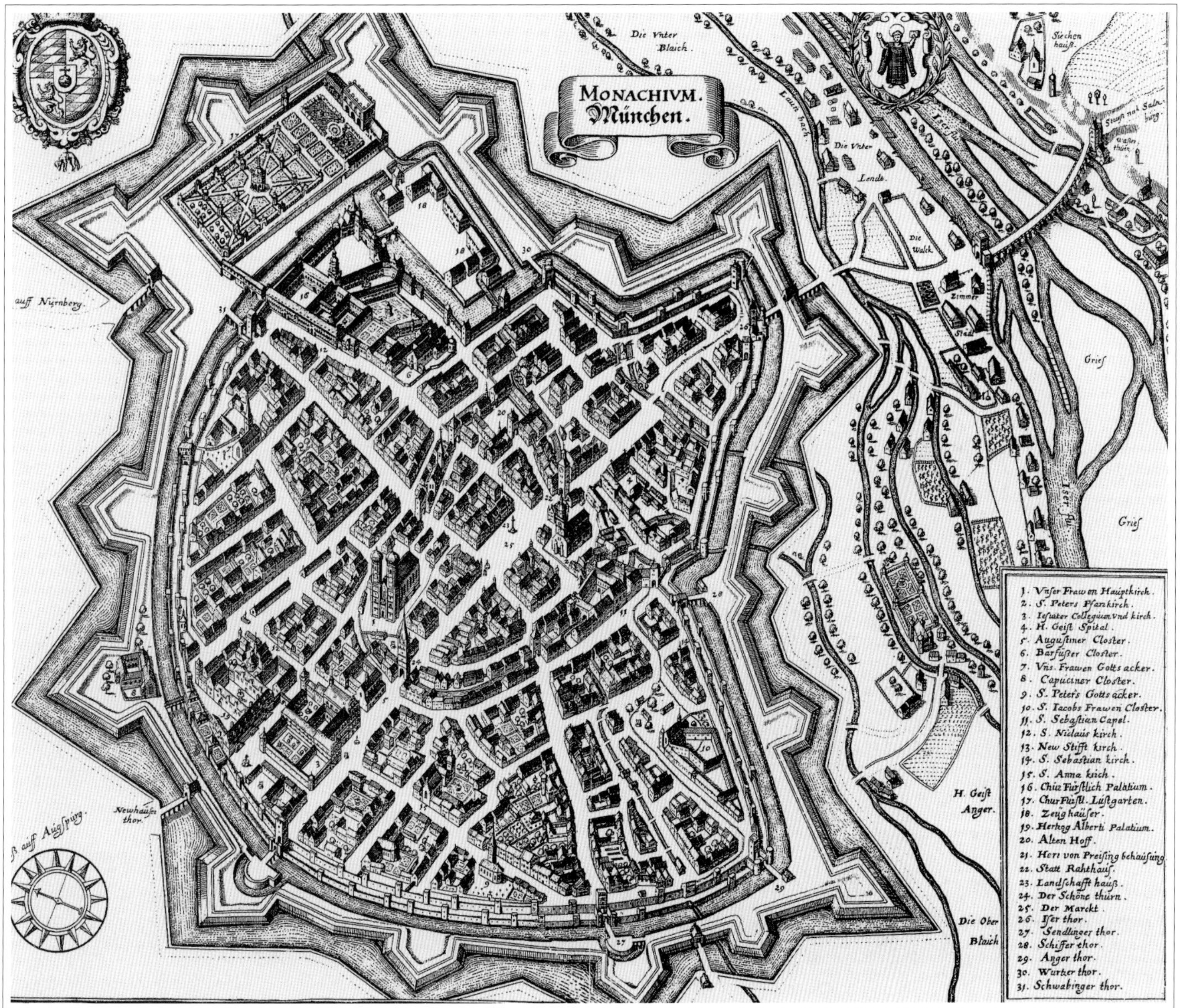

München aus der Vogelschau, mit drei Weingärten an der Isar im Bereich der heutigen Baader- und Erhardtstraße. Dort steht heute das Europäische Patentamt. Stich von Matthäus Merian 1657. Bayer. Staatsbibliothek

Rückfracht Salzlieferungen nach Württemberg und in die Schweiz abwickeln. Der Baierwein wurde aus Kelheim, Donaustauf und Landshut in die Herzogstadt geliefert. Osterwein kam die Isar herauf, dieser Transport war jedoch mangels geeigneter Rückfracht kostspielig. Frankenwein wird schon in der Ungeldordnung von 1385 erwähnt. Weine vom Rhein und aus der Pfalz tauchen in München erst später auf.

Das Hauptkontingent bei den Fremdweinen stellte der Welschwein aus Südtirol, weshalb hierfür auch nähere Herkunftsbezeichnungen üblich waren. Von den schweren und teuren Südweinen erscheinen auch auf dem Münchner Weinmarkt Rainfal, Muskateller, Bassaner, Griechel, Malvasier und Romanier.

Auch der Weinkeller des Münchner Herzogshofes zur Zeit Wilhelms V. scheint gut sortiert gewesen zu sein. Das Weinverzeichnis von 1585 des Haushofmeisters umfasst 27 Weine: „Muscatell, Rainfall, Malvasier, Rosatzer, Traminer, Vintico, Leytacher, Fürnatscher, Brixner, Planitzer, Feldliner, Genßfiesler, Manghamer, Federhaimer, Seewein, Wipacher, Scharniol, Multiprianzer, Reinischwein, Neckherwein, Österreicher, Elsässer, Franckhenwein, Ungerischwein, Rappes, Rott Bayer(ischer), Weyß Bayer(ischer)." Dazu kamen noch elf Kräuterweine. Dem Wunsch nach Abwechslung konnte also entsprochen werden.

Die Münchner Ratsherren standen dem Herzog wenig nach. Der Rat der Stadt genehmigte sich im Jahre 1625 bei seinem Schwörmahl, nach der Vereidigung, 160 Maß Neckarwein, 105 Maß Traminer, 22 $^1/_2$ Maß Leydacher, zehn Maß Rainfal und eineinhalb Maß Wermutwein. Bewältigt wurde dieses Quantum von 36 Ratsmitgliedern, wobei sicher auch etwas für den Haustrunk bestimmt war. Als 1431 drei Ratsmitglieder zu Verhandlungen nach Straubing abgesandt wurden, gab man ihnen ein ansehnliches Quantum Malvasier und Romanier mit, damit sie entsprechend witzig und schlagfertig seien und von den herzoglichen Räten nicht übertroffen würden. Aber auch kirchliche Einrichtungen bekamen Weingeschenke. So erhielten die Kapuziner und Franziskaner vom Rat der Stadt jährlich eine bedeutende Menge Wein als Fastentrunk. 1631 schickte man den Jesuiten ein Fass Wein mit viereinhalb Eimern, dazu acht westfälische Schinken. Die Pfründner des Josephspitals bekamen 1620 vom Rat an Peter und Paul 81 Maß und an Ostern 33 Maß Wein. In den Spitälern war die tägliche Weinration allgemein üblich. Da hierbei nur von Wein allgemein die Rede ist, wird es wohl gewöhnlicher Baierwein gewesen sein.

Am Verbrauchszentrum München hatte der Weinmarkt, der immer montags stattfand, bis Mitte des 16. Jahrhunderts eine immer größere Ausdehnung erfahren. Der Weinmarkt war der allgemeine Marktplatz, der heutige Marienplatz. Schließlich steht das Münchner Rathaus nicht nur am Marienplatz, sondern auch an der Weinstraße. Diese wird 1353 erstmals erwähnt. Unter lauter Gassen war sie früher die einzige Straße, da diese Bezeichnung den überörtlichen Handelswegen vorbehalten war. Die Weinhändler und Visierer wohnten in der Weinstraße.

Bestandteil des Weinmarktes waren die seit 1400 vom Rat der Stadt eingerichteten öffentlichen Weinkeller und Weinstädel sowie der 1450 am Anger eingerichtete Eichstadel. Von 1428 bis 1807 befand sich einer dieser Weinkeller an der Ecke Marienplatz-Dienerstraße, der heute den Ratskeller beherbergt. Das Ungeld auf alle Getränke war auch in München zu entrichten, wobei am städtischen Ungeldamt auch ein „Weinaufschlagshauptpolitenschreiber" (Polite = Quittung) tätig war.

Das gängige Wein- und Metmaß im alten München war der Halbpfünder, eine halbe Maß. Die bayerische Maß hatte 1,069 Liter. Zwei Maß gaben ein Kandel, 15 Maß ein Viertel (Vierteleimer), der Eimer hatte in München 60 Maß (64,2 Liter), war also etwas größer als der Regensburger Eimer. Ein Napf war der sechzehnte Teil eines Eimers. Ein Tiroler Wein- und Branntweinmaß, die Irn oder Yrn mit 72 Maß, war auch in München gebräuchlich. Das Lagel oder Lägel war auch hier das kleinste Weinfass mit knapp einem Eimer Inhalt. Mit dem Eimer war in München auch das Fuder (32 Eimer) und der Dreiling (24 Eimer) etwas größer als in Regensburg. Im 19. Jahrhundert brachte die Auflösung der alten Zunftordnungen und die allgemeine Liberalisierung eine weitgreifende Umgestaltung des wirtschaftlichen Lebens. München wandelte sich von der mauerumschlossenen Residenzstadt zur weltoffenen Großstadt. Die Weinstadt München war vergangen, das Münchner Braugewerbe machte die Stadt zur Weltbiermetropole. Gleichzeitig hat jedoch München heute unter den deutschen Großstädten den höchsten Pro-Kopf-Verbrauch an Wein.

ERDING, FREISING UND MOOSBURG

An der Moosach bei Eching, beim heutigen Autobahn-Rastplatz Fürholzen, gab es Weingärten an der Südseite der Hügelkette bei Günzenhausen und Ottenburg sowie in Fürholzen selbst. Ferner gab es Weinbau in Wartenberg, Jettenstetten und Niederwörth bei Erding, wo die Prämonstratenser von Schäftlarn um 1180 einen Weinberg besaßen.

Auf dem Weihenstephaner Berg in Freising wird heute an der Technischen Universität bzw. Fachhochschule Brauwesen, Landwirtschaft, Forstwirtschaft, Gartenbau und Lebensmitteltechnologie gelehrt. Auch wenn Weihenstephan als Bierhochburg weltweit großes Ansehen genießt, gibt es dort auch Vorlesungen zum Weinbau und zur Kellerwirtschaft. Dazu wurde um 1970 ein kleiner Experimentierweingarten angelegt, dem in manchen Jahren der warme Föhnwind zur besseren Ausreife durchaus gut tut.

Im Jahre 724 sollen einer Sage nach unter Bischof Korbinian Weinpflanzungen bei Freising erfolgt sein. Die Weinberge um das Jahr 1000 im Isar- und Ampertal wurden schon erwähnt. Große Stücke sogar hielten die Freisinger Bischöfe trotz stattlichen Weinbergsbesitzes in Südtirol auf ihre Isarweinberge bei Freising und Moosburg. Im 12. Jahrhundert findet sich Freisinger Weinbergsbesitz in Berghofen, Gammelsdorf, Ried, Wang und Weng. In Pfrombach und Pottenau bei Langenpreising, rechts der Isar gelegen, hatte das Kloster Tegernsee Weingärten. Ferner gab es Weinbau in Oberappersdorf und Wimpasing, Inzkofen, Inkofen, Margarethenried, Reichersdorf, Volkmannsdorf, Edlkofen und Bruckberg. Entlang der Isar von Freising bis Landshut sowie im nördlichen Hinterland war also der Weinbau zu Hause.

Weinbau bei Moosburg ist in einer Urkunde des Landshuter Klosters Seligenthal für das Jahr 1270 überliefert. 1409 ist von einem in der Stadt im *Weingraben* gelegenen Weingarten die Rede. Bis zum Jahre 1722 wird er in Urkunden als Besitz der Wittelsbacher Kurfürsten mehrmals erwähnt. Der Baierwein scheint den Moosburger Chorherrn vom Stift St. Kastulus etwas zu rau gewesen zu sein. Im Jahre 1293 bemühten sie sich jedenfalls um zollfreie Durchfuhr von Südtiroler Weinen, was ihnen auch von Herzog Meinhard von Kärnten und dem Grafen von Tirol für jährlich 10 Fuder gewährt wurde. Zufrieden mit der Qualität des Baierweins war dagegen der Ritter Heriman von Gammelsdorf, der sich jährlich ein Fuder Wein von den nahen Hängen nördlich der Isar bei Tondorf bringen ließ.

Aus Bruckberg bei Moosburg mit dem Römerweinberg liegen zahlreiche schriftliche Nachweise zum Weinbau vor. Fünf herzogliche Weinlehen waren hier dem Herzogskasten in Landshut abgabepflichtig, wobei in einem Fall gegen Ende des 15. Jahrhunderts jährlich vier Eimer und acht Maß Naturwein geliefert werden mussten. Auch ist überliefert, dass die Einkünfte des Pfarrers Ende des 15. Jahrhunderts zu zwei Dritteln aus Getreide- und Weinzehenten bestanden. Im Jahre 1578 bekam der Pfarrer bei Hochzeiten neben Geld, einer Suppe und acht Broten auch ein Viertel Wein. Für die „Besingung bei Begräbnissen" waren neben Weizenmehl, Eiern und einer wächsernen Kerze zwei Maß Wein üblich. Beim „fürstlichen Scharwerk auf Schloss Isareck" wurde der Wagen des Pfarrers Clemens von Bruckberg derart schwer mit Wein beladen, dass ein Pferd tot umfiel.

LANDSHUT

Auf eine große Weinbautradition kann auch die Stadt Landshut zurückblicken. Hier hielt sich der Weinbau im Gegensatz zu vielen Streulagen Altbayerns bis ins 19. Jahrhundert. Die früheste Nachricht über Weingärten bei Landshut weisen für Altdorf, Eugenbach und die Stadt Landshut selbst in das Jahr 1240, für die Hofmark Berg in das Jahr 1295. Alle Südhänge um die Stadt, der Klausenberg, der Birkenberg und der Buchberg trugen Reben, vor allem der heutige Krankenhausberg, das Hörndl und der Bereich der neuen Bergstraße.

Als Förderer des Weinbaues um Landshut ist vor allem Herzog Friedrich (1375 – 1393) bekannt. Im Jahr 1380 ließ er an den Höhen der Burg Landshut, ab 1551 Burg Trausnitz genannt, Reben pflanzen. Deren Pflege war ihm ein besonderes Anliegen. Zur Verbesserung des Weinbaues hat er Burgunderreben nach Landshut bringen lassen, worüber auch ein alter Spruch berichtet:

„Der Wein erfreut des Menschen Herz, Drum pflanzte Friedrich allerwärts. Im Isartale Burgunds Reben. Froh sollen seine Bürger leben!"

Das Urbar des Kastenamtes Landshut vom Jahre 1439 weist allein 112 Weingärten am Hofberg aus, wovon der fünfte Teil an die Hofkellerei abgegeben wurde. 1494 wurde unter der Trinkstube des Rathauses im Zwerchgassl ein Weinstadel errichtet. Um 1580 zählte man auf dem Hofberg 195 Weingärten. Auch in der Hofmark Berg lagen größere herzogliche Weinbergsbesitzungen. Zirka 30 Weingärten am Schülerberg, in Hagrain und am Ziegelpeunt sowie die Weingärten der 4 Kaplanhäuser waren dem Zehenthof zugeordnet. Um den Gaishof, wo auch eine Weinpresse stand, gruppierten sich 27 herzogliche Weingärten. Dazu kamen einige Rebflächen in Achdorf und beim Bründl. Auch das Kloster Seligenthal hatte einen größeren Weinbergsbesitz in der näheren Umgebung. Dass Landshut 1544 auch Sitz eines Weinaufschlagsamtes wurde, ist damit verständlich.

In einer Beschreibung von 1578 zu Landshut heißt es: „Der Boden darum trägt nicht allein sehr mancherlei Baumfrüchte und überaus köstlichen Wein, welcher zugleich Gott und die Menschen erquicken soll, samt gutem Getreid. Die Hügel allda sind geschlacht und voller Weinstöck, dass diese Gegend billig und mit den allerlustigsten und fruchtbarsten in ganz Europa kann verglichen werden."

1551 war ein besonders gutes Weinjahr, wobei in Achdorf bei Landshut 2151 Eimer Wein geerntet wurden. In Hagrain bei Landshut waren es 714 Eimer, in Berg 496 Eimer, in Altdorf 242 Eimer und in Thürnthenning 878 Eimer, sodass um Landshut in diesem Jahr gut 280000 Liter Wein eingefahren werden konnten. Bei einem angenommenen Ertrag von 10 Hektoliter je Hektar entspräche dies einer Rebfläche

Landshut von Südwesten, mit Weingärten um die Burg Trausnitz. Kupferstich nach einer Zeichnung von Georg Hoefnagel 1578. Verkehrsverein Landshut e.V.

von ca. 280 Hektar. Weniger günstig scheint das Weinjahr 1600 gewesen zu sein. Jedenfalls berichtet der Rat der Stadt Landshut am 30. September, er habe „schlechte Hoffnung von dem Weingewächs, wenn nicht der Allmächtige Hiez und Wärme und noch mehreres erscheinen lasse".

So waren nicht alle Stimmen zum Isarwein positiv. Über manchen Jahrgang wurde berichtet, dass er „sauer und abgeschmach sei, also man nicht Lust habe, welchen zu trinken, vielweniger zu kaufen". Der Rentmeister von Landshut berichtete einmal dem Herzog nach München, der niederbayerische Wein sei „ein schlechter Trankh".

In Altdorf gab es Ende des 16. Jahrhunderts ca. 25 Weingärten. Zu dieser Pfarrei gehörten auch Eugenbach, Pfettrach und Furth. Ostergaden und Oberwattenbach erscheinen ebenfalls als Weinorte. In Riedels Reiseatlas von Bayern wird die große Landstraße von Landshut durch die Hallertau nach Ingolstadt als „Weinstraße" bezeichnet. Vom Weinbau bei Altdorf wird 1796 berichtet, dass die Trauben gut sind, der Wein selbst jedoch bitter.

Der Landshuter Gobelin – ein Prachtstück! Einen Beweis für die intensive Weinkultur bei Landshut liefert dieser 1612 gefertigter Wandteppich. Kurfürst Maximilian I. hatte seinen Hofmaler Peter de Witte, genannt Peter Candid beauftragt, die 12 Monate des Jahres in landwirtschaftlicher Symbolik mit altbayerischen Stadtbildern darzustellen. Für den Weinmonat Oktober wählte dieser die Stadtansicht von Landshut mit einem bunten Lebensbild der Landshuter Winzer. Nach Candids Vorlage wurde unter der Leitung von Hans van der Biest in München ein 4 x 5,30 Meter großer Wandteppich gefertigt. Die Abbildung zeigt vor dem Hintergrund der Stadt Landshut und der Burg Trausnitz die Weinlese auf dem Birkenberg, vorne links den von einem Achdorfer Weinzierl abstammenden Hofmarksherr Stephan Schleich, dahinter eine Weinpresse. Die abgebildete Weinpresse kam später in den Besitz des Landshuter Bürgermeisters Schwarz. Dieser vermachte sie 1702 dem Heiliggeistspital.

ORIENS
LANDSH
ALBERTO.D.G.COM:PAL:
RHENI VTRIVSQ BAVARIÆ DVCI.
VNICO NOSTRI SECVLI MVSARVM ALVMNO
A DELITIIS.
DEPING. GEORGIVS HOEFNAGLE ANTVERPIAN.
VIRTVTE DVCE MAGISTRA NATVRA.
MONACI. A° CIϽ.IϽ. LXXVIII.

Weinlese auf dem Birkenberg mit Blick auf Landshut. Wandteppich (400 x 530 cm) Monatsserie „Oktober“ von Hans van der Biest nach einem Stich von Peter Candid, um 1604. Inschrift: „Herrliche Weinlese schäumt in aufgestellten Kufen, und gekelterter Falerner fließt als purpurnes Naß. Er plündert den traubentragenden Boden, und Bacchus triumphiert, und der Monat bringt angeheiterte Wettkämpfe in der Kelter.“ Residenzmuseum München

Bekannt ist auch, dass bei der Landhuter Fürstenhochzeit im Jahre 1475 der Wein in Strömen floß. Die Hochzeit des Landshuter Herzogssohns Georg mit der polnischen Königstochter Hedwig wurde standesgemäß in etwas größerem Rahmen begangen. 170 große Fässer, insgesamt 6173 Eimer Wein (ca. 350.000 Liter!) wurden dabei getrunken. Der Großteil davon, 5616 Eimer, war „gemeiner Tischwein“, also einheimischer Baierwein. Es ist fast anzunehmen, dass auch die herzoglichen Weingärten bei Kelheim und Regensburg zu dem Fest beisteuern mussten. Vielleicht zählt zum genannten „Tischwein“ aber auch Heilbronner Wein aus den dortigen Zehentrechten des Landshuter Hofes. Der Tischwein war fürs Volk. Die hohen Herrschaften dürften sich die qualitativ besseren Fremdweine zugeführt haben. Getrunken wurden davon 25 Lägel Malvasier- und Romanier-Wein, 5 Eimer und 20 Maß Muskateller, 193 Fässchen Reinfal, 18 Eimer Vernetscher, 307 Eimer Hepfwein (Hefewein, Federweißer?) und zwei Eimer Met. Vom Bier ist nicht die Rede. Das Hochzeitsfest dauerte 8 Tage, wobei 333 Ochsen, 1130 Schafe, 285 Schweine, 625 halbjährige Schafe, 1537 Lämmer und

Kitze, 400 Kälber, 684 Spanferkel, 12000 Gänse und 62000 Hühner verzehrt wurden. Für den Baierwein mussten 5616 Pfund und vier Schilling bezahlt werden. Die Fremdweine kosteten 1660 Pfund, 7 Schilling und 19 Pfennig. Der Eimer Baierwein kostete also ca. 1 Pfund Pfennige, der Fremdwein in etwa das Dreifache. Merkwürdig ist der Schlussbericht eines Chronisten zur festlichen Hochzeit: „Es wurde die allgemeine Freude auch durch keinen Unfall getrübt. Nur der Weinaufseher hatte sich, man weiß nicht warum, erhängt."

Die Weinerträge des Landshuter Hofes waren beachtlich, wozu entsprechende Keller nötig waren. Schon 1472 ist von einem Keller bei Hof mit bayerischem Wein die Rede. Um den Wein ordentlich unterbringen und lagern zu können, ließ Herzog Ludwig X. in den Jahren um 1541/42 im äußeren Burghof der Trausnitz einen riesigen Weinkeller anlegen. „54 Stufen führen vom Burghof in den zweischiffigen Keller, wobei die breite Haupttreppe auch als Schrägaufzug für die Fässer diente. Der Keller misst in der Höhe 37 Schuh, in der Breite 54 Schuh und in der Länge 121 Schuh (1 Schuh = ca. 30 cm). Das Kreuzgewölbe wird von drei quadratischen Pfeilern getragen. Die Baukosten beliefen sich auf 3392 Gulden." Ausgeführt wurden die Arbeiten von „welschen" Maurern, die auch die Landshuter Residenz bauten.

Für diesen Keller wurde im Jahre 1554 auch das berühmte Landshuter Fass gebaut. Es war aus Eichenholz gefertigt und fasste 1313 Eimer (nach Landshuter Maß ca. 78000 Liter). Mehrere Treppen und eine Galerie führten zum Spundloch. Nur das Heidelberger Fass war größer. Vielleicht wollten die Landshuter für eine weitere Fürstenhochzeit gerüstet sein. Überliefert ist, dass das Fass im Jahre 1555 mit Baierwein gefüllt war, dann aber auch österreichischen Wein aufnahm.
Meist wird in diesem Zusammenhang nur von dem Landshuter Fass berichtet. In Wirklichkeit beherbergte der herzogliche Keller drei riesige Weinfässer. Das mittlere Fass hatte eine Größe von 1100 Eimern, das kleinere immerhin noch 300 Eimer Fassungsvermögen. Die Fässer standen bis zum Beginn des 19. Jahrhunderts im Keller der Trausnitz, um dann an den Pächter des Kellers, den Brauer Dräxlmayer auf Abbruch verkauft zu werden.

Eine Weinzierlbruderschaft gab es in Landshut schon im Mittelalter. Ihr gehörten die Weinzierln der Hofmarken Berg und Achdorf sowie des Hagrain an. Später kamen auch die von Altdorf, Eugenbach und Tondorf hinzu. In zunftmäßiger Ordnung hielten sie die Ehre ihres Standes hoch. Die Mitglieder nannten sich Brüder und Schwestern. Die Bruderschaft war straff organisiert. An der Spitze standen die Viermeister oder Zechpröpste, die die jährliche Abrechnung aufzustellen hatten. Sie genossen besondere Hochachtung, die übrigen Mitglieder durften sie nicht einmal duzen. Zum Eintritt in die Zunft und Bruderschaft war jeder verpflichtet, der Weinbergsarbeit verrichtete. Die Mitglieder zahlten kleine Jahresbeiträge und am Kircheneingang stand eine Sammelbüchse. Strafgelder wurden fällig, wenn ein Weinzierl sich weigerte, bei der Fronleichnamsprozession die Zunftstange zu tragen, wenn gegenseitig Schimpfnamen benutzt und Versammlungen nicht besucht wurden oder wenn am St. Urbanstag im Weingarten gearbeitet wurde. Im Jahre 1767 hatte ein Weinzierl die Viermeister geduzt, ohne von diesen gerügt worden zu sein, worauf der Weinzierl und die Viermeister mit 12 Kreuzern büßen mussten. Die Weinzierlbruderschaft nahm auch aktiv am religiösen Leben der Stadt teil. Mittelpunkt der Urbani-Bruderschaft war die alte Pfarrkirche St. Margareth in Achdorf. Hier feierten die Weinzierln am 25. Mai den Tag des hl. Urban. Einer der beiden neuromanischen Seitenaltäre war dem Winzerschutzpatron St. Urban geweiht. Leider fiel er der Renovierung von 1952 zum Opfer. Geschlossen beteiligte sich die Bruderschaft jeweils an der Fronleichnamsprozession mit einer Figur des hl. Urban und mit ihren Prozessionsstangen. Die Sitte des „Weinzierlprangens" hielt sich bis in die Neuzeit. In späteren Jahren war es üblich geworden, dass bei der Fronleichnamsprozession eine beschränkte Anzahl armer Kinder hinter der Fahne der Bruderschaft herging. Sie wurden nach dem Umgang „ausgespeist", als Erinnerung an frühere Zeiten, als auch armen Mitgliedern der Bruderschaft geholfen wurde. In der neuen Pfarrkirche St. Margareth in Achdorf findet sich der hl. Urban als eine der vier Figuren des Hochaltars, hier allerdings ohne das Attribut der Traube.

Trotz des allgemeinen Flächenrückganges hielt sich der Weinbau um Landshut erstaunlich lange.
Ein Bericht über den Hofberg aus dem Jahre 1710 besagt, dass „der Weinwachs den Untertanen die meiste Handlung und Nahrung gibt, nach des Landes Art aber nur mittelmäßig ist". Ein rühriger Landshuter Winzer war es auch, der im Jahre 1770 in der Au bei München ein „Baierwein-Wirtshaus" aufmachte, um dort unter Protest der anderen Wirte seinen in Landshut gewachsenen Baierwein auszuschenken.

Die Erträgnisse des kurfürstlichen Hofes in Landshut aus eigenen Weingärten betrugen im Jahre 1802 nur noch 37 Eimer Weißwein und 3 Eimer Rotwein. 1803 fand die letzte

Lese in den kurfürstlichen Weingärten statt. Bald darauf wurden auch die Kellerämter aufgelöst.
Der Chronist Staudenraus lobte noch 1830 die Weinberge auf dem Hofberg und in Achdorf, „die von der Altstadt aus einen erfreulichen Anblick gewähren".

Wehmut und die Erinnerung an weinselige Zeiten klingt in einem Gedicht aus dem Landshuter Wochenblatt des Jahres 1833 durch, wobei der unbekannte Dichter nichts über den Baierwein kommen lässt:

„Zum Scherz, meint ihr, will mein Lied erklingen? Oh nein, ihr Leutchen, nein: In allem Ernst will ich ein Loblied singen, Dem lieben Bayerwein. Ein Winzerland war rings, ein Rebengarten der schöne Isarstrand; Die sonnigen Hügel und die hohen Warten Umschlang ein Rebenland ..."

Dingolfing, heute durch sein BMW-Werk bekannt, hatte besonders günstige Weinbaulagen. Im Jahre 1544 wurde in Dingolfing ein herzogliches Weinaufschlagsamt eingerichtet, was auf üppigen Weinbau in der näheren Umgebung schließen lässt. Zu den ehemaligen Weinorten zählen hier Oberköllnbach, Weng und Rimbach. Die Kirchenpatronin in Rimbach hieß „Maria zu den Weinzierlen". In Thürnthenning wurde Wein gebaut, der 1484 und späterhin so ausgezeichnet gewesen sein soll, dass man an der herzoglichen Tafel in München „Thürnthenninger" als Ehrenwein kredenzte. Die niederbayerische Sonne hat dort auf den warmen Südosthängen besonders feine Trauben reifen lassen, weshalb die Gegend im 16. Jahrhundert auch das „bayerische Franken" genannt wurde. Der Weinanbau hielt sich hier recht lange. Schmeller berichtet nämlich, dass „1834 zu Cölnbach, Moos- und Dürnthening über 150 Eimer nicht üblen Isarweins gezogen wurden". 1853 waren noch 13 Hektar mit Reben bestockt.
Im benachbarten Rottal ist Weinbau in Eggenfelden, bei Griesbach, in Karpfham, Tettenwies, Grub und Geroling sowie bei Rotthalmünster und Pocking überliefert.

WEINBAU IN DEN STREULAGEN SÜDBAYERNS
Im heutigen Regierungsbezirk Schwaben gab es Weinbau in Kempten, ebenso in Weinhausen bei Kaufbeuren, in Weinried bei Babenhausen

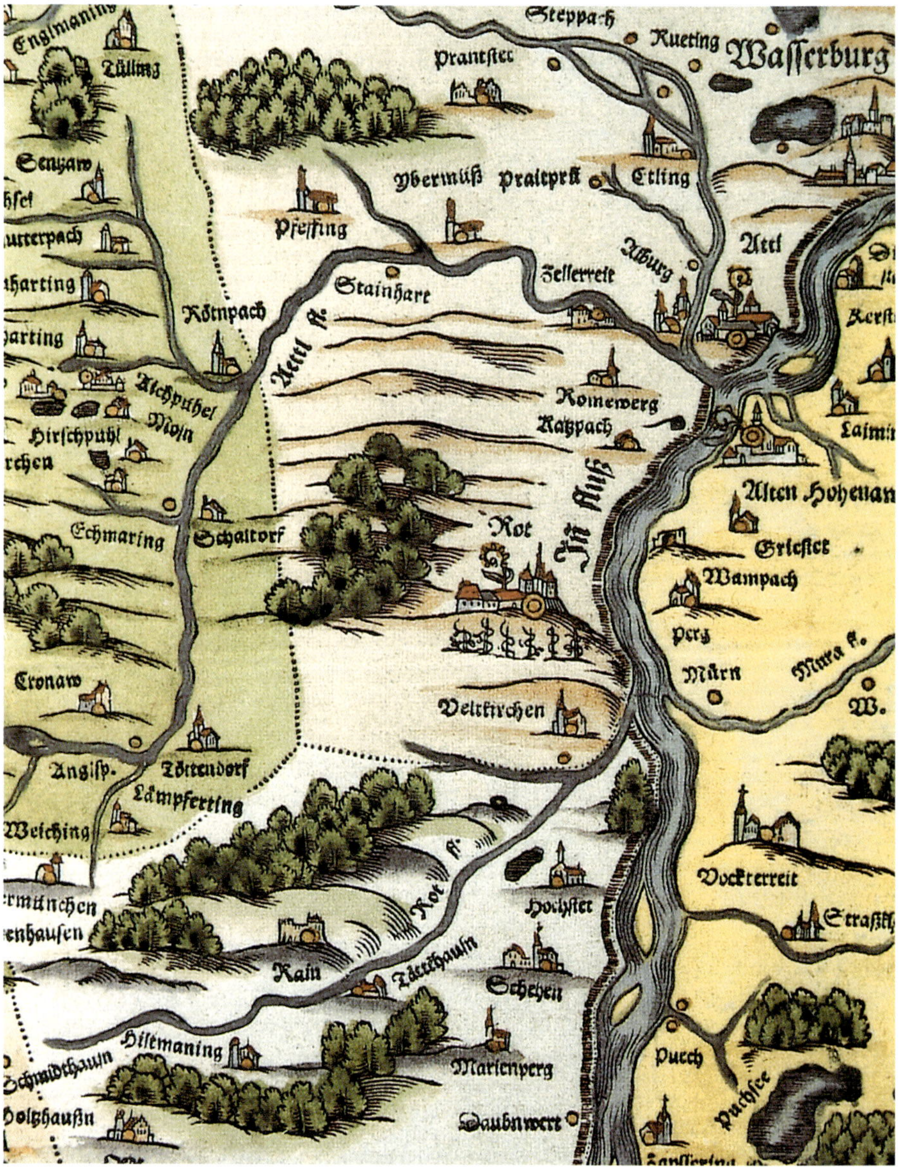

Bayerische Landtafeln von Philipp Apian 1568 (Ausschnitt), mit Weingärten bei Rott am Inn. Bayer. Landesvermessungsamt München

Das Wildbad Adelholzen bei Traunstein, hinter dem Kurgebäude ein Weingarten. Stich von Matthäus Merian 1644. Bayer. Staatsbibliothek

und bei Wettenhausen, außerdem im Lechtal bei Landsberg, Klosterholzen und in Weindorf am Staffelsee. Auch im oberen Isartal wurde im Mittelalter da und dort Wein gebaut. Rebflächen gab es bei Andechs, Fürstenfeldbruck, Maisach und Olching sowie in Petershausen an der Glonn.

Am Inn oberhalb von Mühldorf reihten sich Weinbauorte in Salzburger Besitz. Roßessing, Aschau am Inn und Troibach liegen eng beieinander und dürften bereits um das Jahr 1050 ein kleines Weinbaugebiet dargestellt haben. Dazu gehört der Ort Weingarten bei Au am Inn. Das Augustinerchorherrnstift Gars am Inn besaß um 1107 einen Weinberg in Untermödling bei Au, ebenso um 1137/46 einen solchen in Wimberg bei Mühldorf.

In Wasserburg lagen Weinberge an der Südseite des Burgberges, der sogenannten *Weinleite.* Der Wasserburger Innwein hatte einen sehr guten Namen, denn er war an der Tafel der Landshuter Herzöge sehr beliebt, besonders bei Herzog Georg dem Reichen. In Vogtareuth hatte das Regensburger Kloster St. Emmeram größere Besitzungen, darunter etliche Weingärten.

Früher Weinbau ist auch für das Gebiet rund um den Chiemsee belegt, worauf viele Orts- und Flurnamen wie *Weingarten* und *Weinberg* hindeuten. In der Umgebung von Tegernsee ist 1356 vom Weinbau die Rede. Das Kloster Tegernsee betrieb Weinbau auf der Tuften, dem späteren Wohnsitz von Ludwig Thoma. Selbst in der „wilden Gebirgsgegend der Herrschaft Hohenwaldeck" wurde ehemals Weinbau betrieben, so z.B. auf dem *Weinberg* bei Schliersee, wo es eine *Weinbergkapelle* gibt.

Auch die Zisterzienserabtei Raitenhaslach bei Burghausen betrieb Weinbau. Die steilen, windgeschützten Salzachhöhen in unmittelbarer Nähe des Stifts boten sich hierfür an.

Der Weinbau scheint sich im Voralpengebiet und rund um den Chiemsee schon bald wieder aus der Fläche zurückgezogen zu haben. Um das Jahr 1200 ist von einer Klimaverschlechterung die Rede. Hauptgrund für den frühen Rückgang des Weinbaues dürfte aber der umfangreiche Weinbergsbesitz der oberbayerischen Klöster im klimatisch günstigeren Südtirol und in der Wachau gewesen sein.

Der Baierwein in Kunst und Brauchtum

Üppig durchrankt er Religion und Kunst

Wie in allen Weinbaugegenden gibt es auch im Gebiet des Baierweins viele Beispiele, in denen der Zusammenklang von Wein, Frömmigkeit und Kunst zum Ausdruck kommt.

Die Verehrung des hl. Urban als Winzerschutzpatron prägte häufig das religiöse Leben in den Weinbauorten. Die Verherrlichung in der Kunst ist eine Form dieser Verehrung.

In der Bibel spielt der Wein eine große Rolle. Über 200 weinspezifische Stellen sind gezählt worden, wobei wahrscheinlich das Weinwunder bei der Hochzeit zu Kana die geläufigste ist. Oft muss der inhaltschwere Satz aus dem Psalm 104,15 herhalten, der da lautet: „Der Wein erfreue des Menschen Herz!" Wasser, das ist der alte Glaube, Wein steht für das Neue, das Christentum.

Der Weinstock, die Rebe und der Wein nehmen daher in der christlichen Kunst und Symbolik einen breiten Raum ein. Bei derartigen Darstellungen muss nicht immer ein direkter Zusammenhang zum Weinbau gegeben sein. Wo sie jedoch regional gehäuft auftreten und sehr naturgetreu ausgeführt sind, können sie als Zeugnis dafür gelten, dass die Rebe und der Wein im Alltagsleben der Menschen gegenwärtig waren.

Es war ein Zug der Zeit, in der ein Großteil der Gläubigen nicht lesen und schreiben konnte, religiöse Gedanken bildlich, greifbar, fassbar darzustellen. Der Weinbau war im Mittelalter weit verbreitet und damit derartige Sinnbilder für das Volk anschaulich.

Die Darstellung Christi in der Kelter oder das mystische Kelterbild

In Weinbaugegenden wurde häufig die Darstellung „Christus in der Kelter" aufgenommen, der aktive Keltertreter als Sinnbild des Strafgerichtes Gottes bei der Vernichtung feindlicher Völker: „Ich allein trat die Kelter, kein Mann aus den Völkern Israels stand mir bei" (Jesaia 63,1-6). Später wurde die Deutung erweitert durch den passiv leidenden Heiland, der mit dem Kreuz die Schuld der

Christus in der Kelter. Granitsäule, von Reben umwunden, an der Kirche von Stadlern bei Schönsee/Oberpfalz. Der tabernakelartige Aufsatz zeigt Christus in einer Doppelspindel-Kelter, aufrecht und mit gefalteten Händen die Kelter tretend, ca. zweite Hälfte des 17. Jahrhunderts.

Christus in der Kelter, bayerische Schule um 1500.
Während die Konstruktion der Baumpresse wenig mit einer funktionierenden Kelter zu tun hat, ist das Umfeld um so realistischer dargestellt. Da sind praktische Küfer am Werk, die ein Faß mit rotem Wein befüllen, sowie Schröter, die auf einer Schrotleiter ein Weinfaß transportieren. Bayerisches Nationalmuseum

Welt trägt. Auch hier war er allein. Für die bildliche Darstellung entstand der Begriff des „mystischen Kelterbildes". Christus als die in der Kelter gepresste Traube, deren Saft, Christi Blut, zum Wein der Eucharistie wird. Ein anschauliches Gemeinschaftszeichen, wobei man bedenken muss, dass bis in das 15. Jahrhundert der Laienkelch praktiziert, das heißt das Abendmahl in beiderlei Gestalt von Brot und Wein gereicht wurde.

Die hl. Maria gelangte schon früh in den Ruf, auch eine Schutzpatronin der Winzer zu sein. Sie nimmt als Traubenmadonna einen Ehrenplatz unter den Weinheiligen ein. Der große Prediger Berthold von Regensburg (1272) vergleicht die Gottesmutter Maria mit einer Rebe und sieht Christus als die an ihr gewachsene Traube. Von Johann Damascenus (673 – 749) stammt der Ausspruch: „Von der heiligen Jungfrau Maria haben wir die Traube des Lebens empfangen." Die Darstellungen des Jesuskindes mit einer Weintraube entstanden im 14. Jahrhundert vor allem in Frauenklöstern. Sie beziehen sich auf das Johannes-Evangelium, wonach Christus der wahre Weinstock sei.

DER WINZERSCHUTZPATRON ST. URBAN

Die Hoffnung ist dem Volksmund nach die größte Tugend des Winzers. Nach einem ungünstigen Frühling hofft er auf einen besseren Sommer, nach einem verregneten Sommer auf einen sonnigen Herbst und bei einem enttäuschenden Herbst hofft er auf das nächste Jahr. Für die Baierwein-Winzer gilt dies in besonderem Maße, denn sie produzierten stets in einer Grenzlage unter klimatisch weniger guten Bedingungen.

Wenn der Erfolg eines Winzerjahres in so starkem Maße von der Witterung abhängt, ist der Wunsch verständlich, einen Schutzpatron, einen Fürsprecher um Gottes Segen zur Seite zu haben. Die gemeinsame Sorge der Winzer vor Gewittergüssen und Hagelschlag ließ dabei das gemeinschaftliche Element erstarken. Bei gemeinsamen Bittprozessionen und Flurumgängen wurde der Schutzpatron verehrt und um entsprechende Fürbitte gebeten.

Als Winzerschutzpatron steht in Deutschland und den angrenzenden Weinbaugebieten von Österreich, Südtirol und Elsass der hl. Urban im Vordergrund. Dabei wurde ursprünglich Bischof Urban von Langres (um 450) verehrt. Der Legende nach hat er sich während der Christenverfolgung wochenlang in einem Weinberg versteckt. Und da ihm die Weinrebe Schutz gewährte, stand er nach dem Volksglauben wiederum den besorgten Winzern zur Seite. Seit dem 9. Jahrhundert wird jedoch in Deutschland Papst Urban I. (Pontifikat 222 – 230) als Patron der Winzer verehrt. Urban, einer der ersten Päpste römischer Herkunft, starb den Märtyrertod, als er missionierend im heutigen Württemberg und im Elsass tätig war. Sein Fest wird am 25. Mai begangen, dem Tag seines Martyriums. Der Märtyrertod galt im frühen Mittelalter als außergewöhnliche Begnadigung. Der Legende nach soll es am Tag seines Martyriums Wein geregnet haben. Die vermeintliche Überführung sei-

Der Winzerschutzpatron St. Urban in Kelheim.
In einer Grünanlage am Donauufer steht eine Dreiseitstele aus Kalkstein mit der Jahreszahl 1607. Das Steinrelief auf der Westseite zeigt den hl. Urban mit Kreuzstab und Traube.
Die Urban-Figur ist 1,20 Meter hoch, die Stele mißt ca. 3,70 Meter.

Die Frengkofener Traubenmadonna
Bei der Altarfigur „Madonna mit Jesuskind und Weintraube" in der Kirche von Frengkofen reicht Maria dem Kind eine Traube, das von derselben eine Beere nimmt.
Die 1,20 Meter große Terracotta-Plastik wird dem Jahre 1440 zugeschrieben.
Das Original befindet sich im Regensburger Diözesanmuseum St. Ulrich.

ner Gebeine durch Kaiserin Irmgard in den elsässischen Weinort Erstein im Jahre 849 begründete dort seine Verehrung als Winzerschutzpatron. Als Papst im Rang höherstehend als der Bischof von Langres löste er diesen als Winzerschutzherrn in ganz Mitteleuropa ab. Auch der für die Winzer günstig gelegene Festtag des Papstes Urban mag dazu beigetragen haben, war es doch für den Rebenschutzpatron nach den Eisheiligen leichter, die Verantwortung für das weitere Gedeihen der Weinberge zu übernehmen.

Der Lostag, der 25. Mai, ist für die Winzer nach den Eisheiligen der eigentliche Beginn des Sommers. St. Urban soll den Sommer bringen! Man bat ihn um Fürsprache, um Schutz vor schlimmen Unwettern und Hagel. Traten sie trotzdem ein, empfand man sie als Strafe Gottes. Wenn aber der Urbanitag kräftige Gewitter bringt, was Ende Mai durchaus vorkommt, dann wird St. Urban der „grobe Heilige" genannt. Winzerarbeit am St. Urbanstag wird nach dem Volksglauben mit Blitzschlag bestraft.

Der St. Urbanstag markierte auch den Abschluss der ersten Erdarbeiten, der ersten tiefen Hacke im Weinberg. Kam nach den Eisheiligen, den heiligen Sorgenbringern Pankratius, Servatius und Bonifatius im Verbund mit der „kalten Sophie" dann am 25. Mai St. Urban mit der Wärme, war zunächst alles wohlbestellt. Man konnte getrost der Blüte entgegensehen. Wer bis St. Urban die schwere Weinbergsarbeit (Erde tragen, düngen, schneiden, hacken) erledigt hatte, dem gehörte auch die Ernte: „An St. Urbanitag sind Wein- und Obstgärten verdient", heißt es im „Sachsenspiegel" von 1230.

Aufmerksam wurde an St. Urban das Wetter beobachtet. Schönes Wetter versprach eine gute Weinernte. Dann wurde am Urbanitag der Winzerschutzherr in Umzügen und Prozessionen verehrt, verbunden mit dem Dank für glücklich überstandene Eisheilige und Gebeten um eine gute Ernte. Nicht selten wurde nach den Umzügen auch kräftig gezecht. Bekannt ist hierzu der Ausspruch aus Schmellers Bayerischem Wörterbuch: „Am Fest St. Urban geht das Zechen stark bei den Weinzierlen". Das zwangsläufige Schädelbrummen als Folge übermäßigen Weingenusses am St. Urbanstag hieß dann die „St. Urbans-Plag".

Bei schlechtem Wetter oder Regen entfielen die Umzüge. St. Urban hatte also nicht pflichtgemäß für schönes Wetter gesorgt. Man erwartete ein schlechtes Jahr. Die Winzer straften St. Urban auf ihre Art. An solchen Tagen wurde die ungeschmückte Urban-Statue in den Dorfbrunnen getaucht. „Der Orba muss in den Trog!", wurde dabei gerufen. So rau waren die Sitten auch für die Heiligen.

Der Volksmund äußert sich zu St. Urban recht vielgestaltig:
Scheint die Sonn' klar am Sankt Urbanitag, Wächst guter Wein nach alter Sag; Ist aber Regen, dann bringt's den Reben Schaden, Daher Urbani Bild muss in dem Brunnen baden.
Den Sommer bringt St. Urban!
St. Urban schenk uns ein, fröhlich Herz und guten Wein!
Ist St. Urban voll Sonnenschein, gibt es viel und guten Wein.
Ist auf Urban das Wetter schön, wird man volle Weinstöck sehn.
Das Wetter, das St. Urban hat, auch in der Lese findet statt.
St. Urban hell und rein, segnet die Fässer ein.
St. Urban nass, bringt nichts ins Fass.
Wenn St. Urban lacht, so tun die Trauben weinen, weint St. Urban, so gibt's der Trauben nur recht kleinen.
Wenn Urban kein schön Wetter hält, das Weinfass in die Pfütze fällt.
Aus der skandalträchtigen Neuzeit stammt der Spruch von Gisela Graff-Höfgen:
St. Urban sei dem Weine wohl, schütz ihn vor Zucker, Gift, Glycol!

St. Urban im Gebiet des Baierweins

Die einzige Kirche, die neben der St. Erasmus/St. Urbankirche in Kelheim im Gebiet des Baierweins dem hl. Urban geweiht war, stand einst auf dem Natternberg bei Deggendorf. Die Schlosskapelle wurde allerdings im Zuge der Säkularisation 1803 abgerissen. Viele liebevolle Darstellungen des hl. Urban in den Dorfkirchen um Regensburg deuten darauf hin, dass der Winzerschutzpatron hier als beliebter Volksheiliger verehrt wurde. St. Urban-Darstellungen finden sich in Kelheim, Kneiting, Kager, Pfaffenstein, Tegernheim, Demling, Frengkofen, Wörth und Hengersberg, aber auch in Ingolstadt und Landshut. Sie alle stellen den hl. Urban im Papstornat mit Tiara und Kreuzstab oder Kreuz dar. Sein Attribut ist die Traube.

Im Bereich des Baierweins sind etliche Weinzierlbruderschaften bekannt, die als christliche Gemeinschaften unter dem Schutzpatron des hl. Urban am kirchlichen Leben teilnahmen. Derartige Bruderschaften waren charakteristisch für das ausgehende Mittelalter. Sie haben das religiöse Leben stark mitgeprägt. Am St. Urbanstag wurde meist ein Bittgang oder Umritt veranstaltet. Weinzierlbruderschaften gab es, wie schon beschrieben, in Kelheim, Wörth, Bogen, Deggendorf, Landshut und Amberg.

Das Jesuskind mit der Weintraube, Symbol für „Christus, die Traube des Lebens", um 1465, Bayerisches Nationalmuseum

*Der Kelch, ein herausgehobenes Trinkgefäss.
In ihm wird nach katholischem Verständnis während
der Meßfeier Wein in Christi Blut verwandelt.
Er wird zum Symbol des Leidens Christi.*

*Abendmahlskelch aus der Neupfarrkirche, 1542.
Geschenk des Rates der Stadt an die „Neue Pfarre"
anlässlich der Einführung der Reformation in Regensburg.
Durch das Abendmahl Jesu mit seinen Jüngern wird
der Kelch zum Symbol des Neuen Bundes.*

*Rokokokelch, Augsburg 1778,
dem Kollegiatsstift St. Johann
gestiftet vom Regensburger
Bischof Anton Ignatz
Graf von Fugger.
Diözesan-
museum
Regensburg*

Himmelstropfen oder Dreimännerwein?

„Allein er steht in einer zu nahen Verwandtschaft mit dem Essig."

Der bayerische Geograph und Historiker Ludwig Westenrieder sagte 1806 in seinen Beiträgen zur vaterländischen Geschichte: „In älteren Zeiten holte Alles seine Stärke und seine Kräfte von dem Baierwein her!" Wenn der Baierwein auch kräftig war, kennzeichnend für ihn war insbesondere sein Säurereichtum. Dies veranlasste den Freiherrn Wigulaeus von Kreittmayr (1705 – 1790), den Besitzer der Hofmark Offenstetten, in seinen Anmerkungen zum bayerischen Landrecht zu der Randnotiz: „O glückliches Land, wo der Essig, welcher anderswo mit großer Mühe bereitet werden muß, von selbst wächst." Zählte der Baierwein auch nicht immer zu den besten Herkünften, so war er doch meist besser als das damalige Bier. Wein für den Tagesbedarf wurde in vielen Gegenden Altbayerns erzeugt, „wo ihn die Lage des Erdreichs begünstigt, doch unterschied man (in höheren Kreisen) wohl die Lieblichkeit südlichen Weins vom herben Gewächs kälterer Gegenden", wie in einem bayerischen Geschichtsbuch vermerkt ist.

Baierwein – ein Kind der Zeit

Will man über Weinqualität reden, sollte man sich zunächst die Qualitätsansprüche der jeweiligen Zeit vor Augen halten. Diese scheinen bei Wein früher nicht überaus hoch gewesen zu sein, wenn wir hören: „Die Fürsten und Grafen, Herzöge und Könige in früheren Jahrhunderten waren keine allzu kritischen und wählerischen Kenner des Weins. Auch darf man sich die Zunge der Bischöfe und Äbte des heiligen römischen Reiches nicht allzu fein denken, denn auch sie, wie die Ritter (vom gemeinen Volk ganz zu schweigen), waren Kinder einer rohen Zeit." Das mag im frühen Mittelalter so gegolten haben. Mit zunehmendem Fernhandel wurden dann aber auch fremde Weine bei uns bekannt. Bald zog man sie, soweit erschwinglich, dem einheimischen Gewächs vor. Der Qualitätsmaßstab war damit deutlich verrutscht, und schon wurde gemeckert. Am Beispiel des Regensburger Weinhandels ist schon über die verschiedenen Herkünfte berichtet worden.

Die Klöster, deren Insassen inzwischen auch qualitätsbewusster waren, suchten Verbindungen und Besitz in Österreich und Südtirol. Vielleicht wusste man jetzt erst, wie Wein schmecken konnte. Auch der Teilbau (Lehen mit hoher Ablieferungspflicht) förderte kaum die Qualität, war es doch für den Weinzierl wichtig, möglichst viel Wein nach Ablieferung des Grundherrnanteils übrig zu behalten. Das führte zu relativ frühen Leseterminen, denn kein Weinzierl wollte durch Fäulnis Traubenverluste hinnehmen. Außerdem war die Spätlese noch nicht erfunden.

Der Baierwein ein Dreimännerwein? Dieser Begriff besagt, dass es den Weintrinker dieses säurebetonten Stoffes nach dem „Genuss" desselben so schüttelt, dass ihn zwei weitere Männer festhalten müssen, damit ihm kein größeres Leid geschieht. Auch die Bezeichnung „Strumpfwein" zielt auf den Säurereichtum des Baierweins ab, welcher in manchen Jahren so herb ist, „dass er alle Löcher zusammenzieht".

Der Baierwein in seiner herben und rauen Art, wie er an Donau und Isar wuchs, wurde auch spöttisch „Lacrimae Petri" genannt, die bitteren Tränen des Petrus, als Gegenstück zum schweren süditalienischen Markenwein „Lacrimae Christi". Eine dazugehörige Sage spielt in Landshut: Als St. Peter auf seiner Wanderung am Klausenberg bei Landshut einen tüchtigen Fischerschluck vom Baierwein nahm, trieb es ihm die Tränen in die Augen, weshalb der Säuerling „Tränen Petri" benannt ward. Petrus veranlasste seinen Herrn, einen Engel über das Isartal zu senden, der über jedem Weinberg ein Getreidekörnlein auswarf. Die Bauern verstanden den Wink, und heute wogt dort im Sommer in den ehemaligen Weingärten goldener Ährensegen.

Wir können uns aber auch ein päpstliches Qualitätsurteil zum Baierwein aus der Mitte des 15. Jahrhunderts anhören. Der Schriftsteller, Dichter und Kanzleisekretär Kaiser Friedrich III., Enea Silvio Piccolomini aus Siena, der spätere Papst Pius II., äußerte sich zum Baierwein folgendermassen: „Wein ... wird aufgetragen, dir wird unwohl, wenn du davon trinkst, er ist scharf wie Essig oder ist verwässert, verderbt, flockig, sauer, ... von ebenso schlechtem Aussehen wie Geschmack." In der Tat, das ist wenig schmeichelhaft.

Und immer wieder der Säurereichtum!
Um 1670 wird über den Kelheimer Wein berichtet: „Es gibt dort viel Reben, auß welchen meistentheils ein geringer und saurer Wein zu wachsen pflegt, daher man dann im Sprichwort sagt, es wachse auf diesen Bergen nichts als Essig." An anderer Stelle wird das Kelheimer Gewächs „Gurgelfretter" genannt. Aus Furcht vor einer Pestepidemie wurde 1545 die juristische Fakultät der Universität Ingolstadt nach Kelheim verlegt, „weil dort zwischen Altmühl und Donau eine reine und gesunde Luft wehe". Die italienischen Mitglieder der Fakultät sollen dazu bissig ergänzt haben, „und weil dort ein scharfer Essig wachse".

Aus Kruckenberg an der Donau bei Regensburg wissen böse Zungen zu berichten: „Wenn in Kruckenberg das Weintrinken angeht, dann wird die Glocke des Kirchleins nachts 12 Uhr geläutet. Die Leute sollen wach werden und sich umdrehen, damit ihnen der saure Wein nicht die Magenwand durchfrisst."

Der aus dem Elsass stammende Dichter Jakob Balde (1603 – 1668) kam 1654 in das Neuburger Jesuitenkolleg. Als er den Neuburger Donauwein vom Hörnleinberg verkostete, griff er grimmig zur Feder und schrieb: „Mons, ubi nativum vites lacrimantur acetum": „Schauet den Berg! Da weinen natürlichen Essig die Reben!" Er blieb aber trotzdem bis an sein Lebensende in Neuburg.

Ein Gedicht beginnt folgender maßen:
Es war ein Wirt Hans Teuerlich,
sein Wein war etwas säuerlich".
Ob es wohl in Altbayern entstanden ist?

In einem Reisebericht über eine Donaufahrt von Ulm bis Wien aus dem 19. Jahrhundert wird die Donaulandschaft um Regensburg mit den Bergen, Felsen, Wäldern, Weinbergen, Kirchen und Dörfern als landschaftlich besonders reizvoll beschrieben. Daneben ist vermerkt: „Der hier wachsende Wein hat viel Schneide, d.h. Essig!"

Aber es gibt auch andere Stimmen. So ist überliefert, dass im 15. Jahrhundert in Augsburg bei feierlichen Anlässen „halden wein von Kelhaym" getrunken wurde (Halde = Abhang). Im 16. Jahrhundert wurde der um Regensburg und Kelheim wachsende Wein auch „Fürstenberger" genannt, der einen guten Ruf genoss. Der Chronist Widmann in Tegernheim vermerkte zum Jahr 1516: „Es wuchs ein sehr guter bayerischer Wein, sodass er alle Weine übertraf; wer ihn in das andere Jahr behalten hat, dem galt der Kopf (ein Köpfl) gern 10 Wiener Pfennige." Der Abt Balthasar Regler vom Kloster Oberalteich sagt 1679 in seinen Bogenbergmirakeln: „Ich waiß zwar wol, daß der Baierwein bey villen keinen gueten Namen hat, doch läßt manches Jahr der rothe am Bogenberg wachsende auch ein geschleckiges Weinmaul nicht errathen, wes Landmanns er sey." Ähnliches wird vom Landshuter Wein gesagt, wenn es heißt, er sei „ein recht lobenswerter Saft, namentlich der rote".
Es wird auch berichtet, dass König Friedrich Wilhelm IV. von Preußen bei einem Besuch des Fürsten von Thurn und Taxis in Regensburg unter anderem auch Baierwein vorgesetzt bekam, den er „vortrefflich" fand.

Im Statistisch-Topographischen Lexikon von Bayern wird 1796 berichtet, dass „bei der Stadt am Hof (heute Stadtteil von Regensburg) und bei Weichs ein Wein wachse, der bei gehöriger Bearbeitung ziemlich gut sei". An anderer Stelle kommt dort der Baierwein allerdings nicht so gut weg: „Es wächst zwar in Bayern selbst einiger Wein, an den Gegenden der Donau, ober und unter Regensburg, bei Landshut und in der Gegend von Dingolfing. Allein er steht in einer zu nahen Verwandtschaft mit dem Essig."

Dr. Görlitz schreibt in seinem geographischen Bericht zu Regensburg gegen Ende des 18. Jahrhunderts, dass der Baierwein zwar guten Essig mache und hiervon auch jährlich in Regensburg eine große Menge verfertigt und von da aus ausgeführt werde, dass aber nichtsdestoweniger auch aus etlichen Bergen guter Wein komme, den mancher für Rhein- oder Frankenwein getrunken habe. Er fährt dabei fort: „Das Hauptwerk komme darauf an, dass der Weinberg ein rechtes Lager und genug Sonne habe, dass das Erdreich passend sei und recht gehalten und die Weinstöcke von guter Art wären, weshalb viel Muskateller daselbst erzielt werde und in Regensburg noch eine andere Art Trauben, die so ungemein süß, ob sie gleich grün oder schlecht aussehen. Einige hätten die Mühe sich genommen und die Trauben vor der Presse abgekämmet, die Rampffen weggeworfen und die Beeren allein pressen lassen, davon dann nicht nur süßer Most geflossen, sondern auch guter Wein daraus geworden. Um Wörth herum, vier Stunden von Regensburg, wachse roter Wein von solcher Güte, dass er schon mehr als einmal für Ofener getrunken worden. Er sei angenehm und mollicht, berausche aber mehr als Oesterreicher."

Eine kleine Episode zur Qualität des Baierweins gibt es aus Geisling zu berichten. In den Jahren 1805 bis 1809 waren immer wieder französische Truppen in den Donaudörfern zwischen Regensburg und Straubing einquartiert. Pfarrer Anton Greis in Geisling berichtet in seinem Tagebuch, dass er erst einige Tage vor einer Einquartierung „26 Bouteillen Frankenwein und 6 Bout. Baierwein" bezogen hatte. Als im Wirtshaus die Weinvorräte erschöpft waren, ließ der beim Pfarrer einquartierte Offizier den Weinbestand des Pfarrers abholen. Pfarrer Greis bat darum, ihm wenigstens „etliche Bouteillen für den nöthigen S. Joannes Speiß- und Meßwein zu überlassen. Und sie ließen mir die 6 Bouteillen Baierwein, nachdem sie ehvor dessen Säure gekostet hatten".

Besser scheint um diese Zeit der Landshuter Baierwein gewesen zu sein. In einem Polizeibericht von 1809 heißt es: „Der hiesige Wein wird insgemein für Österreicher verkauft und die Maß steht gegenwärtig auf 20 Kreuzer. Wenn er einige Jahre alt ist, kann man ihn auch für Würzburger trinken."

Die Regensburger Zeitung schreibt 1843: „Der in der Nähe Regensburgs an den südlichen Hängen des linken Donauufers wachsende sogenannte Baierwein ist zwar, solange er jung ist, etwas herber Natur, unbehaglich einem durch mildere Weine verwöhnten Gaumen; aber dies gibt sich mit dem Alter, und der in guten Jahrgängen gewonnene wird seiner Zeit ein ganz treffliches Getränk. Der Baierwein hat viel Geist, weit mehr als die geringeren Sorten des Franken- und Neckarweines. Dies wissen auch die fremden Weinhändler, die ihn manchmal in beträchtlichen Quantitäten aufkaufen, natürlich, um ihn wieder zu verkaufen, aber nicht mehr als Baierwein. Andere Vorzüge des Baierweins sind seine Wohlfeilheit und seine Unverfälschtheit. Wer Baierwein trinkt, der darf überzeugt seyn, dass er ein Getränk genießt, wie es die Natur gegeben, während bey gar vielen andern Weinen, namentlich denen, die unter berühmten Namen ausgeschenkt werden, die Kunst das Meiste gethan hat – und zwar häufig nicht zum Besten der Gesundheit."

Säurebetonte Weine eignen sich bekanntermaßen gut zur Sektbereitung. So ist in einem Bericht des Jahres 1853 vermerkt, dass vom Baierwein „übrigens sehr namhafte Quantitäten behufs der Bereitung von Schaumweinen aufgekauft werden".

BAIERWEIN ZUM MÖRTELMACHEN?

Zugegeben, am Anfang dachte auch der Verfasser an einen Jux und an eine Geschichte, die gerne immer wieder erzählt wird, um die Qualität des Baierweins zu charakterisieren. Beim Literaturstudium häuften sich allerdings die Hinweise, wonach in verschiedenen Weinbaugebieten überschüssige oder schlecht geratene Weinmengen einer derartigen Verwertung zugeführt wurden. Man hätte diesen Wein ja auch wegschütten können. War der Wein beim Mörtelmachen doch irgendwie nützlich und sinnvoll zu verwerten?
Besehen wir uns die einschlägigen Meldungen:

Bau des Kirchturms in Frauenzell bei Regensburg: „In Frauenzell haben sie sogar einmal sauren Baierwein zum Mischen des Mörtels hergenommen und den grauen Kirchturm damit aufgebaut und aufgemauert, dass er wie ein alter trunkfester Recke über all den Häusern steht."

Ein Regensburger Mörtelrezept von 1657: „Der Maurermeister Rudolph Ströllin erfand einen guten Mertel, um bey Bauwerken die Fugen zu bestreichen; er bestand aus 2 Theilen ungelöschten in der Luft zerfallenen Kalk, 1 Theil Glasmehl, 1 Theil Ziegelmehl, darunter Rehhaare oder Schafwolle, dies alles mit Baierwein, Bieressig oder Weingelager (Bodensatz und Weinstein aus der Weinbereitung) angemacht."

Burg Trausnitz und Martinskirche in Landshut: „Eine alte Märe läßt sogar den Mörtel, welcher zur Aufführung der stattlichen Trausnitz verwendet worden war, zu besserer Dauer mit selbst erzeugtem Weine angemacht sein." Auch beim Bau der Martinskirche in Landshut wurde zur besseren Festigkeit des Mörtels angeblich einheimischer Wein verwendet.

Neuburg: Um das Jahr 1600 sollte in Neuburg a.d. Donau zur Hofkirche Unserer Lieben Frau ein neuer, freistehender Turm gebaut werden. Die Planung sah vor, den Putz mit (billigem) Wein anzusetzen. Als der Turm nach dreijähriger Bauzeit schon zu ansehnlicher Höhe gediehen war, stürzte er in der Nacht vom 1. zum 2. März 1602 in sich zusammen.
Der Weinmörtel kam also gar nicht zur Anwendung und hatte nicht die Chance, seine Stärke zu beweisen. Bemerkenswert ist jedoch die Tatsache, dass der Einsatz des Weinmörtels geplant war und nicht zufällig vorhandene Weinüberschüsse derartig verwertet werden sollten.

Im Bamberger Weinbuch (1884) wird zum Jahre 1166 berichtet: „Es schenkte der liebe Gott wieder ein gutes Getrayd und so reiches Weinjahr, daß von dem Überfluß an vielen Orten der Kalch zum Bauen mit Wein angemacht wurde."
Und 1552: „Wein wuchs im Überfluß, Fässer waren teurer als Wein. Um leere Fässer zu erhalten schüttete man den alten Wein weg oder mauerte ihn ein."

Auch aus Würzburg, Kitzingen, Tauberbischofsheim und Ulm gibt es derartige Meldungen. Die Vielzahl der Hinweise ließ einen realen Hintergrund erwarten. So sah sich der Verfasser veranlasst, Experten zu befragen. Danach hängt die spezielle Wirkung des Weins mit dem niedrigen pH-Wert von ca. 3,2 bzw. mit dem Vorhandensein organischer Säuren zusammen. Die Reaktivität des Systems wird damit verzögert. Stuckmörtel z.B. bleibt dabei länger bearbeitbar. Durch die Weinsäure verzögert sich das Abbinden des Mörtels, es bilden sich feinere Kristalle und Mischkristalle, die die Härte des Mauerwerks verbessern. Ähnliche chemische Komponenten werden auch heute bei der Herstellung von Spezialmörteln verwendet. Es war also durchaus sinnvoll, überschüssige oder minderwertige Weine auf diese Art zu verwerten.

DIE REBSORTEN

Die traditionelle Rebsorte in Altbayern war der Weiße Elbling, auch „Hierländer" genannt. In anderen Weinbaugebieten kennt man ihn auch unter den Bezeichnungen Kleinberger, Kleinbeer, Albing, Elber, Weißelbling, Rheinelben, Grobes, Burger, Näßlinger, Methling, zäher Nürnberger, Kristeller, Taschner oder weißer Trollinger.

Um es gleich vorwegzunehmen, die Sorte Elbling genoss auch schon in früheren Zeiten nicht gerade den besten Ruf. Man zählte sie zu den „geringeren Traubensorten, die kein edles Produkt liefern". Ludwig Freiherr von Babo schreibt 1844 in seinem Werk „Der Weinstock und seine Varietäten" über den Elbling: „Wegen ihres vielen Saftes eine sehr verbreitete, bei den Weingärtnern allgemein beliebte Weintraube, die trotz aller Ermahnungen doch immer noch häufig neu angepflanzt wird. Ist der Sommer nicht von bedeutender Wärme, so bleibt die Traube wässerig und sauer, und gibt einen dünnen, geringhaltigen, wenn auch vielen Wein. Als einen Vortheil kann man dagegen rühmen, daß der Elbe von besonders starker Triebhaftigkeit ist, und in Böden fortkömmt, in welchen nicht leicht eine andere Traubensorte ausdauert. Sonst ist der Wein von Elblingen von weißlicher, blasser Farbe, hat kein Bouquet, bleibt leicht, wässrig und wird frühzeitig alt. Und nur der geringe Bauer, welcher auf Quantität sieht, bleibt noch bei seiner von Alters her gewohnten Traubensorte stehen." Auch wenn damals der Elbling in besonderem Maße Rückständigkeit signalisierte, muss zu seiner Ehrenrettung doch gesagt werden, dass diese Sorte z.B. an der oberen Mosel auch heute noch großartige Weine hervorbringt.

Die Herkunft des Elbling ist unbekannt. An der Donau, am Hochrhein und an der Mosel war er Jahrhunderte lang im Anbau. Sein Name deutet auf lateinisch „albus" = weiß hin, der klassische Weißwein also. Vielleicht haben ihn ja bereits die Römer angebaut? Plinius (61 – 113 n.Chr.) spricht von „vitis albuelis".

Um 1850 war der Elbling noch die wichtigste Rebsorte an Mosel und Donau, in Franken war er mit einem Drittel vertreten. Auch am Würzburger Stein war er vorherrschend, wobei er in diese hervorragende Lage sicher besser passte als ins Gebiet des Baierweins. Und so wird der säurebetonte Elbling auch wesentlich zum „guten Ruf" des Baierweins beigetragen haben.

Über die Burgunderreben, die Herzog Friedrich im 14. Jahrhundert nach Landshut bringen ließ, ist leider nichts Näheres überliefert. Auch bei den verschiedenen Bemühungen zur Verbesserung und Wiederbelebung des Baierweins im 19. Jahrhundert werden immer wieder Anbauversuche mit neuen, besseren Rebsorten erwähnt. Um 1822 führte Friedmann veredelte Neckarreben ein, nämlich Silvaner, Gutedel und Muskateller. Scherer berichtet 1869 zwar, dass die weiße hierländische Traube in Qualität und Quantität immer noch die beste sei. Daneben werden aber auch Gutedel, die Meraner Traube und der Schwarze Clevener (Blauer Frühburgunder) genannt. Als 1869 in Wörth ein neuer Musterweinberg entstand, wurden „Traminer, Rießling, Schwarzclävner, Silvaner, Gutedel und die gelben Ortlieber Reben" gepflanzt. Vom Müller-Thurgau und seiner besonderen Beziehung zu Regensburg wird später noch zu reden sein.

WÜRZWEINE

In Altbayern waren im Mittelalter Würzweine stark verbreitet. Einerseits konnte man damit Geschmacksfehler kaschieren, andererseits die Geschmacksvarianten vielfältig erweitern. Mit Honig, Beeren- und Fruchtsäften wurden säurereiche Weine gesüßt und schmackhaft gemacht, was sicher beim sprichwörtlichen Säurereichtum des Baierweins zumindest in ungünstigen Jahren vorteilhaft war. An Kräutern wurden verwendet: Echter Ziest, Boretsch, Hirschzunge, Johanniskraut, Rosmarin, Bitterer Beifuß, Echter Salbei, Nelkenwurz, Gelber Enzian oder Echter Eibisch. Die teueren Gewürze wie Thymian, Fenchel, Wermut, Alant und Augentrost waren dabei sicher den vornehmeren Haushalten vorbehalten bzw. derartige Würzweine entsprechend teuer. In Klöstern wurde der Würzwein häufig auch zum Festwein.

Frucht- und Beerweine wurden meist durch Zugabe von Früchten oder Säften zum fertigen Wein gewonnen. Die Kräuterweine erhielten frische oder getrocknete Pflanzenteile (Drogen) zugesetzt oder in Säckchen eingehängt. Kräuter mit Gerb- und Bitterstoffen dürften insbesondere bei Weißweinen verwendet worden sein, um deren Haltbarkeit zu verbessern. Auch Spanweine, durch Zugabe von Eichen- oder Buchenspänen hergestellt, waren üblich. Diese Form der Geschmacksbeeinflussung ist heute in Form der „Barrique-Weine" wieder groß in Mode. Alle derartigen Zusätze oder Ausbauverfahren stellen jedoch immer einen Eingriff in die natürlichen Geschmacks- und Aromastoffe des Weines dar.

WEINFÄLSCHER, WEINPANSCHER, WEINSCHMIERER

Zum Weinfälschen oder Weinschmieren gab es mehrere Beweggründe. Zum einen sollten die aufgrund mangelhafter Zubereitung oder Lagerung entstandenen fehlerhaften Weine durch allerlei Zugaben wieder trinkbar gemacht werden. Im Gebrauch waren die verschiedensten „Gemächte" wie Waidasche, waidäschrige Lauge, Kalk, Senfkorn, Scharlachkraut, Springkorn oder Speck, aber auch Quecksilber, Bleiweiß (Bleikarbonat, Bleizucker = süßlich schmeckendes Salz) oder Vitriol (wasserlösliche Sulfate von Schwermetallen). Zum anderen wurde der Wein „verlängert" oder „gestreckt", was mit Wasser, mit Apfel- oder Birnenmost (dem Hohenaster, auf hohem Ast gewachsener Wein) oder mit Wein geringerer Qualität geschah. Das „Verlängern" mit Wasser oder das Umtaufen sind hier noch die einfachsten Formen des Betrugs. Dabei sind Wein und Wasser nach Able keine feindlichen Brüder, man muss sie nur auseinander halten. Das Verschneiden mit Apfel- und Birnenmost war zumindest gesundheitlich unbedenklich. Insbesondere in den Städten, bei den Weinhändlern und Wirten kannte man manches Geheimrezept.

Vom Verbot des Weinmischens und Weinverbesserns in der Reichsstadt Regensburg hörten wir schon. Beschlüsse des Rates hatten hier Gesetzescharakter. Aber auch auf Staatsebene wurden entsprechende Verordnungen und Verbote erlassen, da durch die Weinbehandlung häufig gesundheitliche Schäden bei den Konsumenten zu befürchten waren. Die bayerischen Landtagsverhandlungen von 1429 – 1513 bestimmen: „Weine sollen nur mit ziemlichen Gemächten als mit Milch, Eyer, Tegel, Kraftmehl, die den Leuten unschädlich sind, gemacht werden .... Von der Weine wegen, die von Franken, aus dem Elsass u.a.O. herabgehen, die mit Schwefel, Waidaschen, Bleyweiss, Säuren und anderen unzimlichen Gemächten gemacht sind, Leute zu bestellen, wo man solch unzimliche Gemächt fände, den Fässern alsdann den Boden einzuschlagen." In Regensburg spricht ein Verbot des Weinfälschens aus dem Jahre 1386 von den Zusätzen „Waidasche, Kalch, Alaun und sonst einem Gemächt, das am Leben schadet". Waidasche ist ein aus getrockneter Weinhefe und aus Weinstein ausgelaugtes (Kali-) Salz, das als Schönungsmittel Verwendung fand. Alaun, meist Kalialaun, ist ein Doppelsulfat-Salz, das in der Gerberei und Färberei Verwendung fand, aber auch zum Weinschönen diente. Ein Weinverderber und Wirt ist einmal durch Ratsbefehl öffentlich durch den Büttel gezwungen worden, von dem durch ihn verfälschten Wein sechs Maß zu genießen. „Er soll gar kläglich umgekommen sein", vermerkte der Chronist.

Trotz strenger Weingesetze treiben aber auch in der Neuzeit gewissenlose Leute ihr Spiel ohne Rücksicht auf die Gesundheit der Konsumenten, wie der Glykolskandal bewies.

WARUM DER BAIERWEIN WEICHEN MUSSTE

„Will ein Maler mit seinem Pinsel ein wahrheitsgetreues Bild einer bestimmten Zeitepoche entwerfen, muss er zu den Denkmalen alter Kulturgeschichte zurückgreifen. Der Naturforscher, will er eine um mehrere Jahrhunderte hinter uns liegende Landschaft restaurieren, muss einen Schritt weiter gehen. Er muss auch jenen Ursachen nachgehen, die den großen Unterschied schufen, der zwischen dem ehemaligen und dem jetzigen Aussehen einer Erdstelle besteht. So hat er, um gleich auf unseren Gegenstand einzugehen, nicht nur zusammenzustellen, dass z.B. auf zahlreichen Hügeln und Bergen Südbayerns einstens der Weinstock der Massenkultur sich erfreute, er muss auch jene Agentien zu erforschen suchen, die den Rückgang jenes Gewächses von jener Zeit an bis auf unsere Tage herein verschuldet hat." Dieser Aufforderung des Historikers Josef Reindl aus dem Jahre 1901 wollen wir gerne nachkommen.

Ende des 16. Jahrhunderts, an der Wende vom Mittelalter zur Neuzeit, begann der Niedergang des Weinbaues in Altbayern. Vereinzelt wurden auch schon in früheren Jahrhunderten Weinberge wieder in Ackerland umgewandelt, wenn dies vorteilhaft erschien. So wurde im Jahre 1147 in Winzer bei Regensburg ein Weinberg in Ackernutzung genommen, weil man sich davon mehr Erfolg versprach. Auch Abt Albert von St. Emmeram in Regensburg (1328 – 1358) stellte fest: „Klug handelten demnach unsere Vorfahren mit der Umschaffung der Weinberge in Kornfelder". In Hanglagen, wo der Ackerbau nicht möglich war, hat er dagegen den Weinanbau stark gefördert.

Eine deutliche Trendwende ist jedoch um 1600 erkennbar. Zunehmend mehr Weingärten wurden einer Nutzungsänderung zugeführt. Kurfürst Ferdinand Maria sah sich im Jahre 1676 sogar veranlasst, in Niederbayern das weitere „Ausreuten" von Weinbergen zu verbieten. In Landshut wurde 1664 der Weinzierl Steinmeyer dazu verurteilt, „seinen Weinberg wieder zu erziegeln", d.h. wieder instand zu setzen und mit Weinstöcken zu bepflanzen, als er ihn in Ackerland umwandeln wollte. 1678 gab auch der Kurfürst nach und verfügte, dass „in Fällen unfruchtbarer Weingärten die Besitzer nicht zu ihrem Schaden und wider ihren

Willen zur Kontinuation der Weinberg-Erhaltung zu zwingen sind".

Die Entwicklung nahm also ihren Lauf. Meist wird der Rückgang der Rebflächen einer deutlichen Klimaverschlechterung zugeschrieben. Bei näherer Betrachtung sind es jedoch vielfältige Ursachen, die diese Entwicklung bewirkten. Feststellen muss man zu Beginn dieser Diskussion, dass der Baierwein immer in einer Grenzlage des Weinbaues wuchs. Hier war es schwer, beständig zufriedenstellende Weinqualitäten zu erzielen.

Das Klima

Das Verbreitungsgebiet der europäischen Wildrebe liegt deutlich südlicher als die nördliche Weinbaugrenze in Mitteleuropa. Dies gilt insbesondere für das Mittelalter, wo Weinbau auch im Norden und Osten Deutschlands betrieben wurde. Der Mensch kann also durch entsprechende Geländeauswahl und geeignete Anbaumethoden die physischen Faktoren abschwächen. Nennenswerte Bedeutung erlangt der Weinbau jedoch nur dort, wo er nachhaltig mit gutem Erfolg betrieben werden kann, also wirtschaftlich sinnvoll ist.

An der nördlichen Weinbaugrenze in Mitteleuropa werden dabei vorwiegend frische, säurebetonte und alkoholärmere Weißweine produziert, mit feinem Bukett und Aroma. Ein Fachmann formulierte es einmal so: „Feine Weine wachsen nur dort, wo der Weinbau um Dasein und Ertrag kämpfen muss!" In wärmeren Gebieten verliert der Weißwein mit zunehmendem Alkoholgehalt häufig sein feines Aroma. Dort ist mehr der Rotwein zu Hause. So liegt die Stärke des deutschen Weinbaues beim Weißwein. Natürlich ist damit nichts gegen den Württemberger Roten gesagt, er ist in seiner Art großartig. Die Anbaugrenze für Rotwein dürfte in unserem Raum trotzdem südlicher liegen als die für Weißwein, wenn Rotwein und nicht „roter Wein" erzeugt werden soll.

Exakte Wetterbeobachtungen mit flächendeckenden Aufschreibungen gibt es erst seit ca. 1860. Aus allen Weinbaugegenden liegen jedoch Ortschroniken vor mit Aussagen über die jeweiligen Weinjahrgänge. Wenn dabei über die Qualität nichts ausgesagt wird, kann unter einem „guten Weinjahr" meist ein mengenmäßig guter Jahrgang verstanden werden, da die Qualität nicht so im Vordergrund stand. Sind Lesetermine überliefert, kann davon auf den Weinjahrgang geschlossen werden, da späte Lesetermine ungünstige Weinjahre vermuten lassen. Da aus dem frühen Mittelalter zwangsläufig nur spärliche Informationen vorliegen, bediente sich die Klimaforschung anderer Hilfsmittel. Über die Einfälle der Wanderheuschrecken in Mitteleuropa wurde wegen der Denkwürdigkeit der Ereignisse und der meist großen Schäden in Chroniken stets berichtet. Das Massenauftreten dieses wärmeliebenden Insekts sowie die Häufigkeit des Auftretens lassen sichere Rückschlüsse auf wärmere Klimaabschnitte zu. Auch klimabedingte, epidemische Krankheiten wie Pest oder Malaria in Mitteleuropa haben sich in Warmphasen stärker ausgebreitet. Das Auftreten von Rebschädlingen erlaubt ebenfalls Rückschlüsse auf das Klima. Weitere Hinweise auf Klimaschwankungen geben die Gletschervorstöße sowie Beobachtungen der Pegelstände abflussloser Seen.

Aus all diesen Informationen und Beobachtungen ergibt sich ein ziemlich klares Bild über das Klima der letzten 1000 Jahre. Dabei kann man wärmere und kältere Abschnitte mit unterschiedlicher Dauer erkennen. Warm- und Kaltphasen von 8 bis über 70 Jahren Dauer, meist jedoch von 15 bis 30 Jahren, wechselten sich ab. Natürlich ist anzunehmen, dass die 88-jährige Warmphase von 1465 bis 1552 den Weinbau in Mitteleuropa begünstigt hat. Auf diesen Zeitraum folgt allerdings eine 75-jährige Kaltphase von 1553 bis 1628, die zu einer deutlichen Einschränkung des Weinbaues führte. Dabei von einer Zwischeneiszeit zu sprechen wäre allerdings weit überzogen.

Beim „Federweißen" in Bach a.d. Donau

Die Abweichung der Durchschnittstemperatur betrug in den Warm- bzw. Kaltphasen ca. 1 °C, während es in der Eiszeit ca. 3 – 4 °C kälter war. Die „Zwischeneiszeit" von 1553 bis 1628 hat schließlich ein Großteil der Baierwein-Rebflächen überlebt. Die Klimaabschnitte waren auch nicht einheitlich warm oder kalt. In Warmphasen häufen sich zwar die guten Jahrgänge, meist war es eine ganze Serie. Andererseits kommen in Kaltphasen immer wieder gute und sehr gute Jahrgänge vor, ebenso wie in warmen Klimaabschnitten einzelne ungünstige Jahre auftauchen. In der Kaltphase von 1310 – 1330 war die Weinernte 1313 in Regensburg so reichlich, „dass man ein volles Fass Most für zwei leere Fässer gab". Auch 1328, 1329 und 1330 waren für den Baierwein gute Weinjahre.

Häufen sich die ungünstigen Jahre, wird die Qualität vom Verbraucher nicht mehr akzeptiert, so verschiebt sich die Weinbaugrenze. Dabei bröckeln zuerst die Randlagen ab. In Altbayern waren dies die Gebiete im heutigen Oberbayern, an der Isar, im Rottal, an der oberen Donau von Neuburg bis Kelheim und an der unteren Donau von Straubing bis Passau. Die klimatisch günstigeren Steilhänge am nördlichen Donauufer zwischen Regensburg und Wörth konnten sich dagegen noch längere Zeit halten. Hier bewahrheitet sich der alte Spruch: „Der Wein wächst auf den Höhen. Er geht nicht gern ins Tal hinab, wo die Menschen wohnen."

Die stärkere Verbreitung des Bieres

Im Mittelalter war der Wein das eigentliche Volksgetränk. Die Schätzungen über den Pro-Kopf-Verbrauch um 1600 gehen etwas auseinander und liegen bei 120 bis 200 Liter. Die Qualitätsansprüche an den Wein waren, vom Klerus und dem gehobenen Bürgertum abgesehen, nicht hoch. Für die Grundherren waren die Einkünfte aus den Weinabgaben in guten Weinjahren durchaus passabel. Auch die Kirche bekam dann stattliche Einnahmen aus dem Verkauf des Zehentweins. Aber was war in ungünstigen Jahren, wenn es wenig oder gar keinen Wein gab? Dann wurde, gewissermaßen als Notbehelf, Bier gebraut. Dabei war das Getreide in der Hauptsache Brotgetreide und zur Getränkebereitung eigentlich zu wertvoll. Die Kartoffel, ein wichtiges Grundnahrungs- und Futtermittel, war um diese Zeit in Europa noch nicht bekannt.

Die Bedingungen, unter denen der Baierwein gedieh, waren bei weitem nicht immer ideal, die Weineinkünfte relativ großen Schwankungen unterlegen. Der Getreidebau war dagegen weit sicherer. Durch Wein-Missernten fand deshalb das Bier auch in Weingegenden allmählich Eingang. Im 16. Jahrhundert waren die Getreidepreise vergleichsweise hoch. Kein Wunder also, wenn da und dort nach einer Serie weniger guter Weinjahre bei ackerfähigen Weingärten eine Nutzungsänderung überlegt wurde. „Wo der Pflug kann gehen, soll kein Weinstock stehen", lautete mancherorts die Devise.

Die Landesherrn, in Bayern insbesondere die Wittelsbacher Herzöge, erkannten in der Biersteuer bald eine sichere Einnahmequelle. Die 75-jährige Klima-Kaltphase von 1553 bis 1628 bescherte auch dem Normalverbraucher zu oft einen überaus säurebetonten Tropfen. Jedenfalls erfreute sich ab 1600 das Bier allgemein und insbesondere das neu aufkommende Weißbier (helles Weizenbier im Gegensatz zum sonst üblichen Braunbier aus Gerste) zunehmender Beliebtheit. In Kelheim wurde 1607 das herzogliche Weiße Brauhaus errichtet. In Regensburg machte 1620 der Magistrat den 18 örtlichen Bierbrauern den Vorwurf, viel zu wenig Bier gebraut zu haben. Sie sollten gefälligst 20000 Eimer brauen. Im gleichen Jahr wurde in Regensburg ebenfalls ein Weißbierbrauhaus errichtet. Da die Stadt knapp bei Kasse war (auch heutzutage ein vertrauter Zustand dieses Gemeinwesens), wurden dazu Volksaktien ausgegeben. Das neue Brauhaus war überaus lohnend. Nach 5 Jahren konnte die Stadt die Aktien inklusive 25% Zins voll zurückzahlen. So hat der erfolgreiche Betrieb des städtischen Weißen Brauhauses dazu beigetragen, dass die Stadt Regensburg zwei Jahre später ihren protestantischen Bürgern die Dreieinigkeitskirche errichten konnte. In einem Weinbuch ist dies zugegebenermaßen keine besonders passende Erfolgsmeldung.

Nun wurde nicht nur in schlechten Weinjahren vermehrt Bier gebraut. Die Steuern und die Erträge aus dem Betrieb der Brauereien flossen regelmäßig und reichlich. 1631 wurden vom Weißen Brauhaus in Kelheim 51291 Gulden Reinertrag an die kurfürstliche Kasse in München abgeliefert. Mit der Zeit war Bier billiger als Wein. Der Grundstock für das spätere Bierland Bayern war gelegt. Vielleicht wäre es für die Gesundheit der Bayern doch besser gewesen, wenn sie beim Wein geblieben wären? Einen Hinweis dazu liefert die Reiseliteratur um 1800. Johann Kaspar Riesbeck schreibt in seinen „Briefen eines reisenden Franzosen" über die Bayern: „Die rothen Backen sind unter dem hiesigen Mannsvolk etwas seltener als in Schwaben, welchen Unterschied vermuthlich der Wein und das Bier verursachen."

Kriege

Weinkultur erfordert bekanntlich friedliche Zeiten. Vor der ersten Jahrtausendwende sorgten die Ungarneinfälle im heutigen Bayern häufig für Unruhe und störten damit auch die Ausbreitung des Weinbaues.

Im Regensburger Umland, dem Zentrum des Baierweins, war es dann der Städtekrieg von 1388, der vor allem den Weinbau um Donaustauf arg in Mitleidenschaft zog. Kriegshandlungen im Norden von Regensburg brachte der Landshuter Erbfolgekrieg von 1504/05. Für die offene Feldschlacht bei Wenzenbach diente der Greifenberg bei Kneiting als Aufmarschgebiet. So mancher Weingarten wurde dabei verwüstet. Vor allem im Winter gab es in den Weingärten mit den Steckenhaufen immer handliches Brennholz, und wer wollte den frierenden Landsknechten ein wärmendes Lagerfeuer verwehren. Es ist einleuchtend, dass von derartig heimgesuchten Weinbergen nicht viel übrig blieb. In seiner Substanz bedroht war dadurch der Baierwein jedoch kaum. Umso mehr besorgte dies dann der Dreißigjährige Krieg.

In der Tat kommt dem Dreißigjährigen Krieg (1618 - 1648) im Zusammenhang mit dem starken Rückgang des Weinbaues im 17. Jahrhundert besondere Bedeutung zu. Während sich der Weinbau nach dieser Schreckenszeit in anderen Gegenden wieder erholte, gab es für viele Weinbaulagen in Altbayern im Zusammenspiel mit anderen Faktoren keinen Neubeginn.

Bayern und damit auch Regensburg hatten im Dreißigjährigen Krieg bis zum Tode Gustav Adolfs 1632 nur wenig unter den Kriegswirren zu leiden. Als sich die schwedischen Truppen unter Bernhard von Weimar Bayern zuwandten, stand die alte Reichsstadt wie ein Bollwerk im Wege. Im November 1633 wurde Regensburg belagert und schließlich eingenommen, die umliegenden Dörfer total verwüstet, darunter auch die Burgen Winzer und Donaustauf inmitten der Weinberge. „Die Gegend um Regensburg ward zu einer völligen Einöde gemacht", lautet ein Bericht zu dieser Zeit, natürlich inklusive der Weinberge am Donauufer. Im Folgejahr wurde die Stadt zurückerobert. Die kaiserlichen und die bayerischen Truppen vereinigten sich bei Donaustauf, schwedische Verbände eilten der Stadt zu Hilfe und besetzten den „Weinberg" im Norden der Stadt.

Während die Stadt schnell wieder auf die Beine kam, erholte sich das Umland nur sehr langsam. Auch die Landbevölkerung war stark dezimiert, wobei man allgemein von einem Bevölkerungsverlust von 50% ausgeht. Viele Höfe im Umkreis der Stadt lagen 50 Jahre nach Kriegsende noch öde da. Bei Donaustauf waren 110 Weinberge noch 20 Jahre nach Kriegsende „zu Holz und Stauden erwachsen".

Verödete und verwilderte Weinberge erfordern zur Rekultivierung besondere Anstrengungen. Insbesondere die Steillagen dürften arg gelitten haben, denn niemand trug während des Krieges die abgeschwemmte Erde wieder in die Weinberge zurück, niemand besserte die Terrassenmauern aus. Wer sollte die Arbeitsleistung erbringen angesichts der stark dezimierten Bevölkerung, woher sollte das Kapital für Gerätschaften, neue Fässer und Kelterhäuser kommen? Es fehlten aber auch die zahlungskräftigen Händler und Konsumenten.

In Kelheim wurden die Zinsleistungen aus den Weinbergen bis 1667 als ausständig vermerkt. Als keine Aussicht auf Wiedereinrichtung der Weinberge bestand, wurden 1670 die Zinsrechte für ackerfähige Lagen in Geldleistungen umgewandelt. Einige Weinbergsbesitzer begannen jedoch allmählich ihre Weinberge wieder herzurichten. Fast hätten die Leute nicht bemerkt, dass sie sich in einer Warmphase befanden (1629 - 1661).

Das Land hatte sich von den Schrecken des Dreißigjährigen Krieges noch nicht erholt, als ein halbes Jahrhundert später der Spanische Erbfolgekrieg (1700 - 1713) ausbrach, wobei auch Süddeutschland zu den Kriegsschauplätzen zählte. Wiederum ein knappes halbes Jahrhundert später folgte der Österreichische Erbfolgekrieg (1740 - 1748), der in den Jahren 1742/43 vor allem die Kelheimer Gegend heimsuchte. Bei den Franzosenkriegen Ende des 18. Jahrhunderts sowie bei den Kriegszügen Napoleons, die diesen 1809 auch nach Regensburg führten, wird kaum mehr über Beeinträchtigungen des örtlichen Weinbaues berichtet. Zu stark war der Baierwein in seiner Fläche schon geschrumpft.

Verbesserung der Verkehrswege

Es ist nicht zu übersehen, dass der Baierwein seit der Römerzeit in Konkurrenz stand zu Weinen aus klimatisch günstigeren Gegenden. Wer es sich leisten konnte, bevorzugte die qualitativ besseren Importweine aus der Wachau, aus der Heilbronner Gegend, aus Oberitalien und Franken. Daran änderte sich auch nichts, wenn der Baierwein in manchen Jahren besonders gut geriet und sich mit den Importweinen messen konnte. Es kommt dazu, dass Bayern in besonderem Maße Salz exportierte. Als Rückfracht kam den Händlern Fremdwein sehr gelegen. Dies galt für drei von vier Himmelsrichtungen, den Süden, den Westen und den Osten. Da im Laufe der Jahrhunderte die Handelswege zu Lande und zu Wasser zunehmend besser ausgebaut wurden, verringerten sich die Transportkosten für Salz, aber auch für die Fremdweine. Die Qualität dieser Weine war deutlich stabiler als die des einheimischen Landweins. Der Baierwein kam in Bedrängnis. Auch an der Mosel war im 17. Jahrhundert das Bier eine Bedrohung für den Weinbau geworden, was dort zu erhöhten Qualitätsbemühungen führte – und der Weinbau gewann.

Jedes Land, jede Volkswirtschaft erzeugt unter den jeweils gegebenen Bedingungen eben das, was es am besten kann. Der Wein gehörte in Altbayern nicht zu den Spitzenprodukten, er musste also weichen.

Die Pfalz kommt zu Bayern

Einen weiteren Schub bekam diese Entwicklung durch die Vereinigung der Wittelsbacher Herzogtümer 1777 unter Kurfürst Karl Theodor. Die Pfalz kam zu Bayern und damit auch ein großes Weinbaugebiet mit sehr günstigen Produktionsbedingungen. Warum sollte man sich also noch mit dem unsicheren Baierwein abgeben? Am Rande sei hier nur vermerkt, dass mit den leichtlebigen Pfälzern und den nach der zeitgenössischen Reiseliteratur eher derben, bodenständigen Bayern zwei recht unterschiedliche Volksgruppen zusammen kamen. Auch waren viele höhere Beamte und Künstler des Mannheimer Hofes über den Umzug nach München nicht besonders glücklich. Ferdinand Kobell, der Vater des „Schlachtenmalers" Wilhelm von Kobell schreibt 1798 „unwillig über das todte und stumpfe Gefühllose Menschenvolk in München" an seinen Sohn: „In dem Land, der Luft und dem Menschenvolk liegt der Unterschied – nie wird das Bier den Menschen dahin in Gefühl und in das reine Feuer und den Geist bringen, wo ihn der edle Wein bringt."

Hier wird auch deutlich, dass die Pfalz vor Franken zu Bayern kam, was für die Entwicklung des Frankenweines im 19. Jahrhundert nicht positiv war. Während die Rebfläche Unterfrankens im Jahre 1813 noch stattliche 24.400 Hektar betrug, schrumpfte sie im Laufe von gut 100 Jahren auf 1/10 dieser Fläche (1916 = 2600 Hektar, 2000 = 6200 Hektar). Auch dieses klassische Weinbaugebiet blieb also von gewaltigen Umwälzungen nicht verschont.

Reformation und Säkularisation

Luther stand bekanntlich mit beiden Beinen im Leben. Er kannte den gigantischen Durst seiner Landsleute und wetterte entsprechend dagegen: „Der Deutschen Teufel wird ein guter Weinschlauch sein, muss Sauf heißen und wird Deutschlands Plage bleiben bis an den jüngsten Tag." Dem mäßigen Genusse eines guten Tropfens war er jedoch durchaus wohlgesonnen. So soll er das Lied „Ein feste Burg ist unser Gott" bei einer Flasche Niersteiner in Oppenheim geschrieben haben. Hätte er erahnen können, dass sich sein Lebenswerk, die Reformation des christlichen Glaubens, negativ auf den Weinbau auswirkt, vielleicht wäre er etwas behutsamer vorgegangen. Jedenfalls wurden im Zuge der Reformation zahlreiche Klöster aufgelöst. Da diese aber vielfach großen Anteil an der Pflege des Weinbaues hatten, ging mit ihnen mancherorts ein wichtiger Promotor verloren. Klösterlicher Besitz wurde dabei häufig zersplittert oder kam in unsachgemäße Hände. Fehlten die Kenntnisse oder auch der Wille zur Fortsetzung des Weinbaues, verfiel mancher Weinberg schnell der Verödung oder wurde anderweitig genutzt. Bei der Säkularisation der bayerischen Klöster im Jahre 1803 dürfte der Einfluss auf den Weinbau in Altbayern vergleichsweise gering gewesen sein. Um diese Zeit hatte sich der Baierwein schon auf wenige Kernbereiche zurückgezogen.

Zusammenfassend kann man also feststellen, dass es keine Zwischeneiszeit war, die dem Baierwein plötzlich den Garaus machte. Vielmehr war es das Zusammenspiel mehrerer Faktoren:

- Die Unsicherheit des Anbaues,
- die höheren Qualitätsansprüche der Konsumenten,
- die Preiswürdigkeit qualitativ hochwertiger Importweine durch zunehmend bessere Verkehrserschließung,
- die stärkere Verbreitung des Bieres – als wohlsprudelnde Steuerquelle von den Wittelsbacher Herzögen zusätzlich gefördert,
- der Dreißigjährige Krieg mit seinen Verwüstungen und einem enormen Bevölkerungsschwund,
- die relativ hohen Investitionskosten und der große Arbeitsaufwand des Weinbaues gegenüber Alternativkulturen beim Wiederaufbau nach diesem Krieg,
- politische Veränderungen, die den Stellenwert des Baierweins beeinträchtigten.

Einem derartig komplexen Bündel an ungünstigen Faktoren konnte der Baierwein nicht widerstehen. Auch beim „vornehmen Kulturzweig Weinbau" muss die Qualität den jeweiligen Ansprüchen genügen, wenn er bestehen soll. Eine Reihe ungünstiger Jahre oder gar mehrere „Fehljahre" mögen dann oft der auslösende Faktor zur Aufgabe des Weinbaues gewesen sein. Im Zuge wirtschaftlicher Veränderungen überlebt das Passendste. Der Baierwein wuchs in einer Grenzlage – und musste weichen. Es waren die Menschen, die sich so entschieden haben.

Wenn heute an der bayerischen Donau in kleinem Umfang immer noch und wieder Weinbau betrieben wird, so kommt dem eine hohe landeskulturelle Bedeutung zu. Hier wird eine gebietstypische Spezialität, ein Wein für Liebhaber erzeugt. Leider engen die Maßnahmen der EU-Agrarpolitik heute diese Traditionspflege in unverständlichem Maße ein.

Wenn auch der Wein an der bayerischen Donau nicht mehr so üppig blüht wie ehedem, sei auf Goethes kühne Prophezeiung gehofft: „Dass aber der (Baier-)Wein von Ewigkeit sei, daran zweifle ich nicht!"

Von 1800 bis heute

Rettungsversuche und Neuanfang

Zu Beginn des 19. Jahrhunderts herrschte allgemein Aufbruchstimmung. Politisch war Bayern ein Königreich mit einer Verfassung geworden, der neue Staat wurde zentral verwaltet und straff geführt. Die Leibeigenschaft der Bauern wurde aufgehoben, auch wenn die endgültige Bauernbefreiung noch etwas auf sich warten ließ. Albrecht Thaer, Justus von Liebig und Johann Heinrich von Thünen begründeten die Landbauwissenschaften. In Bayern wirkten auf diesem Gebiet die oft vergessenen Wissenschaftler Max Schönleutner, Carl Fraas und Lorenz Zierl. Die neue, rationelle Landwirtschaft war entdeckt. Voraussetzung für diese Aufbruchstimmung war der Wechsel vom passiven zum aktiven Naturverständnis. Man war nicht mehr bereit, die Dinge so zu nehmen wie sie waren, man hatte gelernt, sie zu beeinflussen. In der Landwirtschaft konnte man durch Entwässern, Bewässern, Düngen, geeignete Bodenbearbeitung etc. die Aufwuchsbedingungen der Feldfrüchte deutlich verbessern, mehr Nahrungsmittel produzieren und mehr Vieh halten. Von dieser Aufbruchstimmung wurde jedoch der Weinbau in Altbayern nicht erfasst.

Das neue Jahrhundert brachte zunächst mit der Aufhebung der Feudalwirtschaft eine Änderung der Besitzverhältnisse. Aus abhängigen Weinzierln im Erbrecht wurden freie Winzer und Bauern mit einer deutlich geringeren Abgabe- bzw. Steuerlast. Auch dadurch erfuhr der Baierwein keine Belebung. Dafür waren die Rahmenbedingungen zu ungünstig.

Nachdem mit der Pfalz (1777) und Unterfranken (Reichsdeputationshauptschluss 1803) zwei große Weinbaugebiete zu Bayern kamen, kann man sich vorstellen, welches Schattendasein der in seiner Qualität unsichere Baierwein in Altbayern zugewiesen bekam. In einem Bericht über den Weinbau im Königreich Bayern für das Jahr 1823/24 wird der Anbau in der Gegend von Regensburg nicht erwähnt.

Weinpresse aus Donaustauf, ca. 1880, Sammlung Baierwein-Museum Bach a.d. Donau

Eine Aufstellung des „Statistischen Bureaus" von 1853 macht die Größenverhältnisse des bayerischen Weinbaues deutlich:

Weinanbaufläche in Bayern 1853 nach Kreisen (heute Regierungsbezirke):

Unterfranken	10.465	Hektar
Pfalz	10.076	″
Mittelfranken	589	″
Schwaben	228	″
Oberpfalz	166	″
Oberfranken	92	″
Niederbayern	13	″
Oberbayern	1	″

Trotz ungünstiger Rahmenbedingungen gab es jedoch Einzelpersonen, die sich mit großem Pioniergeist dem Baierwein verschrieben hatten. Dazu zählte auch Christian Friedmann.

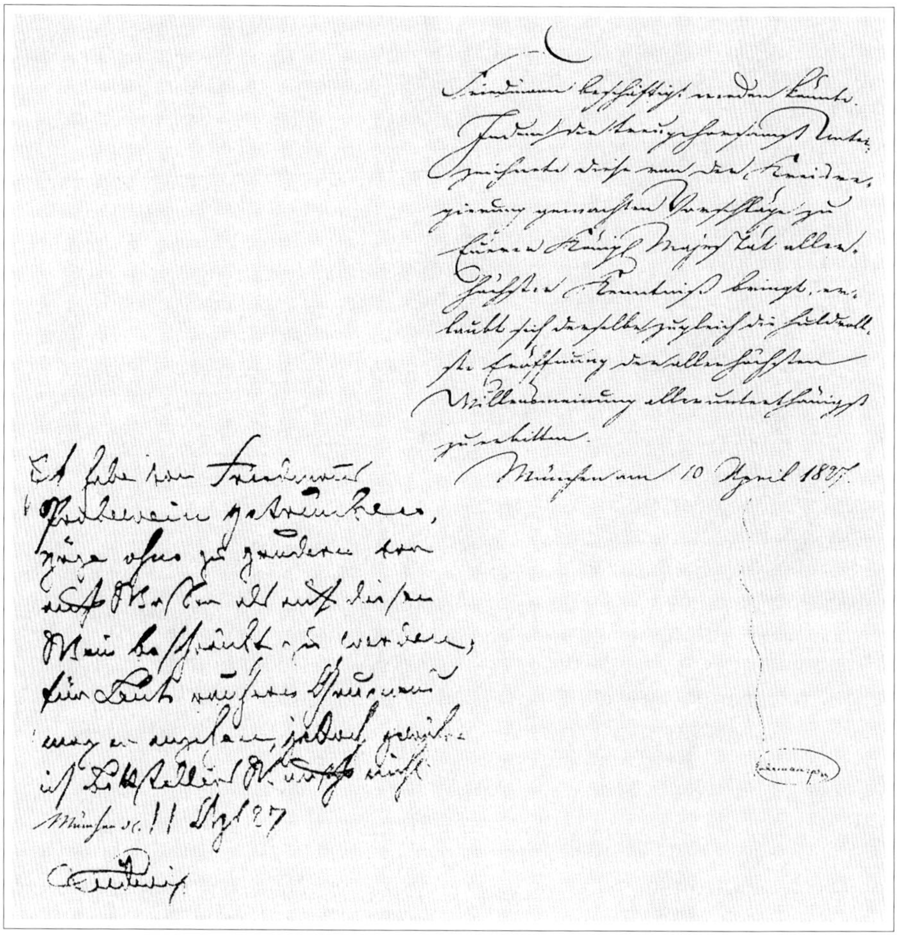

Der Fall Friedmann: Absage eines Gesuches um Förderung des Baierweins an König Ludwig I.: „Ich habe von Friedmanns Probewein getrunken, … jedoch gewähre ich Bittstellers Wunsch nicht. München, 11. April 1827 Ludwig." Bayer. Hauptstaatsarchiv

KÖNIG LUDWIG I. UND DER FALL FRIEDMANN

Christian Ulrich Friedmann aus Brackenheim im Königreich Württemberg verließ 1817 seine Heimat und wollte nach Russland auswandern. Der Grund dieses Vorhabens war seine missliche wirtschaftliche Situation, gekennzeichnet durch „einen Vermögensverfall, welcher durch die von seinem Weibe geführte nachlässige Haushaltung und darauf eingetretene leichtsinnige Handlungen von seiner eigenen Seite herbei geführt worden war". Die Bekanntschaft mit Weinbergsbesitzern aus der Regensburger Gegend führte ihn dann in das Herrschaftsgericht Wörth, wo er 1822 ansässig wurde. Hier bot sich ihm die Chance, seine in der Heilbronner Heimat erworbenen Weinbaukenntnisse einzusetzen. Jedenfalls reichten diese aus, um dem nicht gerade in hoher Blüte stehenden Baierwein positive Impulse zu geben. Friedmann ernährte sich damit, „daß er die verbesserte Anlegung und Bepflanzung der Weinberge theils gegen Taglohn, theils gegen Accord besorgte, und den Eigenthümer zu diesen Verbesserungen aufmunterte. Sein außerordentlicher Fleiß, theils der schnelle und solide Fortgang seiner Anlagen verschaffte ihm nach und nach Eingang bei mehreren Weinbergsbesitzern". Die Verbesserungen bestanden einerseits in der Terrassierung der Weinberge mittels Stützmauern, zum anderen in der Beschaffung von „veredelten Neckar-Reben" (Silvaner, Gutedel und Muskateller), wovon er insgesamt 29160 Stöcke aus Württemberg kommen ließ. Durch die Initiative Friedmanns sind also einige Hektar Weinberge neu angelegt worden.

So wurde man auch „höhernorts" auf die Aktivitäten Friedmanns aufmerksam. Die Regierung des Regenkreises, so hieß damals das Gebiet der heutigen Oberpfalz, richtete am 28. März 1827 ein Schreiben an das Kgl. Staatsministerium des Innern mit der Bitte, zur Hebung der Rebkultur die positiven Ansätze Friedmanns zu verfolgen und zu fördern. Ein Fässchen Probewein aus den Neuanlagen Friedmanns begleitete den Brief.

Das Ende des Falles Friedmann ist schnell erzählt. Friedmanns Erzeugnis fand zwar den Weg zum König, dort jedoch keine Zustimmung. Eigenhändig vermerkte König Ludwig I. auf dem Gesuch des Innenministeriums: „Ich habe von Friedmanns Probewein getrunken, zöge ohne zu zaudern vor, auf Wasser als auf diesen Wein beschränkt zu werden, für Leute rauheren Gaumens mag er angehen, jedoch gewähre ich Bittstellers Wunsch nicht. München v. 11. April 1827, Ludwig."

Eine Aussage zur Qualität des Baierweins in dieser Zeit findet sich in der „Vollständigen Weinkunde" des Johann Carl Leuchs, erschienen 1829 in Nürnberg: „Geringe Sorten Weine werden noch erzeugt in Altbayern bei Landshut und Wörth an der Donau. Der dortige Wein ist oft nur zu Essig brauchbar, indessen weniger infolge der Lage der Weinberge als der fehlerhaften Behandlung. Man baut nicht die besten Gattungen Trauben, man sammelt die Beeren zu früh, presst sie gleich so, wie sie vom Stock kommen, aus, ohne sie abliegen zu lassen. Man lässt den Most zu lange auf dem Lager und versetzt ihn nicht mit Zucker, sondern oft selbst mit dem aus zerhackten Stielen und Bälgen ausgepressten herben Saft, der den Wein haltbarer machen soll, aber auch bewirkt, dass er sehr spät trinkbar wird." Wenn der Weinbau an der bayerischen Donau in dieser Zeit trotzdem ein bescheidenes Dasein fristen konnte, dürfte das mit der Betriebsstruktur zu erklären sein. Wie aus dem Urkataster der Gemeinde Bach an der Donau von 1838 ersichtlich, bestand der Weinbergsbesitz aus Kleinstflächen, die von Nebenerwerbswinzern bewirtschaftet wurden. Kein Betrieb lebte ausschließlich vom Weinbau. Die durchschnittliche Rebfläche je Betrieb lag bei 0,25 Hektar. Der Weinbau hatte also nur die Funktion eines Zuverdienstes.

BESTANDSAUFNAHME UND VERBESSERUNGSVORSCHLÄGE 1868/69

Ein Impuls ging um 1868/69 vom Bezirksamt Regensburg (heute Landratsamt) aus. Ein Schreiben an die Regierung von Oberpfalz und Regensburg vom November 1868 schildert die Lage des Weinbaues und löste einige Maßnahmen aus: „In einem größeren Teile der Gemeinden am linken Donauufer wird die Weinrebe gebaut. Die Behandlung der Weinberge und insbesondere des Weines scheint nicht die richtige zu sein, jedenfalls fehlt die Kenntnis und Anwendung der neuesten Erfahrungen." Die Regierung in Regensburg greift das Thema auf und erlässt eine Regierungsentschließung zur „Hebung der Obst- und Weinkultur". In der Kammer des Innern ist der königlich bayerische Regierungsrat Wilhelm Scherer Chef der Aktion. Als erster Schritt wird eine Bestandsaufnahme erstellt, wozu die Gemeinden den aktuellen Stand zu melden hatten. Dabei wurden die Flächeneinschränkungen meist mit der „zunehmenden Unsicherheit der Frucht" begründet. Bei den gemeldeten 29 Weinpressen „alter und ältester Konstruktion" scheint es sich ausschließlich um Baumpressen gehandelt zu haben, da bei diesen Meldungen oft „in eigenen Presshäusern" vermerkt war. Die Pressen befanden sich „in schlechtem Zustand, halb verfallen und verfault, sodass schon bei den ersten Manipulationen das Erzeugnis Schaden leidet".

In einer Versammlung des Landwirtschaftlichen Bezirksvereins Regensburg am 27. Februar 1869 hielt Scherer einen Vortrag „Über den Weinbau bei Regensburg von der Römerzeit bis zur Gegenwart, mit Vorschlägen für die Zukunft".

Der Lagebericht Scherers beginnt mit einer Flächenstatistik. Danach wurde 1869 noch in 14 Gemeinden Weinbau betrieben:

Gemeinde	Rebfläche / ha
Tegernheim	27,0
Wörth	12,0
Bach	8,3
Donaustauf	7,7
Demling	6,7
Kruckenberg	6,7
Frengkofen	5,7
Hofdorf	5,0
Tiefenthal	4,7
Oberachdorf	3,7
Sulzbach	3,7
Pillnach	2,3
Wiesent	1,0
Schwabelweis	0,7
insgesamt:	95,2

Scherer berichtet ferner über die unzureichende Bodenpflege und Düngung, mangelhafte Keltertechnik (schwerfällige Pressen) und ungenügende Kellertechnik (spontane Gärung). „Das Gesamt-Verfahren findet statt, wie es sich vom Vater auf den Sohn vererbte, nur dass hierin noch gerne nachgelassen wird. Dessen ungeachtet ist in guten Jahren, namentlich in den bessern Lagen der Wein gelb, und wenn auch zuweilen herb, immer gehaltvoll." Scherer schlägt deshalb entsprechende Verbesserungsmaßnahmen vor, die es wert wären, auch staatlicherseits gefördert zu werden.

Scherer schließt mit einem leidenschaftlichen Appell: „Möchten diese meine Worte einigen Anklang finden; möchten alle Vorberge, welche früher dahier mit Reben bepflanzt waren, mit diesem Schmucke in Bälde neuerdings in der Mittags- und Abendsonne erglühen und möchte unser zur Zeit im Allgemeinen so gering geschätzter bayerischer Donau-Wein in nicht allzu ferner Zeit wieder ebenbürtig mit anderen guten Weinen genannt werden."

Leider zeigten Scherers Anregungen bei den örtlichen Winzern wie auch bei den staatlichen Stellen nur wenig Wirkung. Zwar wurde kurzzeitig vom Bezirksamt Regensburg ein ausgebildeter Winzer aus Unterfranken als „Kulturbautechniker" angestellt, der den Winzern beratend zur Seite stehen sollte. Auch die Gründung einer Weinbauschule in Wörth an der Donau war vorgesehen, der Plan wurde jedoch nie verwirklicht. Immerhin konnte mit Mitteln des Kreiscomités des Landwirtschaftlichen Vereins eine neue, handliche Spindelpresse angeschafft werden.

Auch in der Folgezeit war das Kreis- und Bezirkscomité des landwirtschaftlichen Vereins um eine Verbesserung des Weinbaues bemüht. Im Jahre 1876 holte man sich wiederum Rat aus Unterfranken. Sebastian Englerth aus Randersacker, Vorstand des unterfränkischen Weinbauvereines, weilte einige Tage im Weinbaugebiet an der Donau und referierte in der Versammlung des landwirtschaftlichen Vereins in Wörth an der Donau über neuzeitliche Maßnahmen im Weinbau und in der Kellertechnik. Geändert hat sich dadurch allerdings wenig. Auch die Investitionsbereitschaft in neue Einrichtungen zur Weinbereitung scheint angesichts des allgemeinen Geldmangels nicht sonderlich groß gewesen zu sein. Wie schon erwähnt, sah man beim Ministerium in München die Weinregion um Regensburg nüchterner. Die Weinversorgung Bayerns war angesichts der Rebflächen in Franken und in der Pfalz mehr als gesichert.

Dazu tauchten Ende des 19. Jahrhunderts plötzlich Krankheiten und Schädlinge auf, die überall zu einer ernsten Bedrohung des Weinbaues führten.

Empfehlung.
Bei Unterzeichnetem sind einige Eimer reingehaltener
Baierwein
in ganzen oder kleineren Gebinden billig zu verkaufen.
A. Oiser, Gastwirth in Rainhausen.

Baierwein zu verkaufen.
Regensburger Anzeiger vom 28.7.1870

PILZKRANKHEITEN UND TIERISCHE SCHÄDLINGE, DIE GEISSELN DES WEINBAUES

Angefangen hat es wohl mit der Vertreibung der Menschen aus dem Paradies. Dornen und Disteln soll dir der Acker tragen ..., man kennt den Bibeltext. Und so dürfte über die Jahrhunderte bei der Weinbergsarbeit viel Schweiß beim Unkrauthacken vergossen worden sein. In Württemberg heißen die Winzer deshalb auch Weinhäcker. Aber mit dem Unkraut war es nicht genug der Plage. So schickte uns der Herrgott Ende des 19. Jahrhunderts einige Krankheiten und Schädlinge aus der Neuen Welt. Erst jetzt wussten die Winzer, wie gut sie es bisher gehabt hatten. Zwei Pilzkrankheiten sind es, die im Weinbau deutlich im Vordergrund stehen, nämlich der Echte Mehltau (Oidium) und der Falsche Mehltau (Peronospora, auch Plasmopora). Beide Krankheiten sind in der Lage, die jungen Weinbeeren bzw. die Blattmasse der Rebstöcke zu zerstören und somit zum Totalverlust der Ernte zu führen.

Ein flächenmäßig unbedeutendes, abgelegenes Weinbaugebiet hat natürlich auch seine Vorzüge. Während die Pilzkrankheiten in den großen europäischen Weinbaugebieten in kürzester Zeit verheerende Schäden anrichteten, blieb der Weinbau an der bayerischen Donau lange davon verschont. Es hat eine Weile gedauert, bis die Pilzsporen die verstreuten Weinstöcke im fernen Altbayern aufgespürt hatten. Erste größere Schäden durch die Peronospora wurden in Regensburg erst um 1903 bis 1906 gemeldet. Das hatte zumindest den Vorteil, dass man die in anderen Gebieten zwischenzeitlich erprobten Bekämpfungsverfahren kurzfristig übernehmen konnte. Heute gibt es für beide Krankheiten wirksame Fungizide. EDV-gestützte Prognosemodelle und Warndienste ermöglichen im Verbund mit aktuellen Witterungsdaten inzwischen eine sehr gezielte Anwendung der Fungizide zum Schutz der Umwelt und des Winzergeldbeutels.

Und mit diesem Abschnitt sind wir sanft in das 20. Jahrhundert hinüber geglitten. Nur ca. 50 Hektar Rebfläche in den Gemeinden zwischen Tegernheim und Wörth erlebten diese Jahrhundertwende. Nach Gemeinden verteilte sich die Rebfläche wie folgt: Tegernheim 12,0 ha, Bach 9,2 ha, Tiefenthal 7,3 ha, Donaustauf 6,2 ha, Frengkofen, Kruckenberg und Wörth je 3,0 ha, Hofdorf 2,3 ha, Pillnach 1,5 ha und Demling 1,2 ha. Im Vergleich zu 1870 sind einige Weinbaugemeinden ganz verschwunden, andere haben deutlich an Rebfläche verloren, die Gemeinden Bach und Tiefenthal dagegen leichte Zunahmen zu verzeichnen. Längst hatte sich der Weinbau an der Donau auf die Steilhänge zurückgezogen, sodass die aufgelassenen Rebflächen nicht in Ackerland umgewandelt wurden, sondern verödeten. 1905 kostete der Liter „Kruckenberger" 40 – 45 Pfennige.

Die erste Meldung zum Zustand des Baierweins im neuen Jahrhundert klingt nicht besser als die vorangegangenen. Rebholz, der staatliche Konsulent für Obst- und Gartenbau in Bayern berichtet im Regensburger Anzeiger vom 26. November 1903: „Schon von weitem hat sich der Stand der Weinberge erkennen lassen: Hunger nach Stickstoff, Armut, kein Trieb, keine Leistungsfähigkeit, keine Widerstandsfähigkeit, elende Stöcke, ganz schwacher Fruchtansatz, dagegen das Leiden unter Pilzen und Tierschädlingen und unter massenhaft wucherndem Unkraut."

Einen Lagebericht zum Baierwein lieferte auch der königliche Landesinspektor für Weinbau August Dern in seinem Jahresbericht 1908. „Weinbau an der Donau: Seit Jahrzehnten ist der Weinbau, der zwischen Regensburg und Wörth an der Donau betrieben wird, im Rückgange begriffen. Er ist sehr vernachlässigt, da er mit vielen Schwierigkeiten zu kämpfen hat, von denen ungünstiges Klima obenan steht. Ein Versuch, diesen ganz rückgängigen Weinbau wieder zu beleben, ist unter den heutigen Verhältnissen nicht mehr zu empfehlen. Da aber zurzeit die Verkaufsgelegenheit des dort erzielten Baierweines aus dem immer kleiner werdenden Gebiet eine recht günstige ist und der Wein trotz seiner geringen Qualität einen

Der Baierwein im 19. und 20. Jahrhundert

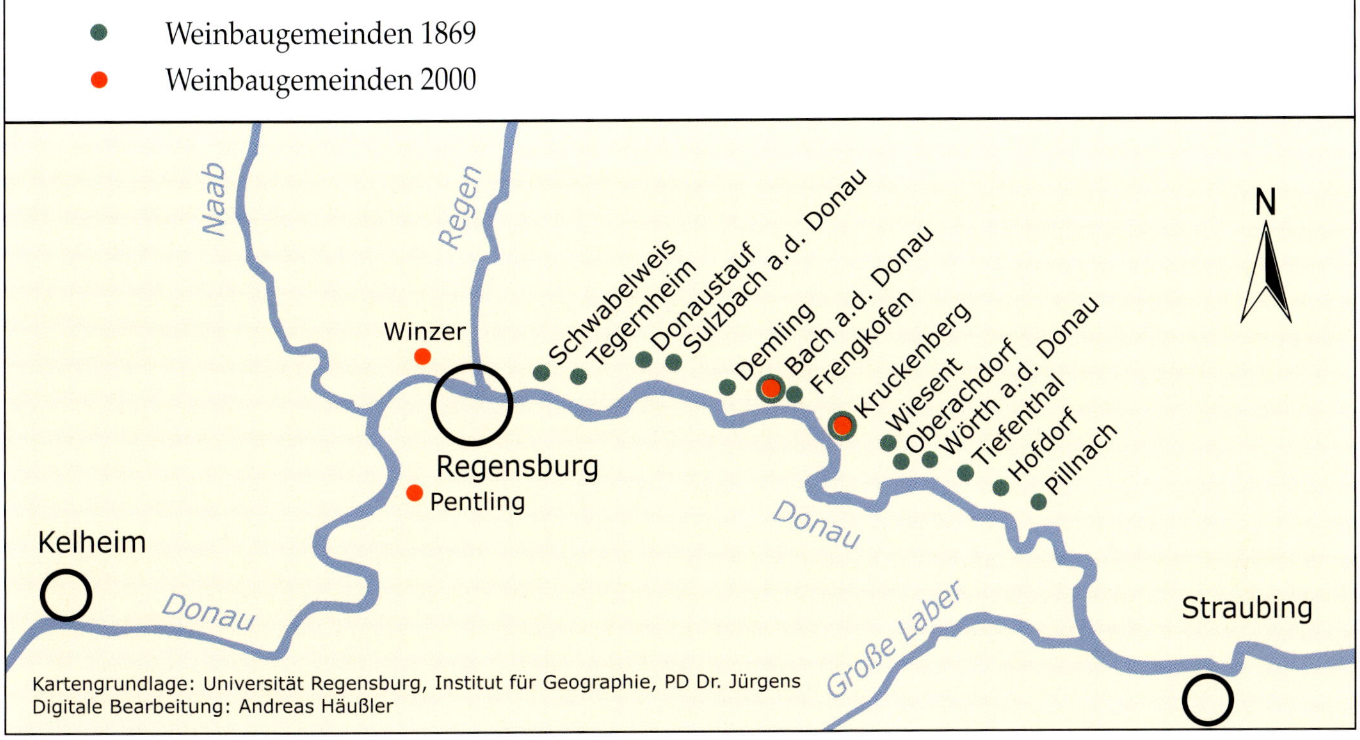

recht annehmbaren Preis erzielt, so kann der Erhaltung des Weinbaues im kleinen an den hierfür günstigsten Stellen wohl das Wort geredet werden." Damit hatte Dern den Baierwein als Spezialität anerkannt. Es sollte sich zeigen, dass darin seine Überlebenschance lag.

VON DER REBLAUSÜBERWACHUNG ZUR PERONOSPORABEKÄMPFUNG

Die Winzer in den bayerischen Hauptanbaugebieten Pfalz und Franken hatten die Konkurrenz an der Donau also nicht zu fürchten. Sie hatten inzwischen andere Sorgen, zumal eine weitere Geißel des Weinbaues eine enorme Bedrohung darstellte: Die Reblaus war nach Deutschland einschleppt worden.
Durch die Saugtätigkeit des Schädlings an den Wurzeln der Rebstöcke wird die Nährstoffaufnahme behindert, der Stock stirbt in wenigen Jahren ab. Die Reblaus wurde 1863 aus Nordamerika nach Europa eingeschleppt. In Deutschland entdeckte man sie erstmals 1874, in Franken 1902, und zwar an einem Hausstock am Bahnhof in Kitzingen. Wohl konnte zunächst die Ausbreitung durch die Beseitigung der ersten Befallsherde verhindert werden, die Vernichtung des Schädlings gelang jedoch nie vollständig. Im Laufe der Zeit nahm die Reblausverseuchung in allen großen Weinbaugebieten ein bedrohliches Ausmaß an, der traditionelle Weinbau in ganz Europa schien am Ende.

Es darf hier vorweggenommen werden, dass die Bekämpfung der Reblaus erst mit der Einführung der Pfropfreben gelang. Dabei pfropft man die qualitativ hochwertigen europäischen Rebsorten auf reblausresistente Unterlagen amerikanischer Herkunft. Diese Technik kann als das erste biotechnologische Schädlingsbekämpfungsverfahren angesehen werden, das sich zudem bis heute bestens bewährt hat.

Die Beobachtung der Weinberge auf Reblausbefall erschien dringend geboten. 1904 war ein Reichsgesetz zur Bekämpfung der Reblaus erlassen worden. Insbesondere der Vertrieb von Rebsetzlingen erfuhr dadurch strenge Auflagen. In Bayern wurde zum Zweck der Reblausüberwachung 1904 ein Landesinspektor für Weinbau aufgestellt. Erster Inhaber dieses Amtes war der schon genannte Ökonomierat August Dern. Ein flächendeckend eingerichteter Kontrollapparat sah Aufsichtskommissare, Oberleiter, Bezirkssachverständige und Lokalbeobachter vor. Da das Erscheinungsbild eines von der Reblaus befallenen Stockes den Lokalbeobachtern nicht vertraut war, mussten sie entsprechend geschult werden, um erste Schadsymptome erkennen zu können.

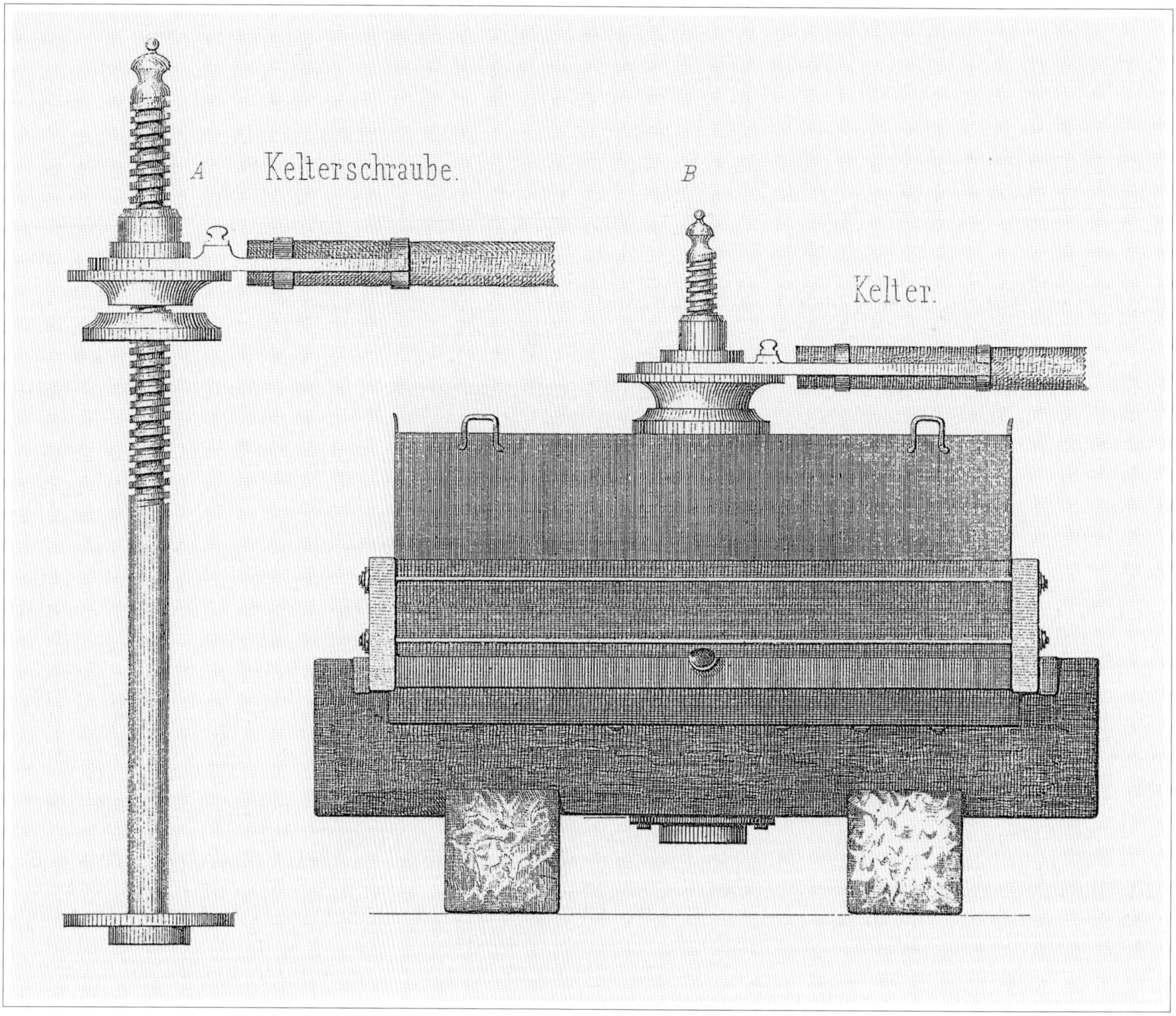

Weinpresse „neuerer Construktion" der Firma Nufer und Söhne in Edenkoben, Rheinpfalz, angeschafft 1869 mit Mitteln des landwirtschaftlichen Kreiscomitès Regensburg. Staatsarchiv Amberg

Die Donauwinzer fühlten sich von dem Schädling nicht bedroht. Niemand konnte sich erinnern, wann zum letzten Mal Reben eingeführt wurden, mit denen der Schädling hätte eingeschleppt werden können. Unter der Leitung von Professor Sebastian Killermann, Lehrbeauftragter für Anthropologie, Zoologie und Botanik am Regensburger Lyzeum, wurden 1905 in den Weinbaugemeinden Reblaus-Lokalbeobachter bestellt, von denen allerdings nur selten Berichte eingingen. Es gab keine Reblaus-Befallsflächen zu melden. Das Festhalten am Althergebrachten gereichte hier zum Vorteil. Die gefährliche Reblaus hatte den Weg in dieses abgelegene, kleine Weinbaugebiet nicht gefunden. Das Weinbaugebiet an der bayerischen Donau war und blieb immer reblausfrei!

Die laufende Beobachtung der Weinberge zum Zwecke der Reblausüberwachung brachte ein überraschendes Ergebnis: Nicht in der Reblaus lag die Bedrohung für den Donauweinbau, sondern durch den falschen Mehltau, die Peronospora, waren die Ernten zunehmend gefährdet. 1906 berichten die Lokalbeobachter, dass die ganze Ernte durch die Peronospora verloren ging. Die Reblauskontrolle, bei der man nirgends fündig wurde, war nicht mehr wichtig. Es war jedoch angezeigt, sich mit Hilfe der Lokalbeobachter ganz der Peronospora-Bekämpfung zuzuwenden. Killermann erhielt dabei Unterstützung durch den

Kreiswanderlehrer für Obst- und Gartenbau Rudolf Trenkle.

Die Ursachen der mysteriösen Blattkrankheit der Weinstöcke waren Killermann als Mykologen bekannt. In Franken war die Peronospora ab 1885 in stärkerem Maße aufgetreten. Die Bekämpfungsmöglichkeiten mit Kupferkalkbrühe waren in anderen Weinbaugebieten inzwischen erprobt. Mit dem Appell zur Bekämpfung stieß er vielfach auf taube Ohren, zumal die Behandlung prophylaktisch erfolgen musste, also bevor man die Schadsymptome sehen konnte. Hier konnte nur eine praktische Demonstration überzeugen: „Herrn Kreiswanderlehrer Trenkle gelang es dann als Praktiker, einen Winzer in Kruckenberg für die Sache zu gewinnen. Er spritzte seine Weinstöcke (trotz des Spottes der Nachbarn) und nun wurde es allmählich Licht, als die Leute sahen, welch merkwürdige Veränderung an dem Weinberg vor sich ging, wie die Stöcke ihr volles Laub bis in die Lesezeit behielten und voll von Trauben hingen, während nicht gespritzte Pflanzungen wie verdorrt und verbrannt aussahen." Die Bemühungen von Killermann und Trenkle im Jahre 1907 und 1908 waren durchaus erfolgreich. Allerdings wurde bei den Bekämpfungsmaßnahmen teils aus Trägheit, teils aus Kostengründen schnell wieder nachgelassen. Hinderlich war anfangs sicher auch das Fehlen geeigneter Spritzgeräte. Die Reblaus-Lokalbeobachter wurden jedenfalls nach entsprechender Schulung zu Beratern in Sachen Peronosporabekämpfung umfunktioniert.

Trotz allem ist nicht zu verkennen, dass es mit dem Baierwein weiter abwärts ging und die Rebflächen weiter schrumpften. Der Landesinspektor für Weinbau bestätigt dies 1913 in einem Bericht, „wozu Peronospora, mangelhafte Düngung und Pflege wesentlich beitragen".

DIE REBENQUARANTÄNE-STATION OBERWINZER BEI REGENSBURG

Die Reblaus-Lokalbeobachter wurden auch im Laufe der Jahre im Weinbaugebiet an der Donau nicht fündig. Da besann man sich höhernorts auf das kleine, unbedeutende und innovationsfeindliche bayerische Weinbaugebiet. Inzwischen war es gelungen, der Reblaus mit Pfropfreben zu begegnen. Die reblausresistenten Amerikanerreben sowie interspezifische Kreuzungen mit Europäerreben, Hybriden oder Direktträger genannt, waren wegen ihres „Fuchsgeschmackes" zur Weinbereitung nicht brauchbar.

Zur Anzucht der Pfropfreben, zur Prüfung von Unterlagsreben und Edelreisern für Pfropfversuche, aber auch zur Erprobung neuer Züchtungen suchte man innerhalb Bayerns ein reblausfreies Gebiet. In einer Rebschule sollten Pfropfreben für die Versorgung der großen Weinbaugebiete Franken und Pfalz erzeugt werden. Die Lage sollte weinbaufähig, jedoch weit genug entfernt von wertvollen Weinbaugebieten sein.

Die Entscheidung fiel dem Innenministerium leicht. Man dachte an ein Grundstück in Oberwinzer, nahe Regensburg. Auf dem warmen Südhang wurden „seit Menschengedenken keine Reben mehr gebaut, wenngleich früher dort ein sehr guter Wein gewachsen sein soll".

Schließlich erwarb der bayerische Staat 1912 vom Landwirt Krieger in der Flur *in den Weinbergen* ein Gelände von 1,47 ha zur Errichtung der Quarantänestation und Rebenbeobachtungsanstalt Oberwinzer. Dieselbe wurde unter Oberleitung des Landesinspektors für Weinbau Dern eingerichtet und durch den Regensburger Kreiswanderlehrer für Obst- und Gartenbau Trenkle betreut. Es erschien nicht ausgeschlossen, dass durch die Rebenbeobachtungsanstalt mit ihrer mustergültigen Anlage und durch die Zuziehung von Arbeitskräften aus Weinbauorten der Weinbau bei Regensburg eine gewisse Belebung erfährt.

Zur Arbeit der Rebenbeobachtungsanstalt Oberwinzer berichtet der Landesinspektor Dern: „Unter strenger Wahrung aller Vorsichtsmaßnahmen gegen Einschleppung von Rebkrankheiten wurden hier gepflanzt: Im Frühjahr 1912 aus Ungarn von Direktor Szilàgyi Jànos in Fünfkirchen (Pècs), zum Vergleich mit den in Bayern bereits vorhandenen amerikanischen Reben, die als Unterlage dort bewährteste Form der Riparia Portalis, verschiedene bekannte Kreuzungen und Selektionen sowie der Direktträger Seibel als rote Traubensorte und der weiße Puritan." Hier ist anzumerken, dass der ungarische Weinbau sehr früh schon auf Pfropfreben umgestellt wurde und man dort schon viel Erfahrung bei der Auswahl der Unterlagen gesammelt hatte. Im März 1913 wurden nach Derns Bericht die in Österreich bewährtesten amerikanischen Unterlagen vom Fachmann Kober aus Klosterneuburg bezogen. Insgesamt umfasste die Anlage 1913 bereits 1276 Stöcke.

REGENSBURG – DER MUTTERGARTEN DES MÜLLER-THURGAU

Es wäre zuviel gesagt, Regensburg als die Wiege der Rebsorte Müller-Thurgau zu bezeichnen, denn geboren wurde sie im schweizerischen Wädenswil am Zürichsee. Wesentliche Teile seiner frühen Jugend, der Aufbau der neuen Rebsorte in Deutschland, stehen jedoch in engem Zusammenhang mit Regensburg. Und das kam so: Hermann Müller, aus dem Schweizer Thurgau stammend, kreuzte an der Preußischen Lehr- und Forschungsanstalt in Geisenheim am Rhein im Jahre 1882 die

Sorten Riesling und Silvaner mit dem Ziel, die Qualität, „die edle Art des Rieslingweines" mit der früheren Reife, „der Fülle und Ergiebigkeit des Sylvaners zu verbinden". Die Kreuzung fand also in Geisenheim statt. 1890 ging Müller an die Eidgenössische Versuchs- und Lehranstalt in Wädenswil. Dort erfolgte die Sämlingsselektion, wobei aus 150 Sämlingen der Stock Nr. 58 am geeignetsten erschien. Dieser Stock wurde weiter vermehrt und bekam 1898 die Bezeichnung Riesling x Silvaner I. In Bayern erhielt die Sorte 1913 zu Ehren des Züchters, der auch zeitweise an der Universität Würzburg tätig war, die Bezeichnung „Müller-Thurgau". Neuere Forschungen am Institut für Rebenzüchtung Geilweilerhof kamen zu dem Ergebnis, dass es sich um eine Kreuzung Riesling x Madeleine Royale (eine Tafeltraube) handelt.

Landesweininspektor Dern beurteilte den Müller-Thurgau 1919 folgendermaßen: „Die neue Rebe ist von sehr kräftigem Wuchs, reichtragend und eignet sich wegen der ziemlich frühen Traubenreife am besten für weniger warme Lagen. Das Blatt ist tief gelappt, derb, etwas lederig, blaugrün, weder ausgesprochen riesling- noch sylvanerartig. Die Trauben sind rieslingähnlich, jedoch größer und großbeeriger, von hoher Süße und aromatischem Fruchtgeschmack. Der Wein ist reintönig, von guter Art und deutlichem Rieslingduft. In der Schweiz wurde die Rebe schon vielfach gepflanzt und findet immer mehr Einführung und begeisterte Anhänger."

Es dauerte seine Zeit, bis Eignung und Wert der neuen Sorte auch in den deutschen Weinbaugebieten erkannt wurden. Riesling und Müller-Thurgau führen heute mit großem Abstand die Liste der in Deutschland gebauten Rebsorten an. Wenn der Müller-Thurgau im Urteil mancher Weinpäpste im Vergleich mit den großen Weinen der Welt weniger gut wegkommt, so liegt dies nur daran, dass seine spezielle Anbaueignung nicht gewürdigt wird. Die Sorte ist sicher in den europäischen Spitzenlagen fehl am Platze. Umso größer ist jedoch ihre Bedeutung in mittleren, durchschnittlichen Lagen, wo sie aufgrund ihrer Frühreife auch in ungünstigeren Jahren ansprechende Qualitätsweine hervorzubringen vermag. Wer sich, einen Jahrhundertjahrgang einer Spitzensorte auf der Zunge, über derartige Lagen und Weine erst gar nicht unterhält, wird den „Massenträger" Müller-Thurgau auch weiterhin ablehnen. Er wird in dieser Chronik wahrscheinlich auch nicht bis hierher vorgedrungen sein. Viele Winzer an der bayerischen Donau und anderswo sind jedenfalls dankbar für diese Sorte.

Die Einführung der neuen Sorte in den bayerischen Hauptanbaugebieten Pfalz und Unterfranken setzte voraus, dass Pfropfreben in großer Zahl zur Verfügung standen. Die Anzucht erfolgte im „Muttergarten" Oberwinzer bei Regensburg und in Sendelbach bei Lohr am Main.

Wieder ein Auszug aus dem Bericht des Landesinspektors: „Obgleich das Holz dieser Neuzüchtung in der Schweiz selbst sehr begehrt und schwer zu haben ist, ist es doch dem Berichterstatter gelungen, 1913 im Frühjahr 400 Blindreben (Rebensetzlinge ohne Wurzeln) davon zu bekommen. Sie (wahrscheinlich 100 Stück davon) wurden in Oberwinzer gepflanzt und werden vorläufig noch möglichst weiter vermehrt, gedeihen ausgezeichnet und bringen reichlich Früchte, die bis jetzt alljährlich sehr gut ausgereift sind. Zugleich mit der Anlage bei Regensburg wurde in der sonst nicht mehr Weinbau treibenden Gemeinde Sendelbach gegenüber Lohr am Main eine kleine Rebenbeobachtungsanstalt eingerichtet und darin 300 Stück als Blindreben weinbergsmäßig angepflanzt." Landwirtschaftsrat Trenkle berichtet in einem späteren Briefwechsel stolz, dass er in Oberwinzer die ersten Müller-Thurgau-Reben auf deutschem Boden gepflanzt habe. 1919 kamen aus Oberwinzer 400 Stück Müller-Thurgau-Pfropfreben nach Veitshöchheim und in die bayerische Rheinpfalz zum Versand.

Auch 1920 berichtete Landwirtschaftsrat Trenkle über die Rebenbeobachtungsstelle Oberwinzer an die Regierung der Oberpfalz: „Die Riesling-Silvaner-Kreuzung (Müller-

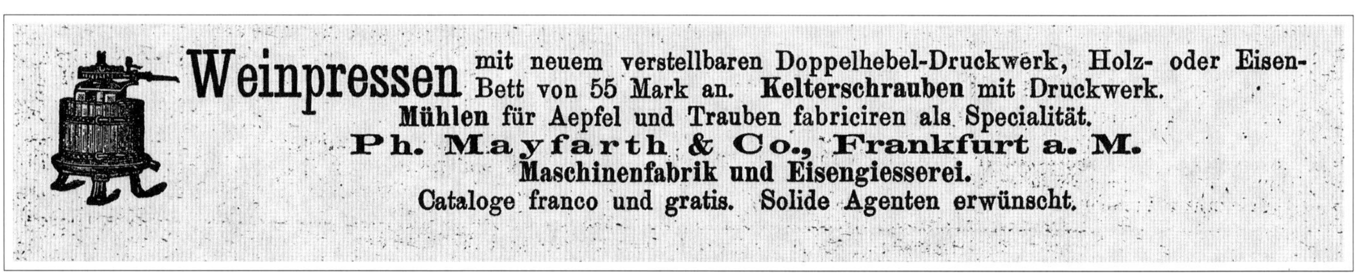

Anzeige „Weinpressen" im „Bauernfreund", Regensburg 1885.
Dieses Modell der Firma Mayfarth, Frankfurt a.M., war beim Winzer Konrad Heitzer in Bach bis 1999 in Betrieb.

Die Familie des Karlbauern in Bach bei der Weinlese, ca. 1935

Thurgau) ist von den angepflanzten Europäerreben die reichtragendste, am sichersten ausreifende und geschmacklich beste Traubensorte. Leider sind die wenigen vorhandenen Trauben von der Winzerer Schuljugend (am Sonntag, den 12. Oktober) geplündert worden, sodass in Zukunft zur Reifezeit der Trauben an Sonntagen ein Wachposten aufgestellt werden muss. Für entsprechende energische Verwarnung der beteiligten Feiertagsschüler wurde Sorge getragen."

Zum Versand kamen in diesem Jahr 8825 Stück Propfreben der Sorten Müller-Thurgau und Weißer Gutedel. In der Hauptsache ging das Pflanzgut nach Veitshöchheim und nach Neustadt an der Haarth. Kleinere Mengen kamen nach Mainstockheim in Unterfranken, an die Biologische Reichsanstalt Naumburg/ Saale, nach Lindau/ Bodensee, an die Rebenveredlungsanstalt Durlach, an die Badische Rebenveredlungsanstalt Offenau am Neckar, an die Landwirtschaftskammer Alzey in Rheinhessen und nach Grünberg in Sachsen zum Versand.

1922 gingen auch Lieferungen nach Bürgstadt, Buchbrunn und an das Juliusspital Iphofen in Unterfranken, nach Aeschach bei Lindau, nach Niederndorf bei Vilshofen, nach Edenkoben in der Rheinpfalz und an die Rebenzuchtstation Klosterneuburg bei Wien.

1921 war ein bedeutendes Jahr für die Rebenbeobachtungsstation in Oberwinzer. Erstmals in Deutschland kelterte man hier separat eine größere Menge der neuen Sorte Müller-Thurgau und baute den Wein zur Flaschenreife aus. Die Erntemenge betrug 90 Liter mit einem Mostgewicht von 85 °Oechsle. Der Wein wurde zur Begutachtung durch Weinsachverständige in ganz Deutschland zur Verfügung gestellt.

Um 1926/27 waren in allen Weinbaugebieten eigene Muttergärten zur Anzucht von Pfropfreben entstanden, sodass sich die Station in Oberwinzer erübrigte. Das Gelände wurde ab 1929 verpachtet.

In der Zeit des Nationalsozialismus und der „Erzeugungsschlacht" war es an sich geboten, jede verödete Fläche nutzbar zu machen. Deutsche Trauben und deutscher Wein waren gefragt. Positiven offiziellen Meldungen stand die Wirklichkeit eines mühsamen Absatzes gegenüber. Der Baierwein lag so schwer darnieder, dass ihm auch das 1000-jährige Reich nicht aufzuhelfen vermochte.

SCHWERE KRISE 1956/57

Auch in der Nachkriegszeit ging die Rebfläche weiter zurück. 1956 schädigte ein strenger Winter die Anlagen enorm und 1957 vernichtete der Frost die gesamten Kulturen. Viele Winzer gaben in dieser Zeit auf. Von 14 Winzern in Bach im Jahre 1956 hielten nur fünf durch. In Kruckenberg überlebten diese schlimme Zeit nur drei Weingärten. Bei den genannten Orten wurde bereits darüber berichtet. Dass der Baierwein heute noch lebt, haben wir den wenigen Winzern zu verdanken, die nicht locker ließen und die auch in den schwierigsten Zeiten dem Baierwein die Treue hielten.

Dabei blieben weitere Rückschläge nicht aus, immer wieder gab es „Fehljahre" oder annähernd eine „Nullernte", wie z.B. 1962 und 1966. Den Tiefststand erreichte die Weinanbaufläche 1968, als nur noch 0,85 Hektar Rebfläche in Ertrag standen. Auch 1972 ist das Laub vorzeitig erfroren, der Wein musste teilweise mit 50 °Oechsle geerntet werden.

Die Weinstuben in Bach, Frengkofen und Kruckenberg mit ihrem Baierwein sind im 20. Jahrhundert eine Besonderheit geworden. In einem

Weinlese bei der Familie Drs. Gahleitner in Regensburg-Oberwinzer 2000

Bericht von 1927 wird die Wanderung in das Weinbaugebiet als „alter Väterbrauch" bezeichnet:
„Jedes Jahr, wenn die Tage kürzer werden, und die Nebel ins Donautal einfallen, kommt die Sehnsucht nach dem Baierwein. Da wandert man durch die stille Winterherrlichkeit des Staufer Forstes, am sagenumwobenen Silberweiher vorbei, zieht über den tiefverschneiten Reiterweg im Tiergarten den steilen Hang hinab, um dann frohgemut zum Stadler in Frengkofen, zum Vornehm oder Karl in Bach, des öfteren auch zum siebengescheiten Brunner in Kruckenberg zu eilen und sich dort bei drei oder fünf Schoppen gemütlich aufzutun." Von den Dorfbewohnern konnten die Weinstuben nicht leben, dazu waren schon die Stammgäste aus der Stadt notwendig, „die Herren, die hohen Beamten und die Großkopferten".

DR. HANNS RIESS – NEUANFANG IN WINZER BEI REGENSBURG

Eine „Spielerei" war es, als der Röntgenologe Dr. Hanns Rieß 1952 begann, den vor mehr als 80 Jahren in Niederwinzer eingestellten Weinanbau zu neuem Leben zu erwecken. Es war nicht allein der Grabstein auf dem Winzerer Friedhof mit der Aufschrift „Musikant und Weinzierl von hier", der ihn inspirierte. Er fühlte sich von der Weinbaugeschichte des Ortes herausgefordert. Auch der Kontakt zu Fachleuten dürfte ihn in seinem Vorhaben bestärkt haben.

So verband ihn eine langjährige Zusammenarbeit mit Dr. habil. Hans Breider, dem Direktor der Bayerischen Landesanstalt für Wein-, Obst- und Gartenbau in Veitshöchheim in Unterfranken. Dieser kam mit seinen Weinbau-Studenten der Technischen Universität München-Weihenstephan manchmal zur Demonstration von Rebschnitt und Weinbergspflege in das Weinbaugebiet Regensburg zu Dr. Rieß. Wohl von Dr. Breider, einem erklärten Naturweinverfechter inspiriert, bekannte sich Dr. Rieß zu seiner Winzerehre: „Von Anfang an stand für mich fest, daß ich in jedem Fall und in jedem Jahr den Most naturrein belassen würde. Wenn ich verfälschen oder verbessern wollte, hätte ich ja nur um die Ecke Billigst-Wein haben können." Nach anfänglichem Experimentieren mit diversen Sorten landete Dr. Rieß beim Müller-Thurgau, dessen stärkere Verbreitung in Deutschland ca. 4 Jahrzehnte vorher ganz in der Nähe seinen Ausgang genommen hatte. Im Gegensatz zu den Winzern in Bach und Kruckenberg füllte Dr. Rieß in Flaschen ab. Rasch entwickelte sich eine feste Stammkundschaft, zu der auch renommierte Gastronomiebetriebe in Regensburg (Bischofshof) und München (Bayerischer Hof) sowie der örtliche gehobene Weinhandel gehören. Die Preise für eine derartige Flasche Baierwein aus Niederwinzer inklusive der sicher knapp kalkulierten Handelsspanne dürften des öfteren mit Erfurcht betrachtet werden. Exklusivität hat eben seinen Preis. Der Weinbaubetrieb Dr. Rieß wird heute von der Tochterfamilie Drs. Gahleitner weiter geführt.

Inzwischen sind weitere Winzer im traditionsschweren Regensburger Stadtteil Winzer aktiv, die alljährlich Winzerfeste ausrichten und auch Flaschenweine verkaufen. Zu nennen sind die Familien Bierwolf, Eibl, Merkl und Dr. Peez. Auch das Gartenamt der Stadt Regensburg betreibt seit etlichen Jahren hier einen Weingarten, wobei der dort wachsende „Salutaris-Wein" den hohen Gästen der Stadt Regensburg vorbehalten ist. Einige Hobbywinzer des Vereins der Regensburger Weinfreunde e.V. bewirtschaften seit 2000 gemeinsam eine Rebfläche in Winzer.

Die Rebsorte Müller-Thurgau, gezüchtet 1882 von Hermann Müller aus dem Schweizer Thurgau. Ihr erstmaliger Anbau in Deutschland erfolgte in Regensburg-Oberwinzer.

REGENSBURGER LANDWEIN

Am 20. April 1983 wurde es amtlich. Der um Regensburg wachsende Wein darf sich „Regensburger Landwein" nennen. Nach geltendem Weinrecht ist dies ein qualitativ gehobener Tafelwein mit gebietstypischem Charakter. Mit Letzterem hatte der Baierwein ja bekanntlich noch nie Schwierigkeiten. Für ein Qualitätsweingebiet sind die Rebflächen an den Donauhängen zu klein, weswegen hier auch kein „bestimmtes Anbaugebiet" ausgewiesen ist.
Dr. Hanns Rieß in Winzer hatte sich vor allem für die Bezeichnung „Regensburger Landwein" eingesetzt, um dem Baierwein auf diese Weise eine Sonderstellung zu verschaffen. Zwar muss dabei auf die Lagebezeichnung verzichtet werden, der Kenner weiß aber, dass sich hinter dem Regensburger Landwein je nach Jahrgang manch schöner Kabinettwein verbirgt.

DER BAIERWEIN HEUTE

Seit 1972 geht es mit dem Baierwein wieder aufwärts. Die Weinstubenbesitzer in Bach und Kruckenberg dehnten wegen großer Nachfrage nach ihrem „Eigenbau" die Rebfläche wieder aus. Dazu kamen zahlreiche Hobbywinzer, die den Reiz der Urproduktion erkannten und auf Kleinflächen in ehemaligen Weinbaulagen anfingen, ihren Haustrunk selbst zu erzeugen. In einigen Fällen führte der erzielte Erfolg auch vom Hobbywinzer zum Kleinwinzer mit Flaschenverkauf. Derzeit (2000) weist die Weinbaukartei für das Gebiet des Regensburger Landweins 19 Winzer auf mit einer Rebfläche von 3,8 Hektar. In der Gemarkung Bach an der Donau liegen davon 1,4 Hektar, in Regensburg-Winzer 1,2 Hektar und in Kruckenberg 1,1 Hektar. Dazu kommen Kleinflächen in Pentling. Die Weingärten werden alle im Nebenerwerb bewirtschaftet, ausschließlich vom Weinbau lebt hier niemand. Unter den Rebsorten steht Müller-Thurgau mit einem Anteil von 68% deutlich im Vordergrund. Daneben sind die Sorten Weißer Elbling, Bacchus, Perle, Dornfelder, Domina, Regent und Grüner Silvaner im Anbau. Die Weißweinsorten dominieren deutlich mit einem Anteil von 95%.

Auch in anderen Teilen Altbayerns betreiben etliche Hobbywinzer auf ehemaligen Rebflächen Weinbau zur Selbstversorgung und erinnern damit an die Weinkultur in längst vergangener Zeit.

Der Baierwein und Weinetiketten

Kennzeichnung tut Not, denn die Weinqualität wird in hohem Maße durch Herkunft, Sorte und Jahrgang geprägt. Schon die Griechen und Römer versahen die Weinamphoren mit einer Inhaltsangabe durch Stempel oder Kreideaufschrift.

Gedruckte Weinetiketten, die Visitenkarten des Weins, sind seit ca. 200 Jahren bekannt. Der „Naturbursche Baierwein" scheint ohne diese feine Ausstattung ausgekommen zu sein. Jedenfalls sind keine Weinetiketten aus früheren Zeiten überliefert. Der Baierwein wurde auch äußerst selten in Flaschen vermarktet. Der heutige Regensburger Landwein muss dagegen nach geltendem Weinrecht gekennzeichnet sein, um mit dem Etikett dem Verbraucher wichtige Informationen zu liefern. Einige Beispiele aus der Region sollen hier Aufnahme finden.

Weinetiketten aus der Baierwein-Region

Das Baierwein-Museum in Bach a.d. Donau

Biethaus und Baumpresse

In Bach an der Donau, unweit von Regensburg, wurde im Jahre 1998 unter der Trägerschaft der Gemeinde das Baierwein-Museum eröffnet.

Das einzige gebietstypische, dort samt Inneneinrichtung erhalten gebliebene Biethaus, schlicht auch Presshäusl genannt, liegt am Fuße der ehemaligen Weinberge des Scheibelberges. Es bot sich in idealer Weise an, zum Weinbaumuseum ausgebaut zu werden. 1993 konnte die Gemeinde Bach das Biethaus samt Umgriff erwerben. Das Gebäude stammt aus der zweiten Hälfte des 14. Jahrhunderts. Zentraler Bestandteil des Biethauses ist eine Baumpresse, die dem Beginn des 17. Jahrhunderts zuzuordnen ist und damit zu den ältesten Weinpressen Deutschlands zählt.

Unter der Leitung von Architekt Günter Naumann wurde das Biethaus denkmalgerecht saniert und ein Nutzungskonzept als Weinbaumuseum erarbeitet. Besonderer Wert wurde darauf gelegt, den schlichten Zweckbau mit seiner ursprünglichen Funktion und Einrichtung zu erhalten. Die Freianlagen umfassen einen Gewölbekeller zur Darstellung von Kellertechnik und Weinlagerung, ein kleines Nebengebäude für Betriebstechnik und Versorgung sowie einen Weinlehrpfad zur Demonstration von Rebsorten und Erziehungsformen. 10 Text- und Bildtafeln, gestaltet von Margarete Heimrath, liefern vielfältige Informationen zur Geschichte des Baierweins. Ein Förderverein sammelte bei den örtlichen Winzern alte Gerätschaften und Rebsorten, pflanzte und pflegt den Weinlehrpfad. Jährliche Sonderausstellungen und Veranstaltungen sollen den Museumsbetrieb beleben.

Es ist schon eine besondere Fügung des Schicksals, dass das Baierwein-Museum in der Gemeinde Bach an der Donau entstanden ist. Hier und im benachbarten Kruckenberg überlebte der vom Niedergang bedrohte Baierwein auf kleinster Fläche, hier wohnen die zähesten Baierwein-Winzer. Von hier aus erfolgte in den letzten Jahren eine gewisse Neubelebung. Gerechterweise wird nun auch hier das kulturgeschichtliche Erbe des Baierweins gepflegt. Das historische Biethaus in Bach, ein Kulturdenkmal ersten Ranges, erschließt nun als Baierwein-Museum der Öffentlichkeit die große Vergangenheit des Weinbaues in Altbayern. Der Gemeinde Bach gebührt Dank und Anerkennung für das gelungene Projekt.

DIE BACHER BAUMPRESSE

Zum Auspressen der Weintrauben bediente sich die Menschheit schon sehr früh technischer Hilfsmittel. Die Keltertechnik hatte dabei stets zum Ziel, bei guter Saftausbeute eine hohe Weinqualität zu sichern. Wie schon erwähnt, war in Altbayern für die Begriffe „Kelter" oder „Torkel" das althochdeutsche „Biet" gebräuchlich.

Die Baumpresse im Bacher Biethaus ist nach der Holzaltersbestimmung der Zeit um 1615 zuzuordnen. Sie ist damit nahezu gleichaltrig mit der ältesten bayerischen Weinpresse im Regensburger Reichstagsmuseum (1611). Die beiden ältesten Weinpressen Bayerns sind also im kleinen Weinbaugebiet an der Donau bei Regensburg erhalten geblieben. Innerhalb Deutschlands sind nur die Baumkeltern in Kleinaspach bei Backnang (1522), Erlenbach bei Heilbronn (1574), Rüdesheim am Rhein (1594) und Meersburg am Bodensee (1601) älter.

Der Pressbaum aus Eichenholz ist 9,40 Meter lang und hat ein Gewicht von ca. 1,9 Tonnen. Mit derartigen Pressen sind Drücke von 4 – 5 bar möglich. Spindel und Presstisch mit Tragkonstruktion scheinen einmal erneuert worden zu sein. Die Spindel trägt die Jahreszahl 1793, die Holzaltersbestimmung des Presstisches führt ebenfalls in diese Zeit.

Der Kelterboden, das Biet im engeren Sinne, auch Kar oder Char genannt (dieser Begriff für Kufe oder Schaff war auch als Hohlmaß gebräuchlich), ist ca. 12 qm groß und besitzt ein leichtes Gefälle zum Auslauf hin. Es ist aus starken Eichenbohlen gefertigt, die zur Abdichtung mit einer Federverbindung versehen sind. Die Größe des Biets und die hohe seitliche Umrandung lassen vermuten, dass vor der Anschaffung einer Traubenmühle die Weintrauben dort mit den Füßen ausgetreten wurden.

Das Baierwein-Museum in Bach im alten Presshäusl

Die Maische wurde bis zu 1 1/2 Meter hoch aufgehäuft und mit geflochtenen Weidenzöpfen, den Weinseilen, eingefasst. Etwa 20 Holznägel, auch Bindnägel genannt, sicherten die Weidenzöpfe bei höher werdendem Maischestock. So entstand in etwa ein Korb ohne Boden. Mit dicken Brettern und Querhölzern abgedeckt wurde der Stock dann durch das Gewicht des Pressbaumes gepresst. Die Weidenseile schoben sich dabei jalousieartig übereinander und passten sich der Pressstockhöhe an. Nach einem ersten Pressgang wurde „umgescheitert", d.h. der Pressstock aufgelockert und nochmals gepresst. Ein Pressvorgang dauerte 1 bis 1 1/2 Stunden.

Die Geschichte der Baumpresse reicht bis in die Antike zurück. Auch die Römer benutzten dieses System. Ausschließlich aus Holz gefertigt besteht sie aus einem „weinfreundlichen" Werkstoff. Eisenteile dagegen müssen besonders geschützt werden, um Weinfehlern vorzubeugen.
Die Konstruktion der Baumpresse, wie wir sie in Bach vorfinden, war allerdings am Ende ihrer Entwicklung. Nach 1800 wurden kaum mehr Baumpressen errichtet. Die kleineren und leichter zu handhabenden Spindelpressen hatten sie abgelöst.

Der Karlbauer und seine Vorgänger
Die Besitzverhältnisse des Bacher Biethauses lassen sich bis ins 18. Jahrhundert zurückverfolgen. Das Presshäusl gehörte zum „Kobler-Weinberg". 1762 hatte Peter Wolf, Untertan des Pfleggerichts Donaustauf, Weinzierl und Witwer, sein Anwesen in Bach samt dem erbrechtsmäßig zur Herrschaft Wörth gehörigen Kobler-Weinberg (wahrscheinlich samt Biethaus) durch „Erheiratung der Martin Schirmbeckischen Witwe" sowie der Entrichtung eines entsprechenden Kaufpreises erworben. 1787 übergab er den Besitz an seinen angeheirateten Sohn Martin Schirmbeck. 1818 überlassen sechs Schirmbeck-

Der Karlbauer von Bach mit seiner Familie vor dem Biethaus, ca. 1935

Zentraler Teil des Baierwein-Museums ist die Baumpresse von 1615

Geschwister den Weinberg mit Biethaus ihrem Bruder Martin Schirmbeck. 1839 erwirbt Johann Emmer den Kobler-Weinberg samt Biethaus.

Als letzter Winzer hatte Johann Karl aus Bach, der Karlbauer, den Besitz inne. Seine Eltern, aus Frengkofen stammend, hatten das landwirtschaftliche Anwesen mit Weinberg und Biethaus erworben. Es war der größte Hof im Dorf. Johann Karl übernahm den Hof 1924 von seinen Eltern. 1950 übergab er die Landwirtschaft an seine Tochter Maria Menath, den Weinberg bewirtschaftete er noch einige Jahre weiter.
Da die anderen Biethäuser in Bach bereits aufgelassen waren, war das Presshäusl des Karlbauern das einzige Biethaus im Dorf. Die wenigen verbliebenen Winzer pressten deshalb, soweit sie keine eigene Presse besaßen, ihre Trauben beim Karlbauern. Jeden Tag kam ein anderer Winzer an die Reihe. Dabei gab es auch manchmal Reibereien, denn alle Winzer wollten zur gleichen Zeit ernten und pressen. Oft war auch die Presse vom Vorbenutzer nicht genügend gereinigt worden. Das ist nicht verwunderlich, denn das Pressen mit der Baumpresse war sehr langwierig und dauerte bei Kerzenlicht oft bis Mitternacht. Da die Einspannkühe längst in den Stall zurückgebracht waren, schob die Pressmannschaft nachts den Wagen mit den Mostfässern selbst ins Dorf zurück. Der Treber des letzten Pressstockes wurde am nächsten Vormittag ausgeräumt.

Bedient wurde die Baumpresse stets vom Karlbauern selbst, die anderen Winzer halfen beim Befüllen und Entleeren. Nach der Weinlese 1956 musste der Karlbauer alters- und gesundheitshalber aufgeben, worauf sein Bruder Josef die Presse noch ein Jahr weiter bediente.
Die Bacher Baumpresse war also bis 1957 in Betrieb. Nach beinahe 350 Jahren hatte sie ausgedient. Mit dieser beachtlichen Lebensleistung hat es die Baumpresse verdient, nun im Ruhestand im Baierwein-Museum bestaunt zu werden.

Kontaktadresse Baierwein-Museum:
Gemeinde Bach a.d. Donau, Verwaltungsgemeinschaft Donaustauf,
Wörther Straße 5, 93093 Donaustauf,
Tel. 09403/9502-0, Fax -80,
e-mail: vgem.donaustauf@t-online.de

Anhang

BAIERWEIN – ZEITTAFEL

180 – 280 Römischer Weinbau an der Donau bei Regensburg sehr wahrscheinlich; viele Indizien sprechen dafür, sichere Beweise fehlen jedoch.

649 Der Freisinger Bischof Aribo bezeichnet das Land der Bayern als weinreich (Regio Baiovariorum viniferax). Das bayerische Herzogtum umfasst Oberbayern, Niederbayern, Teile der Oberpfalz, Oberösterreich, das Salzburger Land und Tirol.

682/685 Der Wanderbischof Emmeram wirkt in Regensburg. In einer Lebensbeschreibung wird seine Wirkungsstätte beschrieben: „Er schaute das Land an: es war sehr gut, lieblich anzusehn, reich an Hainen, wohlversehen mit Wein."

700 Herzog Theodo II. gründet das Kloster Salzburg; er stattet es reich mit Ländereien aus. Im Donaugau erhält es zwei Juchert (Tagwerk) Weinberge nahe bei der Stadt Reganesburch, am nördlichen Donauufer (heute Stadtteil Winzer). Einen weiteren Weinberg erhält das Salzburger Kloster in Kruckenberg, um 750 einen solchen in Bach an der Donau.

741 Kloster Niederaltaich wird von Herzog Odilo gegründet und mit Weinbergen aus seinem Besitz am Bogenberg, in Hof- und Breitenweinzier, bei Welchenberg, Pleinting und Schwarzach ausgestattet.

748 Kloster Mondsee erhält einen Weinberg in Holzbruck im Rottal.

774 Das Hochstift Passau hat Weinberge bei St. Georg in Neuhaus am Inn.

772 Die Freisinger Bischofskirche besitzt Weinberge in Thulbach bei Moosburg, 777 beim Weiler Holzen bei Zolling.

776 Kloster St. Emmeram in Regensburg erhält einen Besitz in Aschach (Oberösterreich), der im Abgabenbuch als Weinberg geführt wird.

777 Herzog Tassilo III. gründet das Kloster Kremsmünster und stattet es mit drei Weinbergen bei Aschach aus.

919 Kloster Weltenburg besitzt drei Weinberge bei Stausacker, später auch solche bei Sandharlanden und Irnsing.

1000 Neben dem Donautal von Donauwörth bis Passau gibt es um diese Zeit Weinbau im Isartal ab München, im Tal der Großen Laber bei Schierling, in Obertraubenbach bei Cham, im Rottal, am Inn oberhalb Mühldorf, bei Altötting und Burghausen. Die Ungarneinfälle behindern in dieser Zeit allerdings eine ungestörte Entwicklung.

1293 Die bayerischen Herzöge können es sich leisten, das Bierbrauen für die Dauer eines ganzen Jahres zu verbieten.

1300 – 1600 Blütezeit des Baierweins. In den Flusstälern von Donau, Altmühl, Isar, Rott und Inn prägt der Weinbau die Landschaft. Wein ist das Hauptgetränk aller Bevölkerungsschichten. Üblich ist der Teilbau, d.h. die Weinberge werden von den Besitzern (Klöster, Adelige, Bürger) als Lehen an die Weinzierln vergeben, die je nach Vertrag $^{2}/_{3}$, $^{1}/_{2}$, oder $^{1}/_{3}$ des Ertrages an die Grundherrschaft abzuführen haben.

1300 Regensburger Kaufleute sind im Weinhandel tätig. In der Stadt gibt es Heilbronner oder Neckarwein, Elsässer, Burgunder, Osterwein (aus Österreich), Welschwein (aus Südtirol und Italien), Falerner (aus Kampanien), Ofener (aus Ungarn), Wein aus Griechenland, Alacandi und Malaga aus Spanien. Um 1400 zählt die Stadt Regensburg 35 Weinhändler, davon sind 13 Fernhändler, sog. Venedigfahrer.

1310 Der Rat der Stadt Regensburg führt erstmals ein Ungeld (Verbrauchssteuer) auf Wein, Met, Tücher und andere Waren ein, um den Unterhalt der Brücken, Wege und Stadtbefestigungen zu sichern.

1320 Der Rat der Stadt Regensburg erlässt eine Weinordnung (Preise, Schankrecht).

1328 Das Kloster St. Emmeram bezieht aus seinen Besitzungen 1385 Eimer Wein (ca. 75000 Liter). Davon werden ca. 45000 Liter verkauft, das Kloster ver braucht 30000 Liter.

1345 Kaiser Ludwig der Bayer erhält als Gastgeschenk vom Rat der Stadt Regensburg 12 Eimer Wein, sowie Fische und Haber, die traditionellen Gastgeschenke.

1346 Der Abt des Klosters St. Emmeram, Albert von Schmidmühlen, lässt in Pentling gute Erde in Körben in den Weinberg tragen.

1384 – 1522 Streit der Regensburger Klöster und des Hochstifts mit dem Rat der Stadt um das Schankrecht in der Reichsstadt; Kaiser und Papst werden mehrmals eingeschaltet.

1475 Bei der Landshuter Fürstenhochzeit werden 170 große Fässer, ca. 300000 Liter Baierwein getrunken.

1486 Herzog Albrecht IV. ordnet zusätzliche Weinfuhren an seine Münchner Residenz an. Es kommt zum Streit mit Pfarreien und dem Regensburger Bischof.

1487 Kaiser Friedrich verordnet Regeln zur Weinbereitung; Weinfälschern drohen harte Strafen.

1509 Die Stadt Regensburg besitzt 42 Weingärten.

1527 Der Regensburger Weinstadel wird unter der Regie des Malers und Stadtbaumeisters Albrecht Altdorfer errichtet.

1530 Aventinus (Johannes Turmair) schreibt in seiner Bayerischen Chronik: „Der gemeine Mann in Bayern sitzt Tag und Nacht beim Wein."

1554 Das Landshuter Fass wird gebaut. Es fasst 1300 Eimer (ca. 78000 Liter). Nur das Heidelberger Fass ist größer.

1600 Der Baierwein erhält Konkurrenz: Stärkere Verbreitung des Bieres; 1607 Weißbierbrauhaus in Kelheim, 1620 in Regensburg. Die Verbesserung der Verkehrswege erleichtert die Einfuhr von Fremdweinen.

1611 Die älteste Weinpresse Bayerns wird in einer Winzergemeinde bei Regensburg errichtet.

1633 Im Dreißigjährigen Krieg eroberten die Schweden Regensburg; die Weinberge um die Stadt werden verwüstet.

1636 Ferdinand III. wird im Dom zu Regensburg zum künftigen Kaiser gekrönt. Auf dem Rathausplatz wird ein Weinbrunnen errichtet, aus dem für das Volk weißer und roter Wein fließt.

1650 Der Jesuit Jakob Balde schreibt zum Neuburger Wein: „Schauet den Berg! Da weinen natürlichen Essig die Trauben."

1679 Aus den Bogenbergmirakeln: „Der Rote am Bogenberg wachsende lässt manches Jahr auch ein geschleckiges Weinmaul nicht erraten, wes' Landsmann er sei."

1683 Jubel und Erleichterung zum Sieg über die Türken bei Wien. Eine reiche und gute Weinlese erhöht die allgemeine Freude.

1748 Fürst Alexander Ferdinand von Thurn und Taxis zieht als neuer Prinzipal-Kommissar in Regensburg ein. Auch er erhält die üblichen Gastgeschenke: Wein, Fisch und Haber.

1818 Die neue Verfassung Bayerns bringt die Befreiung vom Weinzehent.

1827 Die Aktivitäten des Württemberger Winzers Christian Friedmann führen zu einem Antrag an das Königshaus auf Förderung des Weinbaues an der

Donau. König Ludwig I. gewährt jedoch Bittstellers Gesuch nicht.
1837 Das erste Donaudampfschiff „Ludwig I." wird mit Walhallawein vom Bräuberg in Donaustauf getauft.
1839 Die Rebfläche des Baierweins beträgt noch 519 Tagwerk (173 Hektar).
1869 Der königlich bayerische Regierungsrat Wilhelm Scherer bemüht sich um die Hebung der Weinkultur im Raum Regensburg.
1870 Eine Weinbauschule in Wörth wird geplant, jedoch nicht verwirklicht.
1876 Fachlicher Rat aus Unterfranken: Der Vorsitzende des unterfränkischen Weinbauvereins Sebastian Englerth aus Randersacker besichtigt den Weinbau bei Regensburg und referiert über neuzeitliche Weinbaumethoden.
1882 Die Rebsorte Müller-Thurgau wird gezüchtet. 120 Jahre später stellt sie sich als Kreuzung Riesling x Madeleine Royale heraus.
1889 Die Regionalbahn, das Walhallabockerl, erschließt das Regensburger Weinbaugebiet für die Naherholung.
1904 Die Fachleute Professor Sebastian Killermann und Kreiswanderlehrer für Obst- und Gartenbau Rudolf Trenkle fördern den Baierwein nach Kräften.
1906 Der falsche Mehltau, die Peronospora, tritt erstmals auf; die ganze Weinernte wird vernichtet.
1912 In Oberwinzer bei Regensburg wird eine Rebenbeobachtungsanstalt eingerichtet.
1913 Landwirtschaftsrat Trenkle pflanzt in Oberwinzer bei Regensburg die ersten Müller-Thurgau-Reben in Deutschland.
1938 Die Rebfläche des Baierweins reduziert sich auf 8 Hektar.
1952 Dr. Hanns Rieß lässt in Regensburg-Winzer die alte Weinbautradition auf leben.
1956/1957 Frost vernichtet alle Baierwein-Rebflächen, viele Winzer geben auf.
1958 Die Weinbau um Regensburg schrumpft auf ca. 1 Hektar.
1971 Der Baierwein erfreut sich wieder zu nehmender Beliebtheit, die Rebfläche steigt wieder an.
1983 Die Bezeichnung „Regensburger Landwein" wird eingeführt.
1998 Eröffnung des Baierwein-Museums im historischen Presshäusl in Bach a.d. Donau.

BAIERWEIN – JAHRGÄNGE

Gute Jahre

„Um Regenspurg und derselben orthen ist der Wein zimblich wol gerathen" (1599).

1059 Der Wein geriet in Bayern vorzüglich.
1290 Allenthalben war Getreide und Wein im Überfluss.
1313 Fruchtbares Jahr; gegen zwei leere Fässer gab man ein volles Fass Wein.
1328 Reiche Weinernte, auch in Kelheim.
1329 Gutes Weinjahr.
1330 Gutes Weinjahr.
1332 Sehr gutes Weinjahr.
1333 Gutes Weinjahr.
1334 Gutes Weinjahr.
1337 Es gab so viel und guten Wein, dass die Leute einen Teil der Trauben an den Stöcken hängen lassen mussten, weil sie nicht genug Fässer hatten.
1345 Ziemlich gutes Weinjahr.
1346 Gutes Weinjahr.
1391 Gutes Weinjahr.
1394 Gutes Weinjahr, das St. Katharinenspital Regensburg erntet 15 Fuder.
1397 Gutes Weinjahr in Donaustauf und Bach.
1398 Außerordentlich hoher Ertrag in Donaustauf und Bach.
1400 Gutes Weinjahr.
1424 Gutes Weinjahr, das St. Katharinenspital erntet wiederum 15 Fuder.
1431 Gutes Weinjahr.
1454 Gutes Weinjahr in Matting.
1470 Kein Mangel an Getreide und Wein.
1471 Gutes Weinjahr, Lese jedoch erst kurz vor Allerheiligen.
1472 Gutes Weinjahr, Rekordernte in Regensburg.
1488 Viel Wein in Matting.
1499 Reiche Weinernte, auch in Kelheim.
1514 Gutes Weinjahr.
1516 Es wuchs ein sehr guter bayerischer Wein, der alle Weine übertraf.
1521 Ein vortreffliches Weinjahr in Eichstätt und Matting.
1528 Gutes Weinjahr.
1531 Ein besonders ertragreiches Weinjahr, nirgends reichten die Fässer.
1540 Heißes Jahr; der Wein wurde sehr früh um St. Emmeram (22. September) reif.
1551 Gutes Weinjahr in Landshut.
1552 Wein reichlich und wohl geraten (Amberg).
1556 Mengenmäßig gutes Weinjahr.
1560 Gutes Weinjahr in Matting.
1572 Gutes Weinjahr; der Donaustaufer Wein soll für den Hofkeller in München aufgehoben werden.
1582 – 1606 Im Kloster Prüfening werden unter der Regierungszeit des Abtes Georg Kaiser einige besonders gute Weinjahre vermerkt.
1583 Gutes Weinjahr in Matting und Oberndorf.
1584 Es war dies ein vorzüglich gutes und reiches Weinjahr, sodass man nicht Fässer genug hatte.
1590 Große Hitze; lange Zeit war der Wein nicht so gut geraten. Der Most hatte eine große Süße; dieses Weinjahr behielt vor vielen folgenden die Oberhand. Auch in Amberg wuchs am Mariahilfberg ein köstlicher Wein.
1599 "Um Regenspurg und derselben orthen ist der Wein zimblich wol gerathen".
1616 Große Hitze veranlasste eine Teuerung, doch der Wein geriet trefflich in hiesiger Gegend; er glich fast dem Österreicher.
1617 Das Weinjahr hat ein sehr gutes Ergebnis gebracht (Kelheim).
1622/1623 Wenig, aber sehr guter und teurer Wein (Kelheim).
1625 Reiche Weinernte in Kelheim.
1629 Wenig, aber sehr guter und teurer Wein (Kelheim).
1630 Sehr gutes Weinjahr, viel Zehentwein (Kelheim).
1637 Wein heuer allerorten wohl geraten (Amberg).
1639 Gutes Weinjahr; aus Donaustauf gingen 40000 Liter Wein nach München.
1676 Das Jahr brachte einen zwar spärlichen aber trefflichen Wein, welcher teuer bezahlt wurde.
1678 Große Hitze trocknete die Quellen aus, brachte jedoch eine Weinlese von überaus gutem Most, der an Süße den von 1676 übertraf.
1680 Der Sommer und Herbst gab gute Früchte, Ernte und Lese.
1683 Freudenfest zum Sieg über die Türken bei Wien; eine gute Weinlese erhöhte die allgemeine Freude.
1700 Gutes Weinjahr.
1717 – 1719 Gute Weinjahre.
1728 Gutes Weinjahr (St. Katharinenspital).
1781 Außerordentliche Fruchtbarkeit und Güte des Weinstocks; fast dreifaches Erträgnis! Dem Fürstbischof wurde aus den Stauferbergen eine blaue Traube von 4 Pfund Schwere überbracht.
1783 Gute Weinlese in Niederaltaich.
1794 Frühe Wärme; am 2. August waren bereits weiße und blaue Weintrauben auf dem Regensburger Markt.
1811 Das beste Wein- und Erntejahr des 19. Jahrhunderts (Regenstauf und Bogen).
1834 Ein trockener Sommer mit guten Weinqualitäten (Bogen).
1868 Gutes Weinjahr, Wert der Weinernte von Scherer auf 46200 Gulden geschätzt.
1869 Gutes Weinjahr, Ertrag 17 hl/Hektar.
1873 Guter Weinertrag.
1874 Gutes Weinjahr; Ertrag 19 hl/Hektar.
1875 Sehr gutes Weinjahr; Ertrag 65 hl/Hektar.
1899 Gutes Weinjahr.
1911 Gutes Weinjahr.
1915 Gute Weinqualität um Regensburg.
1917 Gutes Weinjahr mit guter Qualität.
1921 Gutes Weinjahr (75 – 85 °Oe), Ertrag ca. 23 hl/Hektar.
1935 Gutes und reichliches Weinjahr.
1938 Gutes Weinjahr.
1959 Gutes Weinjahr.
1997 Frostschäden im Frühjahr, knappe Erträge; ein trockener Herbst beschert beste Qualitäten (um 90 °Oe).
2000 Eröffnet die Klimaerwärmung dem Baierwein neue Chancen?

Ungünstige Weinjahre

„Von 4 Weingärten zu Tegernheim nit gar ein Züberlein voll Weinbeeren abgeklaubt" (1519).

873 Ungeheuere Züge von Heuschrecken verwüsteten Felder und Weinberge.
893 Der Winter war streng und brachte dem Land Unglück; Wein, Schafe und Bienen erfroren.
1057 Ein großer Schnee am 25. April mit darauffolgendem Reif „verbrannte" die Weinstöcke; keine Weinlese.
1254 Es war kein gutes Jahr und der Weinstock trug sein Gewächs nicht.
1281 Schnee am 17. Juni.
1317 Sehr kalter Sommer.
1331 Schlechtes Weinjahr.
1338 Heuschrecken fraßen Felder und Weinberge kahl.
1339 Missernte in den Weinbergen.
1340 Ungünstiges Weinjahr.
1347 Pestjahr mit geringem Weinertrag (Oberndorf).
1358 Ungünstiges Weinjahr.
1383 Sehr schlechtes Weinjahr.
1384 Extrem schlechtes Weinjahr.
1387 Kein Sommer, nur an vier Tagen schönes Wetter, Wein wurde nicht reif (Kloster Frauenzell).
1390 Schlechter Weinherbst.
1392 Eine frühe Herbstkälte verdarb den Segen der Ernte des Weinstockes.
1395/1396 Schlechte Weinjahre.
1399/1400 Schlechte Wein- und Getreidejahre.
1406 Die Früchte in den Wein- und Obstgärten sind gänzlich missraten.
1430 Starker Frost am 21. Mai brachte den Bischof um seine Zehenteinkünfte an Wein aus Donaustauf und Wörth. Die Hoffnung der Winzer wurde in einer Frühlingsnacht vereitelt.
1434 „Beträchtlicher Entgang am Weinerträgnis, von der Kälte verbrannt", nur $^1/_{20}$-Ertrag.
1462 Dürrer Sommer, früher Frost, Wein an den Stöcken erfroren und verdorben.
1474 Extrem kalter Winter in Südbayern, viele Rebflächen vernichtet.
1477 Hagel erschlug den Wein und alles übrige Gewächs, auch zu Laaber und Kneiting ist der Wein verdorben.
1480 In der Herrschaft Donaustauf wurden keine Weinabgaben entrichtet.
1486 Aller Wein erfroren (Laaber bei Rottenburg).
1491 Wein war nicht gut (Laaber bei Rottenburg).
1511 Großes Unwetter mit Hagel hat in Winzer das Wind- u. Biethaus weggerissen.
1513 Am 15./16. April aller Wein erfroren, keine Lese.
1517 Kein gutes Weinjahr, auch in Matting; der Preis verdoppelt sich.
1519 Frost im Mai, dazu Hagel im August, wenig Wein. „Von 4 Weingärten zu Tegernheim nit gar ein Züberlein voll Weinbeeren abgeklaubt." Auch in Matting magere Weinernte.
1527 Reif am 22./23. September; alle Weinstöcke in hiesiger Gegend sowie in Österreich und Franken erfroren, sodass man keine Weinlese hielt.
1529 Das Getreide war unschmackhaft und im Herbst erfror der Wein; Lese erst nach Allerheiligen; etliche gossen den Wein aus, denn er war nichts wert.
1542 "Diß jar wuchs ein sunder pöser wein vast im ganzen teutschen Land, dan er ward nit zeitig, sonder in Bairn. Meerteil herrschaft las nicht, sonder schencktens irern weinzürln, dy klaubten das pest darauß."
1543 Schlechtes Weinjahr; das Kloster Prüfening erhielt nur 20 Eimer Zinswein.
1573 Schwache Weinqualität; für den Münchner Hofkeller soll er mit Frankenwein gemischt werden.
1578 Der Wein ist infolge nassen Sommers gar nicht zeitig geworden.
1579 Saurer Wein zu erwarten, weshalb wenig Kräuterwein angestellt werden soll.
1580 Zur Zeit der Lese herrschte „solch khalt Wetter mit Reiff und Gefrür, daran die Weinpör grossen Schaden genommen".
1587 Misswachs der Reben.
1593 Geringe Weinernte, auch in Wiesent; in Donaustauf waren die Trauben der Lese nicht für wert befunden worden.
1596 Sehr geringe Weinernte.
1599 Ein „Schauer" (Hagelschlag) vernichtete in Donaustauf die Weinernte.
1608 Der Wein ist gar sauer und niemand ge denkt denselben zu kaufen (Kelheimwinzer).
1619 Der Wein ist durch früh hereinbrechende Kälte an den Stöcken erfroren (Kelheim).
1626/1627 Nur geringe Ernte und wenig Zehentwein (Kelheim).
1628 „Ist in ganz Kelheim durchaus kein Tropfen Wein geraten, sodass man gar nicht gelesen hat."
1632 Mindere Weinqualität, niedriger Preis.
1633 Kein Zinswein in Kapfelberg, da die Reben „diß Jars gefrörrt worden".
1635 Im Bereich des Mautamtes Donaustauf waren die Weinstöcke erfroren.
1660 Die Weinernte schlug völlig fehl (Donaustauf).
1666 Der „Schauer" hat den Wein zerschlagen (Kelheimwinzer).
1667 Kein Wein geraten (Kelheimwinzer).
1671 Der Weinzehent ist ganz gefallen (Kelheim).
1674 „Es wurde nichts ertragen, der Weinberg gar nicht genutzt." Weinzehent: nihil = nichts (Kelheim).
1685 Kaltes Regenwetter während der Blüte und schwerer Hagelschlag („ein schweres Ayrlegen gethan, daß Blätter und Trauben völlig abgefallen"). Aus den Weingärten kein Zins zu verrechnen (Kelheim).
1709 Der Wein brachte eine totale Missernte „wegen des ständigen Regens und der hohen Gewitter", kaum ein Köpfl Wein geerntet (St. Katharinenspital).
1713 Einem extrem strengen Frost fielen in Bayern alle Weinstöcke zum Opfer.
1716 Missernte; der minimale Ertrag wurde den Weinzierln überlassen.
1730 Wegen „Schauerwetters" sind die Trauben schlecht geraten.
1736 Schlechtes Weinjahr.
1739 Ungünstiges Weinjahr.
1740 Frostschäden („die Gfröhr hatte im Frühjahr sämtliche Stöcke ruiniert"), kalter, nasser Sommer, es gab keinen Wein.
1749 Heuschreckenschwärme, die öfters die Sonne verdunkelten, fielen nieder und ängstigten die Gemüter; der Schaden war jedoch gering.
1750 „Starke Gefröhr im Frühjahr und Reiff und anders ybles Wetter haben das Wein gewax dermaßen verdorben, daß die schon häufig sich gezeigte Blüechl abgefallen, kein Zinswein verabfolgt werden kann" (Kelheim).
1761 Ungünstiges Weinjahr, Schnee Anfang Oktober.
1764 Langer Winter und schlechtes Weinjahr.
1769 – 1772 Der Most enthielt nur Bitterkeit und war ohne Süße.
1770 Schnee im April und Mai, schlechtes Weinjahr.
1775 Ungünstiges Weinjahr.
1778 Schnee am 17. Juni.
1785 Die Weinlese war sehr schlecht (Niederaltaich).
1787 Der Most war ohne Süße.
1788 Schlechtes Weinjahr.
1789 Die Hälfte der Reben war im Winter erfroren (Mallersdorf).
1791 Schlechtes Weinjahr, Schnee am 15. Juni.
1795 Frostschäden („starke Gfröhr") vereitelten die Weinernte.
1799 Der Most war ohne Süße und konnte nur als Essig verkauft werden.
1801 Der Most war unbrauchbar.
1839 Schlechtes Weinjahr, nur 0,6 Eimer/Tagwerk (ca. 1 hl/Hektar).
1846 Am 6. Juli vernichtet ein fürchterlicher Hagelschlag alle Feld- und Gartenfrüchte (Winzer).
1872 Schlechtes Weinjahr.
1876 Ungünstiges Weinjahr.
1880 Frost im Mai und ein Hagelschlag im Juli führen zu einem totalen Ernteausfall.
1882 Kein Weinjahr, milder Winter, kalter Mai mit starken Frostschäden, späte Blüte und Reife, viele Weinberge müssen neu gepflanzt werden.
1906 Der Falsche Mehltau, die Peronospora, vernichtet die ganze Weinernte.

1912 / 1913 Geringe Weinqualität.
1923 / 1924 Geringe Weinernte, ca. 4 hl / Hektar.
1939 Schlechtes Weinjahr, die Beeren verfaulten an den Stöcken.
1956 / 1957 Starker Frost vernichtet alle Weinkulturen, viele Winzer geben auf.
1962 Starke Frostschäden im Mai bei der Sorte Hierländer.
1966 Nasser Sommer, viel Botrytis-Grauschimmelbefall; ungewöhnlich niedrige Erträge.
1972 Laub vorzeitig erfroren, teilweise nur 50 °Oechsle.
1985 Winter sehr kalt, Fröste bis -28 °C führen zu starken Schäden; sehr geringe Ernte, z.T. neuer Stockaufbau nötig.

REGENSBURGER GETRÄNKEMASSE

Die Neuregelung der Maße und Gewichte im Jahre 1872 mit Meter, Kilogramm und Liter löste in Bayern eine ganze Reihe alter Maß- und Gewichtsbezeichnungen ab, die zudem in den einzelnen Gebietsteilen unterschiedliche Größenordnungen besaßen. Vor dieser Zeit war in Regensburg die Basis der Getränkemaße das Köpfel, während in Augsburg, München und Nürnberg die Maß (ca. 1,07 Liter) zentrales Getränkemaß war.

1 Köpfel oder Kopf = 0,8331 Liter

1 Seidel = 1/2 Köpfel, auch Trinchen oder Trinken genannt = ca. 0,42 Liter

1 Quartl = 1/4 Köpfel

1 Achtel = 1/8 Köpfel

1 Napf = 1/16 Eimer = 4 Köpfel = 3,3 Liter
1 Regensburger Eimer = 60 Köpfel = 49,986 Liter

1 Regensburger Visiereimer = 64 Köpfel = 53,318 Liter
Bei allen Getränken, die unter dem Reif, also im Fass verkauft wurden, galten 4 Köpfel Aufmaß oder Zugabe als vereinbart. Das ergab den Visiereimer. Im Weinhandel war beim Ein- und Verkauf der Visiereimer das gebräuchliche Maß, ohne es ausdrücklich zu benennen. Ein Eimer Wein maß also in Regensburg 53,3 Liter.
Der Kelheimer Eimer (dort auch Emmer genannt) hatte 75 Maß (ca. 80 Liter).
In Landshut war der bayerische Eimer mit 60,4 Liter gebräuchlich.
Der Münchner Eimer hatte 60 Maß, also 64,2 Liter

1 Fuder = 32 Eimer = ca. 1.700 Liter (Regensburg)

1 Dreiling = 3/4 Fuder = 24 Eimer = ca. 1280 Liter. Der Dreiling war eine bei Fuhrwerkstransporten mit 4 Pferden häufig benutzte Fassgröße.

1 Lägel (lat. lagena) = kleines Fass für Südweine; ein Lasttier trug am Sattel zwei Lägel, daher auch 1 Saum = 2 Lägel. In Regensburg wog ein Lägel ca. 1 1/4 bis 1 1/3 Zentner = ca. 1 Eimer.

1 Kanne oder Kandel = 2 Maß = ca. 2,14 Liter

1 Krug = 1/4 Eimer, auch Viertel genannt.

BAIERWEIN – FLÄCHENSTATISTIK

Statistische Berichte, Weinbaukartei

Jahr	Hektar
1839	173
1853	166
1863	141
1869	100
1870	83
1900	76
1905	50
1913	38
1914	33
1915	25
1916	10
1924	8
1938	8
1950	5
1952	3
1954	3
1956	3
1958	1
1962	1
1966	1
1968	0,85
1970	1
1972	2,5
1979	3
1982	3
1989	3
1996	3,4
1998	3,6
2000	3,8

FLÄCHENMASSE

1 Weinberg = allgemeine Flächenangabe für eine Weinbergsgröße, von der eine Weinzierlfamilie leben konnte.

1 Juchert (lat. jugera), auch Joch, Tagwerk oder Morgen = Fläche, die man mit einem Paar Ochsen (in Jochanspannung) an einem Tag pflügen konnte.

Bayer. Tagwerk = ca. 1/3 Hektar = 3407 m² = 100 Dezimal

Morgen – dem Tagwerk ähnlich (1/4 bis 1/3 ha)

Rieb, Riebel (lat. aripendium, arrepennis) = ca. 1/2 Juchert.

Steckenhaufen – z.T. als Flächenangabe benutzt; im Winter wurden die Rebstecken auf Haufen geschlichtet. Nach Hinweisen aus Kelheim hatte ein Steckenhaufen 2 Pfund Stecken = 480 Stück. Bei einem Pflanzabstand von 1 x 1 Meter entspräche ein Steckenhaufen einer Fläche von ca. 500 m².

WÄHRUNG UND MÜNZEN

Pfennig – dn, dl, d (denarius), über Jahrhunderte Urelement des deutschen Münzwesens, der Regensburger Pfennig war Grundwährung im Herzogtum Baiern; 1 Pfund Regensburger Pfennige = 240 Pfennige = 8 Schilling zu 30 Pfennig;

Helbling – hl = 1/2 Pfennig, auch Obulus genannt

Heller = 1/5 Regensburger Pfennig

Gulden – fl (Florin, Florentiner), ab 1300 gebräuchlich = 60 Kreuzer

Groschen – gr, ab 1300 gebräuchlich

Kreuzer – X, Xr = 3 Pfennig; Reichsmünze seit dem 16. Jahrhundert

Pfund – lb (libra) = 240 Pfennige

Schilling – ß, S, sh (solidus) = 30 Pfennig

Taler – Kronentaler = 2 Gulden und 42 Kreuzer, Bayerntaler = 2 Gulden und 24 Kreuzer

Dukaten – Goldmünzen, Wert: 5 Gulden und 30 Kreuzer

Mark – Markwährung ab 1871 (1 Mark = 100 Pfennig); Umtauschkurs: 1 Gulden = 1,71 Mark
Talente – Münzeinheit im frühen Mittelalter

ABKÜRZUNGEN

BayHStA – Bayerisches Hauptstaatsarchiv München
StAA – Staatsarchiv Amberg
VHVN – Verhandlungen des Historischen Vereins für Niederbayern
VHVO – Verhandlungen des Historischen Vereins für Oberpfalz und Regensburg

ORTSVERZEICHNIS

LITERATURAUSWAHL

Aichinger, G.: Kloster Metten und seine Umgebungen, Landshut 1859

Amberger Weinbau im Mittelalter. Stadtarchiv Amberg, Nachlass Klarmann 60

Amtliches Ortsverzeichnis für Bayern. Bayer. Landesamt für Statistik und Datenverarbeitung, München 1991

Angrüner, F.: Abbacher Heimatbuch, Bad Abbach 1973, S. 149

Anonym: Kurzer Summarischer Bericht Was auf Befehl Eines E.E. Raths der Statt Regenspurg bey legung der ersten Stein zu dem vorhabenden Gebäw einer newen Kirchen …(Dreieinigkeitskirche), Regensburg 1627

Anonym: Vom altbayerischen Donauwein - Streifzüge durch die Geschichte des Weinbaues. Unser Bayern, Heimatbeilage der Bayer. Staatszeitung 11 (1962), Nr. 10, S. 75, München

Aretin, G. von: Über den Weinbau in Altbayern. Bayerische Annalen 1834, Nr. 12, S. 89

Aventinus, Johannes Turmair: Chronika, 1590, S. 9

Backmund, N.: Kloster Windberg, Windberg 1977

Bassermann-Jordan, F. von: Geschichte des Weinbaus, 2. Aufl. Frankfurt am Main 1923, Nachdruck Landau in der Pfalz 1991

Bastian, F.: Das Runtingerbuch, Regensburg 1943

Batzl, H.: Kloster Reichenbach am Regen. Diss. Würzburg 1958

Bauer, K.: Regensburg, 4. Auflage, Regensburg 1988

Bavaria - Landes und Volkskunde des Königreiches Bayern, Bd. 2, München 1863

Beck, O.: Studien über die Grundherrschaft St. Emmeram Regensburg. Diss. LMU München 1921, Typoskript

Bibliographie zur Geschichte des Weines. Zusammenstellung Renate Schoene, Mannheim 1976

Bischoff, B.: Leben und Leiden des Hl. Emmeram. Übersetzung von Arbeos Vita Haimhrammi, München 1953

Böhaimb, K.A.: Über den Weinbau an der Donau besonders in der Umgegend Neuburgs. Neuburger Kollektaneenblatt, Bd. 10, Neuburg 1844

Boll, W.: Reichstagsmuseum. Sammlungen der Stadt Regensburg. Regensburg 1963

Bosl, K.: Das Nordgaukloster Kastl. VHVO 89 (1949), S. 68

Bößl, K.: Kareth und seine Geschichte, Kareth 1978

Breider, H.: Über den bayerischen Weinbau außerhalb Frankens. Das Weinblatt 55 (1960), S. 1143

Chronik des Marktes Winzer, Lkr. Deggendorf, Winzer 1982

Dachs, H.: Zur Geschichte des Weinhandels auf der Donau von Ulm bis Regensburg. VHVO 83 (1933), S. 36

Dengler, P.: Der Bayerwein. Die Oberpfalz 21 (1927), S. 17

Der Bauernfreund, Landwirthschaftliche Mittheilungen des Kreis-Comite´ des landwirthschaftlichen Vereins der Oberpfalz und von Regensburg, Jahrgänge 4,6,8,9,12,21 (1867 - 1884)

Dern, A.: Bericht des Landesinspektors für Weinbau über seine Tätigkeit in den Jahren 1914 - 1918. Landw. Jahrbuch für Bayern 9 (1919), S. 1

Dern, A.: Einiges über den Weinbau im Königreich Bayern aus den Berichten des K. Landesinspektors für Weinbau. Vierteljahresschrift des bayer. Landwirtschaftsrathes, München 1908, S. 340

Dern, A.: Vom Weinbau im Königreich Bayern. Aus den Jahresberichten des K. Landesinspektors für Weinbau 1908, 1909, 1910. Landw. Jahrbuch für Bayern 1 (1911), Nr. 9, S. 661

Diepold, U.: Der Weinbau im Wörther Umland. In: Wörth, Stadt zwischen Strom und Berg, Wörth 1979, S. 76

Dietz, K. u.a.: Regensburg zur Römerzeit, Regensburg 1979

Dirmeier, A.: Das St. Katharinenspital zu Regensburg von der Stauferzeit bis zum Westfälischen Frieden. Diss. Regensburg 1988

Dollinger, Ph.: Der bayerische Bauernstand vom 9. bis zum 13. Jahrhundert, München 1982, S. 398

Dralle, B.: Oberpfälzer Wein. Die Oberpfalz 35/37 (1941/43), S. 109

Dübell, G.: Rebensaft von den Hängen der Burg Trausnitz. Landshuter Zeitung vom 31.10.1997

Engelke, Th.: Eyn grosz alts Statpuech. Das „Gelbe Stadtbuch" der Stadt Regensburg. Regensburger Studien und Quellen zur Kulturgeschichte 2, Regensburg 1995

Englerth, S.: Der Weinbau mit besonderer Berücksichtigung der Gelände des Bayerweins, Stadtamhof 1876

Ettelt, R.: Geschichte der Stadt Kelheim, Kelheim 1983, S. 465

Fastlinger, M.: Die wirtschaftliche Bedeutung der bayerischen Klöster in der Zeit der Agilulfinger. Studien und Darstellungen aus dem Gebiete der Geschichte, Freiburg i. Br. 1903

Fischer, J.: Weinbau in der Oberpfalz. Die Oberpfalz 45 (1957), S. 81

Fischer, Th.: Das Umland des römischen Regensburg, München 1990

Fischer, Th.: Römer und Bajuwaren an der Donau. Bilder zur Frühgeschichte Ostbayerns, Regensburg 1988

Freytag, R.: Beiträge zur Ortsgeschichte von Schwabelweis. Bayer. Anzeiger Regensburg 1940

Freytag, R.: Reinhausen. Eine Ortsbeschreibung. Bayer. Anzeiger Regensburg 1939, Nr. 162

Freytag, R.: Winzer bei Regensburg. VHVO 88 (1938), S.187

Freytag, R.: Zur Geschichte des Weinbaues an der Donau unterhalb Regensburgs. Der Bayerwald 33 (1935), Nr. 5 (S.54) bis Nr. 10

Gandershofer, G.M.: Chronik des Marktes und Badeortes Abach nächst Regensburg. VHVO 1(1831), S. 277

Gegenfurtner, W., Hrsg.: Die Chronik der Gemeinde Wiesent, Wiesent 1980

Gemeiner, C.Th: Regensburgische Chronik. Nachdruck München 1987

Geschichte von Donaustauf (nach einem Manuskript von J.R. Schuegraf), VHVO 2 (1833), S. 356

Geser, B.: Weinbau im Regensburger Raum. Geschichte, Bedingungen, Ideen. Magisterarbeit Universität Regensburg 1992, Typoskript

Graff, D.: Weinheilige und Rebenpatrone, Saarbrücken 1988

Greipl, E.J.: Zur Grundherrschaft des Reichsstifts St. Emmeram zu Regensburg im 18. Jahrhundert. VHVO 122 (1982), S. 27

Greis, A.: Geislinger Notizen aus den Jahren 1777 - 1809. Beiträge zur Geschichte des Landkreises Regensburg, Heft 9, Hrsg. J. Fendl, Neutraubling 1975

Griesmeier: Bayerns Weinbau. Zeitschrift des Bayer. Statistischen Landesamtes, München 1925

Gumpelzhaimer, Ch.G.: Regensburgs Geschichte, Sagen und Merkwürdigkeiten von den ältesten bis auf die neuesten Zeiten, Regensburg 1838, 4 Bände

Güntner, J.: Besitzungen des Kollegiatstifts St. Johann in der Stadt Regensburg und im Umkreis nördlich der Donau. In: St. Johann in Regensburg. Bischöfliche Zentralbibliothek Regensburg, Hrsg. P. Mai, Kataloge und Schriften Bd. 5, München-Zürich 1990, S. 139

Hage, H. (Redaktion): Donaustauf, moderne Marktgemeinde mit großer Vergangenheit, Donaustauf 1994

Hauthaler, W.: Salzburger Urkundenbuch I, Salzburg 1898

Hazzi, J.: Statistische Aufschlüsse über das Herzogtum Baiern, Bd. 1 u. 4, Nürnberg 1801

Heimrath, M.: Das Biethaus in Bach, ein historisches Denkmal zum Weinbau. In: Altbayerisches Weinland an der Donau. Schriftenreihe zur Geschichte des Landkreises Regensburg, Hrsg. J. Fendl, Heft Nr. 44, Regensburg 1998

Heinrich, P.: Bestimmung der Maaße und Gewichte des Fürstenthums Regensburg, Regensburg 1808

Hierl, J.G.: Der ehemalige Weinbau im Gebiet der Fränkischen Alb. Die Fränkische Alb, 1920, H.1, S. 2

Hiltl, F.: Ein Kapitel aus der Geschichte des Weinbaues um Regensburg. In: Alt-Regensburger Kultur- und Lebensbilder, Regensburg 1939, S. 139

Hinweise zum Weinbau in Altbayern. Bayerische Annalen 1834, Nr. 96, S. 767, Nr. 99, S. 789

Hoerner, G.: Altbayerischer Rebensaft. Das Bayerland 1913, H. 4, S. 65

Keller, H.: Erstmals Weinbau in München. Das Weinblatt 64 (1970), S. 313

Killermann, S.: Der Weinbau bei Regensburg und seine Geschichte. Die Oberpfalz 15 (1921), S. 20

Kopialbuch der Stadt Amberg. Stadtarchiv Amberg

Krausen, E.: Die Wirtschaftsgeschichte der ehemaligen Cisterzienserabtei Raitenhaslach bis zum Ausgang des Mittelalters, Hirschenhausen 1937

Lachner, M.: Vom Bayerwein. Die Oberpfalz 84 (1996), S. 165

Lammert, G.: Zur Geschichte des bürgerlichen Lebens. Regensburg 1880

Landkreis Kelheim u. Rind, M., Hrsg.: Scherben, Schädel, Schratzellöcher. Archäologie im Landkreis Kelheim, Bd. 1, Ausstellungskatalog, Regensburg 1994

Löwenthal, F. von: Geschichte von dem Ursprung der Stadt Amberg, München 1801, S. 221

Mader, F.: Geschichte des Schlosses und Oberamtes Hirschberg, Eichstätt 1940

Mai, P.: Der St. Emmeramer Rotulus des Güterverzeichnisses von 1031. VHVO 106 (1966), S. 87

Meier, J.: Das ehemalige Schottenkloster St. Jakob in Regensburg, Stadtamhof 1910

Mittel, H.: Weinbau im Wellheimer Trockental. Donaukurier Ingolstadt Nr. 265 vom 18.11.1997

Möseneder, K., Hrsg.: Feste in Regensburg, Regensburg 1986

Motyka, G.: Der Landkreis Regensburg im Wandel der Zeit, Mainburg 1975

Motyka, G.: Pentling. Gemeinde mit großer Vergangenheit, Regensburg 1987, S. 12

Müller, K.: Weinjahre und Klimaschwankungen der letzten 1000 Jahre. Der Weinbau, Wissenschaftl. Beihefte 1 (1947), S. 83, Mainz

Mundigl, J.: Ortschronik Schierling, Schierling 1953, Typoskript, S. 14

Naumann, G.: Das Biethaus in Bach a.d. Donau - Baugeschichte und bauliches Konzept. In: Altbayerisches Weinland an der Donau. Schriftenreihe zur Geschichte des Landkreises Regensburg, Hrsg. J. Fendl, Nr. 44, Regensburg 1998

Neueder, H.: Bogener Bildergeschichten, Bd. 2, Bogen 1995

Ottlinger, R.: 850 Jahre Sinzinger Weinbau. Gemeindeblatt Sinzing 1995

Peinkofer, M.: Vom Weinbau des alten Klosters Niederaltaich. In: Der Brunnkorb, Passau 1957, S. 253

Pentlinger Ehehaft-Büchel, um 1440. BayHStA München, KL Regensburg, St. Emmeram, Nr.27

Poll, I.: Das Brauwesen des Benediktinerklosters Niederaltaich, Berlin 1938

Poll, I.: Das Brauwesen des Klosters Prüfening, Berlin 1938

Prätorius, M.: Etwas über den Weinbau und Weintrunk zwischen Moosburg und Landshut in früheren Jahrhunderten. Isargau, 3 (1929), Heft 4, S. 111

Quellen und Erörterungen zur bayer. Geschichte NF, Bd. 6, 8, 14, 20, 21, 23, 25, 26, 28/1, 30/1, 31, 34, 39/1, München. Weinbergsbesitz altbayerischer Klöster im Bereich des Baierweins.

Rädlinger-Prömper, Chr.: Sankt Emmeram in Regensburg. Struktur und Funktionswandel eines bayerischen Klosters im frühen Mittelalter. Thurn und Taxis-Studien Bd. 16, Kallmünz 1987

Regierung von Unterfranken: Weinbaustatistik Bayern 1999

Reichelt, K.: Beiträge zur Geschichte des ältesten Weinbaus in Deutschland und dessen Nachbarländern bis zum Jahre 1000 n.Chr., Reutlingen 1886

Reindel, K.: Herkunft und Stammesbildung der Bajuwaren. In: Die Bajuwaren, Ausstellungskatalog Rosenheim / Mattsee 1988, S. 56

Reindl, J.: Die ehemaligen Weinkulturen bei Neuburg an der Donau. Globus 87 (1905), S. 384

Reindl, J.: Die ehemaligen Weinkulturen in Südbayern. Jahresbericht d. Geograph. Gesellschaft München 1901 / 02, S.87

Reindl, J.: Vom Weinbau im Labergebiet, besonders im Bezirk Mallersdorf. In: Um den Familientisch. Heimatkundliche Beilage zum Mallersdorfer Anzeiger aus den Jahren 1925 - 1936, Mallersdorf 1980

Rieckhoff, S.: Eine römische „Brauerei" aus Regensburg. Linzer Archäologische Forschung, Sonderheft 8: Bier im Altertum, S. 27, Linz 1992

Ried, K.: Neumarkt in der Oberpfalz, Neumarkt / OPf. 1960

Rieger G.: Kelheimer Heimatbuch, 2. Auflage, Kelheim 1954

Rieß, H.: 30 Jahre Baierwein aus Regensburg-Niederwinzer. Die Oberpfalz 69 (1981), S. 117

Rieß, S.: Der Weinbau in der Neuburger Gegend. Neuburger Kollektaneenblatt 1999

Roser, R.: Chronik der Gemeinde Tegernheim, Tegernheim 1992

Röttel, K.: Das Hochstift Eichstätt, Ingolstadt 1987

Rudhart, G.T.: Älteste Geschichte Bayerns, Hamburg 1841, S. 47, 245, 254

Sandberger, A.: Wein in Bayern, Wein für Bayern. Altbayer. Studien zur Geschichte. Schriftenreihe zur bayer. Landesgeschichte Nr. 74, München 1985, S. 393

Schattenhofer, M.: Wein und Weinwirte im alten München. In: Von Kirchen, Kurfürsten und Kaffeesiedern etcetera, München 1974

Scherer, W.: Über den Weinbau bei Regensburg von der Römerzeit bis zur Gegenwart, Regensburg 1869

Schlicksbier, A.: Als in Donaustauf und Sulzbach noch Wein angebaut wurde. Burgpfeifer, Mitteilungen aus Donaustauf und Sulzbach 15 (1991), H. 4

Schlittmeier, A.: Die wirtschaftlichen Auswirkungen der Säkularisation in Niederbayern, untersucht am Beispiel der Abtei Niederaltaich. VHVN 87 (1961)

Schloss Leitheim. Führer, Hrsg. Freundeskreis Schloss Leitheim, Kaisheim 1996

Schmeller J.A.: Bayerisches Wörterbuch, Bd. 2 / 2, Nachdruck München 1985, Spalten 924 u. 948

Schmid, D.: Historischer Atlas von Bayern, Bd. 41, Regensburg I. Das Landgericht Stadtamhof, die Reichsherrschaften Donaustauf und Wörth, München 1976

Schmid, D.: Historischer Atlas von Bayern, Bd. 27, Deggendorf, S. 70

Schmid, J.: Zur Geschichte des Weinbaues bei Kelheim a. D. Niederbayer. Monatsschrift, Heft 9 / 10, 1913.

Schnurrer, K.: Über den Weinbau bei Bach / Do. Zulassungsarbeit Universität Regensburg 1975

Schuegraf, J.R.: Die Umgebungen der K. Bayer. Kreishauptstadt Regensburg, Bd. 1, Regensburg 1830

Schuegraf, J.R.: Weinbau-Geschichte in Bayern und in der Oberpfalz. Histor. Verein f. Oberpfalz u. Regensburg, MS.O 760

Schwarz, E.: Graß, Graßlfing und Pentling. Altbayerische Heimat, Beilage der Mittelbayer. Zeitung Regensburg 2 (1949)

Schwarz, E.: Winzer und der römische Weinbau. Altbayerische Heimat, Beilage der Mittelbayer. Zeitung Regensburg 2 (1949), Nr. 8

Schweiger, M.: Chronica oder kurtze Beschreibung der churfürstlichen Stadt Amberg, Amberg 1564

Seufert, O.: Kaisheim und Leitheim. In: 850 Jahre Leitheim, Kaisheim 1997

Spitzer, J.: Festschrift 1200 Jahre Sulzbach, Sulzbach 1977

Spörl, J.: Geschichte des Amtshofes, Bräuhauses, der Ober-, Mitter- und Untermühle des Urfahrs und des Weinbaues in Sinzing. VHVN 1 (1847) H.4, S. 39

Sprandel, R.: Von Malvasia bis Kötzschenbroda. Die Weinsorten auf den spätmittelalterlichen Märkten Deutschlands. Vierteljahrschrift für Sozial- und Wirtschaftsgeschichte, Beihefte Nr. 149, Stuttgart 1998

StAA Bestand Regierung KdI, Abgabe 1949, Nr. 5511, 5512, 5513: Die Rebenbeobachtungs- und Quarantänestation in Oberwinzer, Reblaus-Lokalbeobachter, Peronosporabekämpfung

StAA Bezirksamt Regensburg Nr. 3553, 3554, 3559, 9987: Verordnung zur Peronosporabekämpfung, Quarantänestation Oberwinzer, Weinbauschule Wörth

StAA Urkunden des Schlossarchivs Köfering, Graf von Lerchenfeld, U I - XIII, Weinbergsbesitz der Grafen von Lerchenfeld

Stadtmüller, G. u. Pfister, B.: Geschichte der Abtei Niederaltaich 741 - 1971, Augsburg 1971

Staudenraus, A.: Chronik der Stadt Landshut, Landshut 1822

Stöttner, E.: Herrliche Weinberge rund um die Herzogsstadt. Landshuter Zeitung vom 2.10.1998

Sturm, W.: Weinbau an Altmühl und Donau. Heimatkundliche Beiträge für Schulen des Landkreises Kelheim. Staatl. Schulamt Kelheim 1989

Thomas, A.: Die Theologie des mystischen Kelterbildes, Düsseldorf 1936

Treiber, E. Ritter von u.A.: 750 Jahre St. Katharinenspital Regensburg, Regensburg 1976

Trenkle, R.: Tätigkeitsbericht des Landwirtschaftsrates für Obst- und Gartenbau für die Jahre 1914 bis 1921. StAA Bestand Regierung KdI, Abgabe 1949, Nr. 5512

Vangerow, H.-H.: Des Herzogs Hofwein zu Donaustauf. In: Regensburger Almanach 1989, Regensburg 1989

Volkert, W.: Der frühmittelalterliche Weinbau in Altbayern. Die Oberpfalz 55 (1967), H. 8, S. 169

Wagner, H.: Pfarrei Staubing / Weltenburg, Weltenburg 1992

Wagner, H.: Von der Frühmess zur Pfarrei. 500 Jahre Seelsorgestelle Kelheimwinzer, Kelheimwinzer 1982

Wagner, H.: Weinberg und Steinbruch des Herrn. Geschichte der Pfarrgemeinde Kapfelberg und Poikam, Kapfelberg 1985

Weber, A.O.: Matting, ein Winzerdorf im Mittelalter. Magisterarbeit LMU München 1993, Typoskript

Weber, A.O.: Studien zum Weinbau der altbayerischen Klöster im Mittelalter. Vierteljahrschrift für Sozial- und Wirtschaftsgeschichte, Beihefte Nr. 141, Stuttgart 1999

Weber, H.: Bamberger Weinbuch, Bamberg 1884

Weh, L.: Unser Moosburg, Historische Heimatblätter von Moosburg a. d. Isar, 1994, S. 18 und S. 75

Westenrieder, L.: Beiträge zur vaterländischen Geschichte VIII, München 1806, S. 118

Widemann, J.: Die Traditionen des Hochstifts Regensburg und des Klosters S. Emmeram, München 1943

Ziegler, W.: Das Benediktinerkloster St. Emmeram zu Regensburg in der Reformationszeit. Thurn und Taxis-Studien Bd. 6, Kallmünz 1970

Ziegler, W.: Studien zum Staatshaushalt Bayerns in der zweiten Hälfte des 15. Jahrhunderts, München 1981

Zimmerer, R.: Der Weinbau um Bach a / Donau in Geschichte und Gegenwart. Zulassungsarbeit Regensburg 1980

Zschokke, H.: Bayerische Geschichte, Bd. I, Aarau 1813, S. 480

Archäologische Staatssammlung, München: S. 11.

Bayerische Staatsbibliothek, München: S. 19 (Cgm 243, fol. 7), 22 (Clm 210, fol. 91), 31 oben (Cgm 1885, fol. 48), 34 (Hbks. F16), 36, 40 (Christophorus Vogel: Landesaufnahme um 1600), 74, 78 unten, 81, 89 (74 – 89 Hbks. F16).

Bayerische Verwaltung der staatlichen Schlösser, Gärten und Seen, München: S. 86.

Bayerisches Hauptstaatsarchiv, München: S. 16 (Bestand Kloster Weyarn, Lit.1), 20 (Bestand RL Regensburg 729), 77 (Pfalz-Neuburg-Akten, PLS 1756), 106 (ML 402).

Bayerisches Landesvermessungsamt, München: S. 18, 47 oben, 54, 72, 73 unten, 78 oben, 79, 88.

Bayerisches Nationalmuseum, München: S. 29 (MA 666), 91 (MA 2729), 94 (Inv.-Nr. 91/43).

Breuer Toni und Jürgens Carsten (Hrsg.): Luft- und Sattelitenbildatlas Regensburg und das östliche Bayern. Verlag Dr. F. Pfeil, München 1998 (Aufnahme Wolfgang Bauer, Obertraubling: S. 52.

Diözesan-Zentralarchiv Regensburg: S. 95 rechts.

Gemeinde Bach a.d. Donau: S. 51.

Gemeinde Niederwinkling: S. 73.

Gemeinde Tegernheim: S. 46.

Häußler Theodor, Pentling: S. 7, 9, 13, 25, 28, 31 unten links u. rechts, 33, 37, 41, 42, 43, 44 unten, 45 unten, 50, 53, 61, 67, 75, 90, 92, 93, 101, 105, 115, 118, 119.

Klosterarchiv Metten: S. 38.

Kunstverlag Hofstetter, A – 4910 Ried im Innkreis (Aufnahme: Michael Oberer, Wien): S. 15.

Markt Donaustauf: S. 47 unten.

Markt Winzer: S. 73 oben links.

Menath Maria, Bach a.d. Donau: S. 113, 118.

Museen der Stadt Regensburg
Historisches Museum: S. 8, 10, 24, 44/45 oben, 57, 66, 95 links.

Reichstagsmuseum: S. 3, 58, 60.

Nübler Dieter, Regensburg: S. 114.

Sammlung Franz Kastenmeier, Donaustauf: S. 49.

Staatliche Bibliothek Regensburg: S. 80 (Philos 3091), 108, 112.

Staatsarchiv Amberg: S. 110 (BA Regensburg 5353).

Universität Regensburg, Institut für Geographie: S. 71, 109.

Verkehrsverein Landshut e.V.: S. 85.

Danksagung

Bei der Erstellung des Manuskriptes und der Sammlung des Bildmaterials zu diesem Band habe ich vielfältige Unterstützung erfahren. Dafür sage ich herzlichen Dank.

Das Kennenlernen vieler freundlicher, hilfsbereiter und sachkundiger Menschen war für mich ein großer Gewinn.

Stellvertretend für viele Bibliotheken, Archive und Museen sei hier der Staatlichen Bibliothek Regensburg gedankt, deren Serviceleistungen ich häufig und gerne in Anspruch nahm.

Besonderer Dank gilt auch der Gesellschaft für Geschichte des Weines e.V. Wiesbaden, sowie dem Regensburger Kreisheimatpfleger Josef Fendl für zahlreiche Anregungen und Hinweise.

Bedanken darf ich mich beim Bayerischen Staatsministerium für Landwirtschaft und Forsten für die tatkräftige Förderung, die die Herausgabe dieses Bandes wesentlich erleichterte.

Mein Dank gilt auch dem Buch & Kunstverlag Oberpfalz in Amberg mit Verlagsleiter Günter Moser für die gelungene Realisierung des Buchprojektes.

In dankbarer Erinnerung behalte ich meinen verehrten Hochschullehrer Professor Dr. Hans Breider, Würzburg. Mit seiner Vorlesung „Weinbau und Kellerwirtschaft“ hat er mein Interesse geweckt und mir den Zugang verschafft zur faszinierenden Welt des Weines.

Pentling, im Oktober 2001
Theodor Häußler